□ 中等职业教育系列教材

AutoCAD 快速入门与技能训练

主　编　刘金华

副主编　徐　莉

主　审　林贤浪

西安电子科技大学出版社

2008

内 容 简 介

本书以 AutoCAD 2005 版为基础，兼容了各升级版本的基本绘图及编辑命令，适时引入“四新”知识(即新工艺、新设备、新知识、新技能)，内容深入浅出，图文并茂，从实用、实操、考证的角度分析讲解训练，着重培养动手能力。书中对 AutoCAD 初学者常见的错误进行了分析指正，从而使读者能够快速、全面、准确地掌握 AutoCAD，并能够在实践中适应技能考核的备考训练需要，最终达到中级计算机辅助设计绘图员的水平。

本书可作为中等职业教育机电类专业学生的快速入门培训教材，也可供有关工程技术人员参考。

★ 本书配有电子教案，需要者可登录出版社的网站免费下载。

图书在版编目(CIP)数据

AutoCAD 快速入门与技能训练 / 刘金华主编.

—西安：西安电子科技大学出版社，2008.7 (2017.7 重印)

(中等职业教育系列教材)

ISBN 978-7-5606-2023-7

Ⅰ. A…　Ⅱ. 刘…　Ⅲ. 计算机辅助设计—应用软件，AutoCAD 2005—专业学校—教材

Ⅳ. TP391.72

中国版本图书馆 CIP 数据核字(2008)第 052616 号

策　　划　陈　婷

责任编辑　雷鸿俊　陈　婷

出版发行　西安电子科技大学出版社(西安市太白南路 2 号)

电　　话　(029)88242885　88201467　　邮　　编　710071

网　　址　www.xduph.com　　电子邮箱　xdupfxb001@163.com

经　　销　新华书店

印刷单位　陕西天意印务有限责任公司

版　　次　2008 年 7 月第 1 版　2017 年 7 月第 3 次印刷

开　　本　787 毫米×1092 毫米　1/16　印　张　14

字　　数　325 千字

印　　数　6001～7000 册

定　　价　28.00 元(含光盘)

ISBN 978－7－5606－2023－7/TP・1047

XDUP 2315001-3

＊＊＊ 如有印装问题可调换 ＊＊＊

中等职业教育系列教材
编审专家委员会名单

前　言

以面向21世纪中等职业教育的人才需求为出发点，为快速普及AutoCAD作为主要的机械制图软件在生产中的应用，以及为满足中等职业教育和其他社会读者的需求，我们编写了本书。

在本书的编写过程中，我们努力使书稿的内容与学生的认知能力相适应，使书稿的设计与学生的认知过程相适应，使训练的内容与考证标准相适应。

本书主要以AutoCAD 2005版为基础，精选了各升级版本中绘制二维、三维图形的常用绘图和编辑指令，内容通俗易懂，图文并茂，着重培养学生的动手能力。考虑到实际应用的需要，本书弥补以往教材内容艰深、理论性强、习题繁杂的不足，删减了不必要的理论阐述，尽量增加实际应用方面的知识，并对原理定性讲、应用重点讲，从实用、实操、考证的角度分析讲解训练，便于学生理解和接受。书中着重阐明了识读和绘画图样的基本原理和方法，突出以AutoCAD为手段，读绘结合、学以致用的特点，精选了大量实际应用中的典型实例，循序渐进，重点突出，帮助读者灵活使用AutoCAD的绘图命令、制图方法及应用技巧。编者根据实际教学经验，对初学者常见的错误进行了分析指正，从而使读者能够快速、全面、准确地掌握AutoCAD，并能够在实践中适应技能考核的备考训练需要，最终达到中级计算机辅助设计绘图员的水平。此外，为了拓展AutoCAD知识面，本书增设了第8章“实战技巧——AutoCAD绘图实例”，同时还附有历年AutoCAD操作员考证试题及AutoCAD常用快捷键。

本书在编写过程中，参阅了有关文献，得到了多位一线教师的大力支持。全书共8章，各章中都配备适量的练习。在习题的设计上，以介绍AutoCAD的使用方法、绘图技巧、实际应用为主，并引导学生进行创造性的思考，以培养学生的实践能力和创新精神。

本书在保持传统教材特色的同时，注重体现机械行业发展的新要求和专业技能考试的新标准，因此具有实用性、科学性和先进性。此外，在随书赠送的光盘中配备了录像教程，由经验丰富的专业教师进行演示指导，方便读者自学和教师教学使用。

本书由刘金华主编，徐莉任副主编，参与编写的人员还有王海平、冯结萍、江存志、吕幸成、何爱华、何洪波、吴柳春、张春丽、邹优星和梁敬华。全书由林贤浪主审。

由于时间仓促，书中不足之处在所难免，恳请读者批评指正。

编　者

2008年3月

目　　录

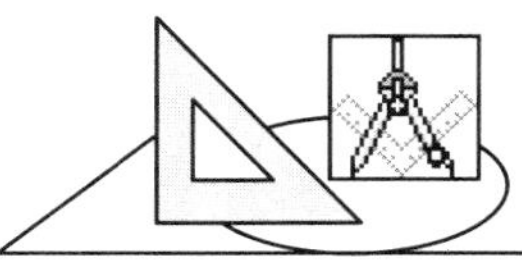

第 1 章　AutoCAD 的基本操作

AutoCAD 是由美国 Autodesk 公司研制与开发的通用计算机辅助绘图和设计软件。该软件自 1982 年发布以来，历经数十次升级改版。AutoCAD 是基于 PC 应用平台，目前在国内外最受欢迎、最为流行的计算机辅助设计软件包。它具有功能强大、使用方便、易于掌握、体系结构开放等众多优点。现在 AutoCAD 在机械和工程制图领域的功能已相当强大和完善，广泛应用于机械、电气、建筑、园林、家具、服装、制鞋等领域，深受广大工程技术人员的欢迎。本书将介绍如何使用中文版 AutoCAD 进行绘图，重点是绘制机械二维平面工程图形和基本三维实体模型图。

由于中文 AutoCAD 版本较多，功能近似，操作基本一致，故本书以中文 AutoCAD 2005 为蓝本进行介绍。本章主要介绍 AutoCAD 软件的用途、启动方法、工作界面的组成、命令的键入、图形文件的管理等基本操作知识。

1.1　概　　述

1.1.1　AutoCAD 的用途

AutoCAD 是诸多 CAD 应用软件中的优秀代表，它的英文全称是 Auto Computer Aided Design，中文名称为计算机辅助设计，由美国 Autodesk 公司研制与开发。

AutoCAD 是一个以二维图形绘制为主兼顾三维实体造型的 CAD 软件，主要通过投影的方法来表达零件的二维或三维图形，与工程制图的手工方式相吻合。

使用 AutoCAD 技术可方便地绘制、编辑、修改图形，成图质量更是手工绘图无法比拟的。AutoCAD 的设计效率很高，是工程技术人员极好的设计工具。

1.1.2　AutoCAD 的启动

AutoCAD 系统的启动(以 AutoCAD 2005 为例)一般采用以下两种方法。

方法一：双击桌面上的快捷图标 。

方法二：依次单击“开始”→“程序”→“Autodesk”→“AutoCAD 2005”→“Simplified Chinese”→“AutoCAD 2005”命令。

1.1.3　AutoCAD 的工作界面

以 AutoCAD 2005 为例，CAD 的界面分为标题栏、主菜单区、图形工具栏、绘图区、命令提示区及状态栏等，与先前 AutoCAD 的版本基本相同，仅个别地方略有区别。例如

AutoCAD 2002 的主界面如图 1.1 所示，而 AutoCAD 2005 的主界面如图 1.2 所示。

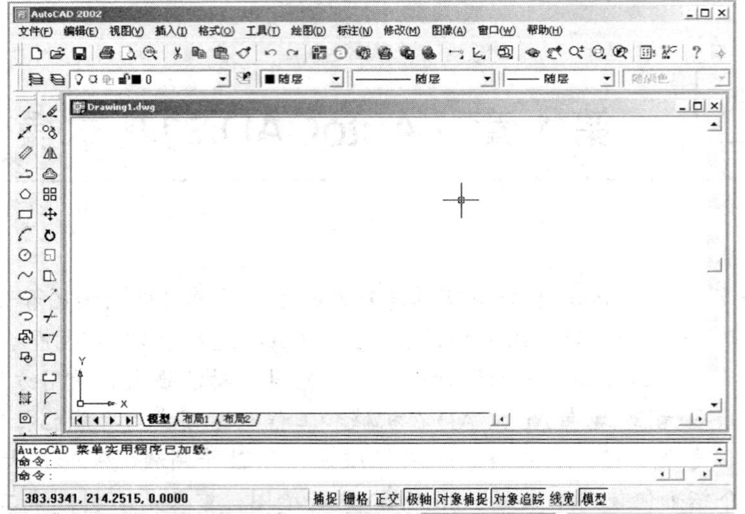

图 1.1

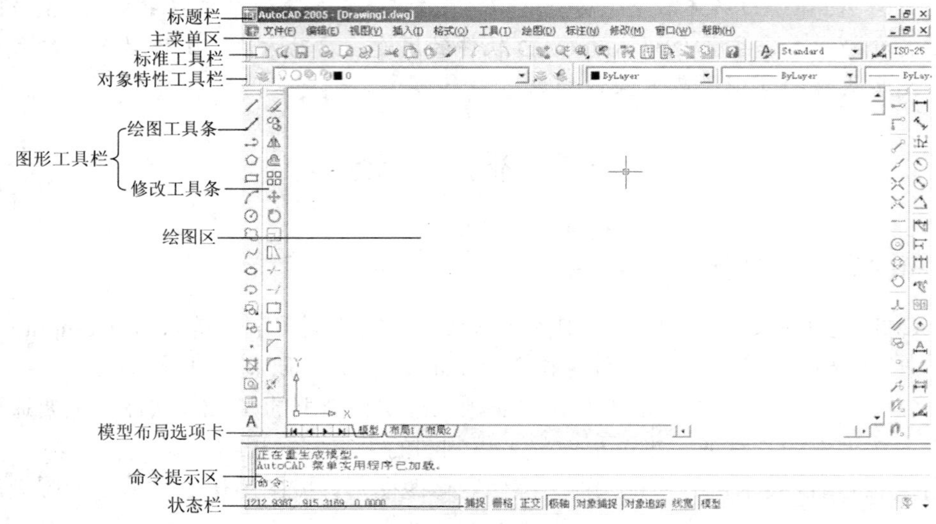

图 1.2

1. 标题栏

标题栏位于界面窗口的最上方，此处左侧依次显示软件图标、软件名及当前文件名；右侧是 Windows 标准应用程序图标控制按钮，点击对应图标按钮可将窗口最小化、最大化和关闭软件。

2. 主菜单区

主菜单区位于标题栏的下方，系统将各控制指令依性质分类放置于各个菜单中，它包括文件、编辑、视图、插入、格式、工具、绘图、标注、修改、窗口和帮助等选项。与一般应用软件相同，其各选项均有下拉式菜单，根据工作模式的不同，主菜单会有所变化。

有关使用见后续章节。

3. 标准工具栏

标准工具栏包括常用的一些命令，如新建、打开、保存、缩放、平移等。

4. 对象特性工具栏

对象特性工具栏主要用来设置对象的特性，如颜色、线型、线宽、图层等。

5. 图形工具栏

图形工具栏为使用者提供了更为便捷地执行 AutoCAD 命令的一种方式，它由若干图标按钮组成，这些图标按钮分别形象地代表了一些常用命令。直接单击工具栏上的图标按钮就可调用相应命令，而后根据对话框中的内容或命令行中的提示执行进一步的操作即可。

AutoCAD 系统提供了 29 种工具栏，详见表 1.1。AutoCAD 系统初始界面上显示了两条有关画图的图形工具栏，即绘图工具条和修改工具条。

表 1.1

工具栏名称	工具栏名称	工具栏名称
CAD 标准	查询	视图
UCS	对象捕捉	缩放
UCS II	对象特性	图层
Web	绘图	文字
标注	绘图顺序	修改
标准	曲面	修改 II
布局	三维动态观察器	渲染
参照	实体	样式
参照编辑	实体编辑	着色
插入	视口	

使用者若需要其他工具栏，可按照以下操作步骤来调用：

(1) 单击“视图(V)”→“工具栏”命令，弹出如图 1.3 所示的自定义工具栏对话框，在右边菜单组点选 ACAD，则可在左边工具栏勾选需要的图形工具。

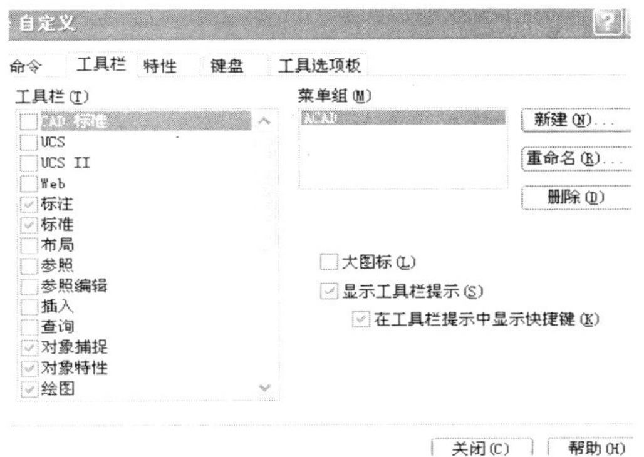

图 1.3

(2) 用鼠标指向任何图形工具栏并点击右键，即可打开图形工具栏对话菜单，对话菜单中有许多工具栏目，只要在其前面点一下，即可随时打开或关闭对应工具栏。

(3) 在绘图区单击鼠标右键，弹出快捷菜单，选择“重复工具栏”，也可打开工具栏。图形工具栏样式如图 1.4 所示。用鼠标点住图形工具栏的边框，可以将其拖至屏幕上任意合适的位置，以方便使用。

图 1.4

6. 绘图区

屏幕的中间为绘图区，即用户的工作区域。用户既可以在绘图区内进行各种绘图操作，如绘制直线、圆弧、实体等，还可以通过主菜单中的“格式”→“图形界限”命令设置绘图区的尺寸，通过“工具”→“选项”→“颜色”命令设置自己喜好的绘图区的底色。AutoCAD 默认绘图区的底色为黑色。

7. 模型布局选项卡

用鼠标左键单击绘图区下方的“模型”或“布局”按钮可在模型空间与图纸空间相互转换。一般情况下，先在模型空间创建、编辑图形，再在图纸空间绘制和打印图形。

8. 命令提示区及状态栏

命令提示区的作用主要有三个：一是输入命令(快捷)的操作方式；二是用于输入某些命令必需的参数、定位坐标点或输入精确尺寸；三是一些命令没有对应的菜单及图形工具，只能在此输入。系统默认的命令提示区中可显示三行文字，用鼠标点其上边框，可以随意拉大提示区。按 F2 功能键，可全屏提示命令文本窗口，展示绘图过程；再按 F2 功能键，又恢复图形窗口。

状态栏位于屏幕下方，包括坐标提示、捕捉、栅格、正交、极轴、对象捕捉、对象追踪、线宽和模型等功能的打开及关闭功能块。用鼠标单击功能块将其变凹，即表示其处于打开状态。此外，AutoCAD 新版本增设了通讯中心等新功能。

1.2　基 本 操 作

1.2.1　AutoCAD 命令的键入方法

AutoCAD 属交互式绘图软件，无论其版本怎样更新，其绝大部分基本命令的用法都是一样的。AutoCAD 主要有以下五种命令输入方式。

1. 下拉菜单(主菜单区)

用鼠标点击主菜单项，则弹出对应的下拉菜单。在下拉菜单中包含了一些常用命令，只要用鼠标点击即可执行该命令。

【例 1.1】　绘制一直径为 35 mm 的圆。

操作步骤：依次选取“绘图(D)”→“圆(C)”→“圆心、直径(D)”命令，根据命令提示区的提示，用鼠标(或输入坐标)确定圆心，输入直径值“35”，回车。

2. 图形工具栏

直接使用图形工具栏按钮输入对应命令，操作直观方便。

【例 1.2】 绘制一内接圆半径为 30 mm 的五边形。

操作步骤：选取图标 ，根据命令提示行的提示，输入“5”，回车；然后用鼠标确定圆心，回车；再输入半径值“30”，回车(默认为 (I) 内接于圆方式，选 C 为外切于圆方式)。

注意：数据输入时也可以移动鼠标并点击输入，但数据值不精确，读者可以试一试。

3. 键入命令

AutoCAD 所有操作命令均可通过键盘直接键入，一些系统变量则只能键入。对于例 1.1 可以直接键入 circle 后回车，即进入画圆状态(读者可自行练习)。

4. 功能键与快捷键

键盘上的功能键可以打开 AutoCAD 的一些系统功能，如表 1.2 所示。一些常用命令可用快捷键输入，方法是键入命令的第一个字母或其中几个字母(不区分大小写)即可。常用快捷键如表 1.3 及附录二所示。

Esc 快捷键是 AutoCAD 中使用频率很高的键。在 AutoCAD 设计绘图中，当我们发出某一个绘图命令后，经常会发现使用的命令不正确，要取消这个命令可以按键盘上的 Esc 快捷键。有些具有多层选项的命令要连续按两次或三次 Esc 键，才能退出该命令而回到初始命令等待状态。

表 1.2　常用的功能键

功能键	作　用	状　态　行
Esc	取消所有操作，回到命令状态	—
F1	打开帮助系统	—
F2	控制文本与图形视窗切换开关	—
F3	控制图形捕捉方式的开关	对象捕捉
F4	控制图形输入板	—
F5	控制等距立体平面	坐标
F6	控制动态坐标显示开关	—
F7	控制栅格开关	栅格
F8	控制正交开关	正交
F9	控制栅格捕捉开关	捕捉
F10	控制极轴开关	极轴
F11	控制对象追踪开关	对象追踪

表 1.3　常用命令的快捷键

快捷键	命　令	快捷键	命　令
A	Arc(弧)	MI	Mirror(镜像)
AR	Array(阵列)	O	Offset(偏移)
B	Block(块)	P	Pan(平移)
BR	Break(断开)	PL	Pline(复合线)
C	Circle(圆)	R	Redraw(重画)
CP	Copy(复制)	RO	Rotate(旋转)
E	Erase(删除)	S	Stretch(伸展)
EX	Extend(延长)	ST	TextStyle(字型)
F	Fillet(倒圆角)	T	Text(文字)
H	Hatch(剖面线)	TR	Trim(修剪)
I	Insert(插入)	U	Undo(取消)
L	Line(线)	V	View(视图)
LA	Layer(图层)	W	Save(块存盘)
LT	Linetype(线型)	X	Explode(分解)
M	Move(移动)	Z	Zoom(缩放)

5．重复命令

一个命令使用完后，如果要连续重复使用该命令，在 AutoCAD 中按回车键或空格键即可。

在 AutoCAD 中执行某个命令往往有上述几种不同的方式，初学者应尽量使用图形工具栏按钮和快捷键进行命令输入，以提高绘图效率。

1.2.2　AutoCAD 图形文件的管理

图形文件的管理是 AutoCAD 的一个基本操作。它的功能主要是完成图形文件的建立、图形文件的保存、图形文件的打开与关闭和图形文件的交换等操作。

1．新建图形文件

AutoCAD 新建一个图形文件一般可用以下三种方法：

1) 主菜单

单击“文件”→“新建”命令。

2) 图形工具

直接在“标准”工具栏中单击图标 。

3) 快捷键

按【Ctrl+N】组合键。

在 AutoCAD 中，使用上述任何一种方法新建一个图形文件，均会打开如图 1.5 所示的“选择样板”对话框，在该对话框中可以选择即将新建的图形文件的类型属性。

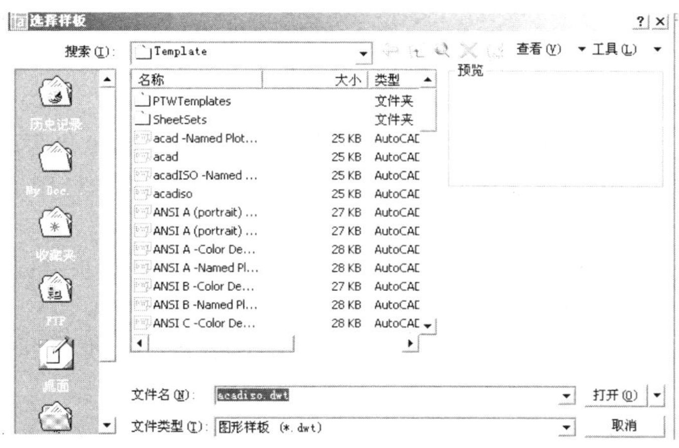

图 1.5

在 AutoCAD 的“选择样板”对话框中有三种文件类型，即*.dwt(样板文件)、*.dwg(图形文件) 和*.dws(标准文件)；制图单位选择由下方“打开”按钮旁边的倒三角按钮控制，点击出现下拉选择菜单，其中有三种选择，即“打开”、“无样板打开－英制(I)”和“无样板打开－公制(M)”。

2．图形文件的保存

AutoCAD 的图形文件保存有三种方式：Save(保存)、Save As(另存为)和自动保存。

1) Save(保存)

给画好的图形起一个名字并存为新文件。一般 AutoCAD 的图形文件的后缀为“.dwg”。保存图形文件的方法有两种：

(1) 点击“标准”工具栏中的图标 。

(2) 点击主菜单上的“文件”→“保存”命令。

当然，也可以输入命令或快捷键进行保存。此法由读者自行完成。

如果当前文件已经命名，则文件直接以原文件名保存；如果当前文件尚未命名，则会弹出如图 1.6 所示的“图形另存为”对话框，提示用户确定图形文件的保存位置、文件名和文件保存类型。

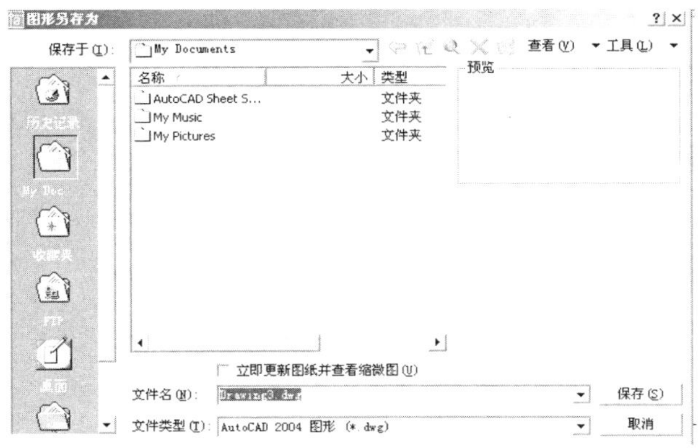

图 1.6

2) Save As(另存为)

将图形文件另起名字存为一个新文件，或将已有图形经过修改后快速得到另一个类似图形。此法可以制作样板图，样板图的文件后缀为“.dwt”。

操作方法：点击主菜单上的“文件”→“另存为”命令，弹出“图形另存为”对话框，可用于对当前图形文件的换名保存。

3) 自动保存

初学者常常出现忘记保存文件的现象。在 AutoCAD 中，软件自身提供了两种自动保存设置方法，用户可以设置自动保存的时间间隔。

(1) 在命令行中输入 savetime 并按回车键，系统提示输入新的保存时间，单位是分钟，默认值为 10 分钟，如图 1.7 所示。

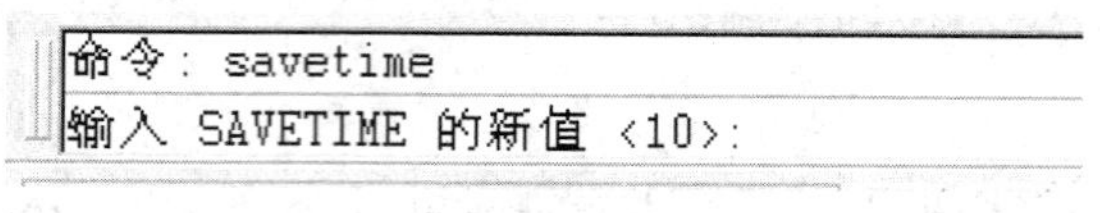

图 1.7

(2) 点击主菜单上的“工具”→“选项”命令，在弹出的“选项”对话框中单击“打开和保存”选项卡，在“文件安全措施”选项区中选中“自动保存”复选框，然后在“保存间隔分钟数”文本框中输入新的保存时间，如图 1.8 所示。AutoCAD“自动保存”选项是默认选项。

注意：在绘图过程中，要记住经常存盘，以免因发生意外事故(如停电、死机)而丢失文件资料。

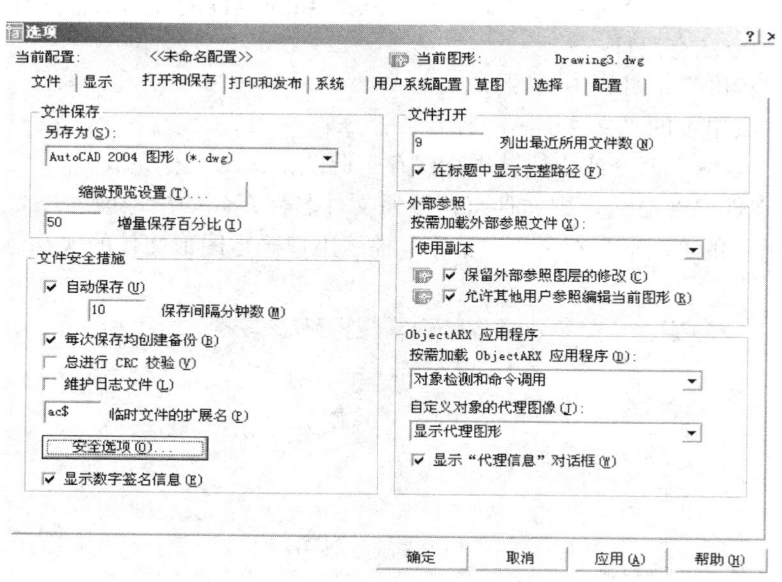

图 1.8

3. 打开图形文件

AutoCAD 打开已有图形文件，一般可用以下三种方法：

1) 主菜单

单击“文件”→“打开”命令。

2) 图形工具

直接在“标准”工具栏中单击图标 。

3) 快捷键

按【Ctrl+O】组合键。

在新中文版 AutoCAD 中，使用上述任何一种方法均可打开图形文件，在弹出的“选择文件”对话框中选择一个图形文件，单击“打开”按钮，就在绘图区中打开了指定的图形文件。此外，在 AutoCAD 2005 中，还增加了打开多个图形文件和局部打开的功能。

4. 关闭图形文件

在 AutoCAD 中完成了绘图工作后，可以退出该程序。要退出 AutoCAD，可以用下述其中一种方法：

1) 命令

在命令区输入 QUIT(CLOSE)或 EXIT 后按回车键。

2) 主菜单

单击“文件”→“退出”命令。

3) 快捷键

按“Alt+F4”组合键或在 AutoCAD 主界面窗口的标题栏中单击“关闭”按钮或双击左上方 AutoCAD 程序图标按钮。

对于已新建或打开的图形文件，如果没有保存最近所做的修改，在退出 AutoCAD 时将弹出一个对话框，提示是否将所做的修改保存到当前图形文件中，如图 1.9 所示。单击“是”按钮，将保存所做的修改；单击“否”按钮，将不保存所做的修改，直接退出 AutoCAD；单击“取消”按钮，则不做任何改变。

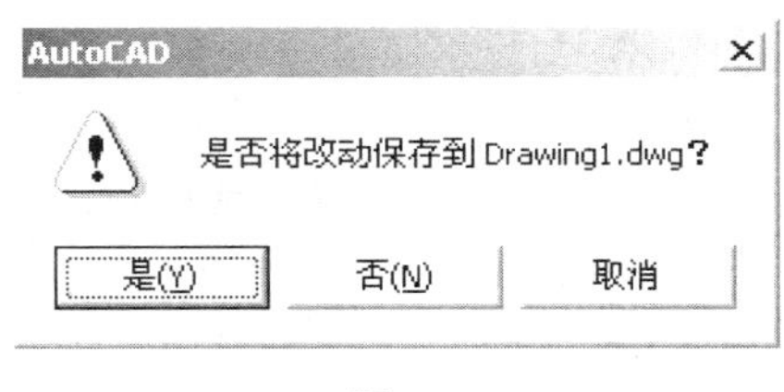

图 1.9

5. 图形文件的交换

图形文件的交换，对于 CAD 软件来说至关重要。通过图形文件的交换，使得不同的 CAD、CAE、CAM 系统可以共享信息，发挥各自系统的优势。例如，AutoCAD 软件的二维工程图绘制功能强大；Pro/E 软件的三维设计功能优异；MasterCAM 软件的数控刀路生成功能优秀。可以使用图形文件的交换，使上述各软件互联互通，优势互补。

AutoCAD 中有四种文件类型，即图形文件(*.dwg)、标准文件(*.dws)、样板文件(*.dwt)和交换文件(*.dxf)。将图形以 DXF 格式保存，可以实现 AutoCAD 软件与其他软件之间的数据交换。例如，将某一 AutoCAD 图形文件命名并以 DXF 格式保存，就可以在 Pro/E 软件中直接打开，并修改成为所需要的图形文件。此外，通过主菜单“文件”→“输出”命令可将 AutoCAD 图形文件以图元文件(*.wmf)、位图(*.bmp)等形式输出。图元文件和位图图像格式可直接插入 Word 文档，使用很方便。当然，也可以利用 Windows 操作系统的屏幕硬拷贝功能(按 Print Screen 键)将图形插入 Word 文档。

常见错误

(1) 操作不熟练，出现点错菜单、输错命令、选错图标。

(2) 未在命令区输入数据或移动点击鼠标输入数据。例如，绘圆时未输入半径(直径)值直接默认回车。

(3) 默认操作漏敲空格键或回车键。

该你练了

填空题:

(1) AutoCAD 是由美国_________公司研制与开发的通用计算机辅助绘图和设计软件。

(2) AutoCAD 中某个命令的执行往往有几种不同的方式，如使用_________、_________、_________、_________和_________。对于初学者应尽量学习_________和_________进行命令输入，以提高绘图效率。

(3) 在 AutoCAD 绘图设计中，当我们发出某一个绘图命令后，经常会发现使用的命令不正确，要取消这个命令可以按键盘上的________快捷键。

选择题:

(1) 启动 AutoCAD 一般可采用(　)种方法。

A．1 种　　B．2 种　　C．5 种　　D．6 种

(2) AutoCAD 样板文件的保存格式是(　)。

A．*.dwg　　B．*.dws　　C．*.dxf　　D．*.dwt

(3) AutoCAD 交换文件的保存格式是(　)。

A．*.dwg　　B．*.dws　　C．*.dxf　　D．*.dwt

(4) 可以用(　)命令把 AutoCAD 的图形文件转换成图像格式(BMP、WMF)。

A．保存　　B．另存为　　C．输出　　D．发送

(5) AutoCAD 自动保存的默认时间间隔为(　)分钟。

A．10　　B．5　　C．15　　D．3

实操题:

(1) 在 D 盘用自己的名字建一个文件夹，按例 1.1 的操作步骤，绘制一个半径为 38 mm 的圆，取图形文件名为 tux1，存盘退出 AutoCAD。

(2) 按例 1.2 的操作步骤，绘制一个外切圆半径为 45 mm 的六边形，取文件名为 tux2，用 DXF 格式保存，存盘退出 AutoCAD。

(3) 按例 1.1 和例 1.2 的操作步骤，绘制一个圆和一个八边形图(尺寸自定)，取文件名为 tux3，用 BMP 和 WMF 格式分别输出保存，而后插入 Word 文档中。

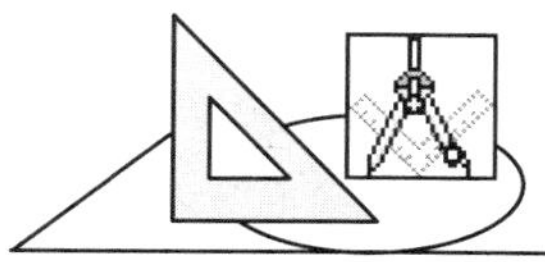

第2章 绘图基础

本章主要介绍AutoCAD作图的基础知识和绘图中运用到的辅助绘图工具。基础知识包括AutoCAD作图原则、图层的建立和管理、对象特征控制等。绘图中常见到的辅助绘图工具有正交、对象捕捉、自动追踪等命令，这些命令都大大地提高了绘图速度。

2.1 作图基础知识

2.1.1 AutoCAD作图原则

AutoCAD的作图原则如下：

(1) 作图步骤：

① 设置图幅(即设置图形界限)。

② 设置单位。

③ 设置图层。

④ 开始绘图。

(2) 始终用1∶1的比例在模型空间中绘图，绘图完成后在图纸空间(布局)内设置打印比例，出图。

(3) 为不同类型的图元对象设置不同的图层、颜色、线宽。

(4) 作图时注意命令行的提示，根据提示决定下一步的操作，可提高效率并且减少错误操作。

(5) 精确绘图时，使用栅格捕捉功能，并设置栅格捕捉间距为适当的数值。

(6) 不要将图框和图绘在一幅图中，可在布局中将图框按块的形式插入(当然得先制作图框块)，然后打印出图。

(7) 可将一些常用的设置(如图形界限、单位、捕捉间距、图层、标注样式、文字样式等内容)设置在一个图形样板文件中，以后绘制新图时，可在创建向导中单击“样板”来打开它。

2.1.2 图层的建立和管理

图层的作用是将绘制的对象按“层”分开，每个层上的对象具有和层一致的特性，如颜色、线型、线宽等，也可以设置与层无关的独立特性。

建立图层的方法有三种：

(1) 选择“格式”→“图层”工具条。

(2) 在图层工具栏中单击图标。

(3) 使用命令 LAYER(默认别名 LA)。

图层的设置可在“图层特性管理器”对话框(见图 2.1)中进行。

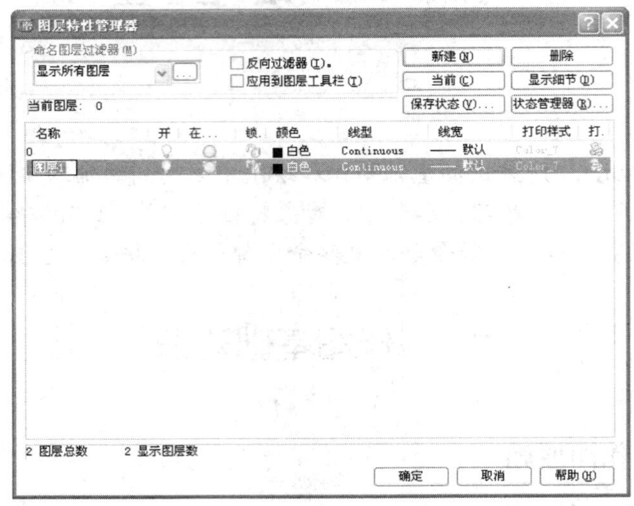

图 2.1

通过“图层特性管理器”对话框可创建图层、更改图层名称、设置图层颜色和线型、线宽，以及修改图层状态。该对话框中各部分介绍如下：

(1) 命名图层过滤器：当图层较多时可利用图层过滤器针对图层的特征显示图层。反向过滤器列出不满足过滤条件件的图层。

(2) 组过滤器：利用分组针对图层的特征用过滤器显示图层。

(3) 新建：在图层列表框内创建新的图层，默认的状态和设置同新图层上面的图层。为便于理解，图层的名字应简明、好记，能反映用途，不要使用 1、2、3、4 之类无意义的名称。

(4) 删除图层：删除不再需要的图层。不是所有的图层都可以删除，不能删除的图层有：“0”层、“定义点”层、当前图层、依赖外部参照的图层、包含对象的图层。

(5) 设为当前层：将选定的图层设为当前图层。当前图层是接受对象输入的图层，始终存在并唯一。在对话框“当前图层”栏上指示有当前图层的名称。

(6) “图层”列表框：列出了图层及其当前的状态和设置。单击图层名称，可以重新命名图层。图层允许的状态和设置有：

● 开/关：打开或关闭图层。当图层打开时，它是可见的，并且可以进行打印。当图层关闭时，它是不可见的，且不能进行打印。当前图层也可以关闭，但绘图不便。

● 把所有视口冻结/解冻：冻结图层可以加快 Zoom、Pan 和许多其他操作的运行速度、增强对象选择的性能并减少复杂图形的重生成时间。不能显示、打印或重生成被冻结图层上的对象，也不能进行消隐和着色。可以冻结所有视口、当前主视口或新视口中的图层，但当前图层不能冻结。当解冻图层时，AutoCAD 会重生成和显示该图层上的对象。

● 锁定/解锁：锁定图层上的对象无法选择或编辑。如果只想查看图层信息而不编辑图层中的对象，可将图层锁定。

● 颜色：改变与选定图层相关联的颜色。单击颜色名称将显示“选择颜色”对话框，如图 2.2 所示。AutoCAD 2005 现在可以支持真彩色定义对象的颜色。

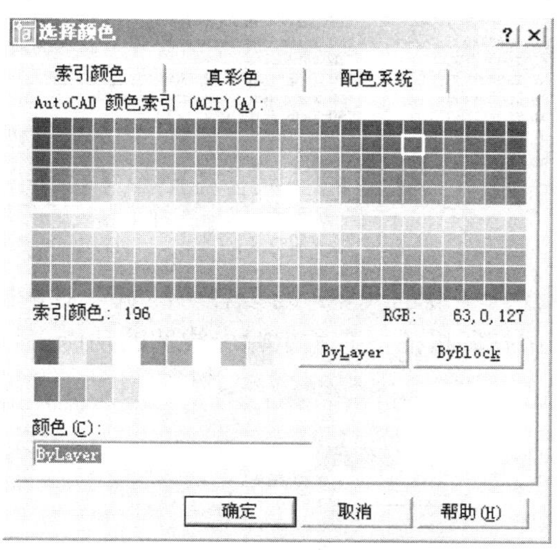

图 2.2

注意：此处定义的颜色是图层的颜色，要使对象的颜色同图层保持一致，必须保证对象的颜色属性是“随层(ByLayer)”。这样一旦图层的颜色定义改变，对象的颜色将随之改变。

● 线型改变与选定图层相关联的线型：单击线型名称将显示“选择线型”对话框，如图 2.3 所示。

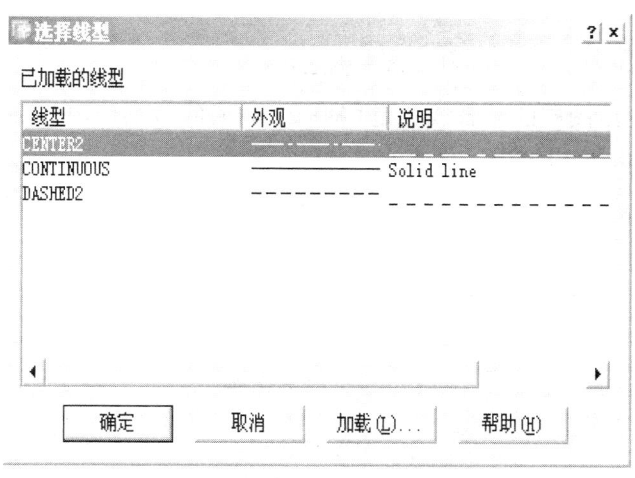

图 2.3

如需要的线型尚未加载，单击“加载(L)...”按钮可用“加载或重载线型”对话框(见图 2.4)从线型文件中加载线型。对象的线型最好还是使用“随层”属性，同图层保持一致，以利于以后图形的修改。

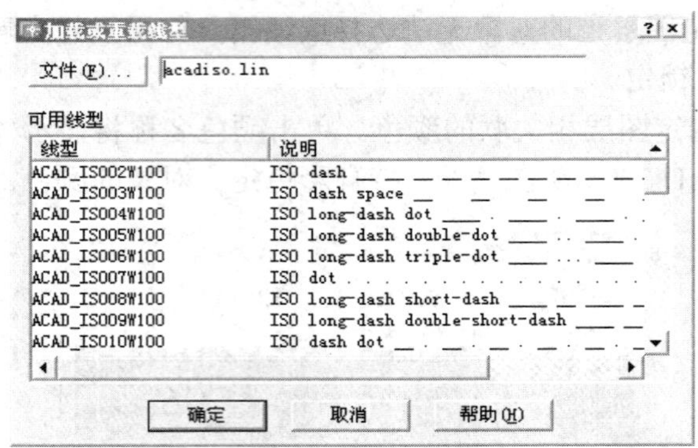

图 2.4

● 线宽改变与选定图层相关联的线宽：可以在“线宽”对话框(见图 2.5)中直接指定图形对象的线宽，而不必利用打印机的按颜色定输出线宽的功能来打印不同线宽的图形。

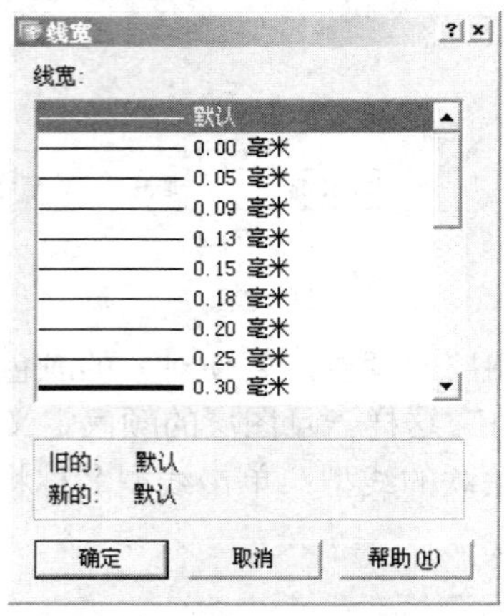

图 2.5

当创建层时指定给图层的缺省线宽是“缺省”。缺省线宽的值由 LWDEFAULT 系统变量控制。线宽还可用 LINEWEIGHT 命令或“格式”菜单中的“线宽...”选项进行设置，该命令对应“线宽设置”对话框(见图 2.6)。默认线宽的缺省值为 0.01 英寸或 0.25 毫米，建议改成 0.2 毫米。

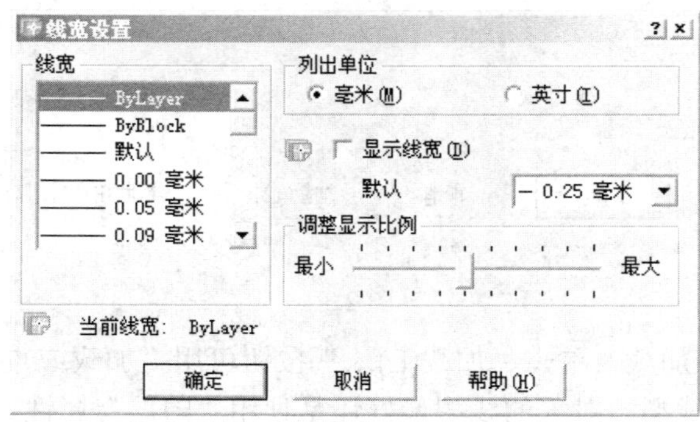

图 2.6

● 打印样式改变与选定图层相关联的打印样式：如果正在使用颜色相关打印样式(PSTYLEPOLICY 系统变量设为 1)，则不能修改与图层关联的打印样式。

● 打印/不打印：控制选定图层是否可打印。即使关闭了图层的打印，该图层上的对象仍会显示。关闭图层打印只对图形中的可见图层(图层是打开的并且是解冻的)有效。如果图层设为可打印，但该图层在当前图形中是冻结的或关闭的，这时 AutoCAD 并不打印该图层。

2.1.3 对象特性控制

通过修改图形的特性(包括图层、线型、颜色、线宽和打印样式)，可以组织图形中的对象并控制它们的显示和打印方式。

绘制的每个对象都具有特性。有些特性是基本特性，适用于多数对象。例如图层、颜色、线型和打印样式。有些特性是专用于某个对象的特性。例如，圆的特性包括半径和面积，直线的特性包括长度和角度。

多数基本特性可以通过图层指定给对象，也可以直接指定给对象。

(1) 如果将特性值设置为“随层”，则指定给对象的值与在其上绘制该对象的图层的值相同。例如，如果为在图层 0 上绘制的直线指定了颜色“随层”并将图层 0 指定为“红色”，则直线的颜色将为红色。

(2) 如果将特性设置为一个特定值，则该值将替代图层中设置的值。例如，如果将图层 0 上的直线指定为“蓝色”并将图层 0 指定为“红色”，则直线的颜色为蓝色。

可以通过以下方式在图形中显示和修改任何对象的当前特性：

(1) 打开“特性”选项板，然后查看和修改对象所有特性的设置。

(2) 查看和修改“图层”工具栏上的“图层”控件以及“特性”工具栏上的“颜色”、“线型”、“线宽”和“打印样式”控件中的设置。

(3) 使用 LIST 命令在文字窗口中查看信息。

(4) 使用 ID 命令显示坐标位置。

“特性”选项板用于列出选定对象或对象集的特性的当前设置。可以修改任何可以通过指定新值进行修改的特性。

(1) 选择多个对象时，“特性”选项板只显示选择集中所有对象的公共特性。

(2) 如果未选择对象，“特性”选项板只显示当前图层的基本特性、图层附着的打印样式表的名称、查看特性以及关于 UCS 的信息。

如果 DBLCLKEDIT 命令处于打开状态(默认设置)，则可以双击对象打开“特性”选项板(块和属性、图案填充、渐变填充、文字、多线和外部参照除外)。如果双击这些对象中的任何一个，将显示专用于该对象的对话框而不是“特性”选项板。

注意：要使用双击操作，必须将 DBLCLKEDIT 命令和 PICKFIRST 系统变量设置为开(即设置为默认值 1)。

修改“特性”选项板上对象特性的步骤如下：

(1) 选择一个或多个对象。

(2) 打开“特性”选项板，其方法有两种：

方法一　在图形中单击鼠标右键，然后在快捷菜单中单击“特性”命令。

方法二　在“标准”工具栏上单击图标 。

(3) 在“特性”选项板中，使用标题栏旁边的滚动条在特性列表中滚动。可以单击每个类别右侧的箭头以展开或折叠列表。

(4) 选择要修改的值，然后使用以下方法之一对值进行修改：

① 输入新值。

② 单击右侧的箭头并从列表中选择一个值。

③ 单击[...]按钮并在对话框中修改特性值。

④ 单击“拾取点”按钮，使用定点设备修改坐标值。

⑤ 单击鼠标右键，然后在快捷菜单中单击“编辑”选项。修改将立即生效。

(5) 要放弃修改，请在“特性”选项板的空白区域中单击鼠标右键，然后在快捷菜单中单击“放弃”命令。

(6) 按 Esc 键删除选择。

常见错误 

(1) 忘记设置图形界限等。

(2) 图层运用不当。

该你练了 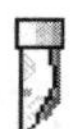

(1) AutoCAD 的一般作图步骤分为哪几步？

(2) 将 AutoCAD 绘图界面的图形界限设置为 A4。

(3) 按下列要求设置图层：

层　名	颜　色	线　型	线　宽
轮廓线	白色	粗实线	0.7
中心线	红色	中心线	缺省
剖面线	青色	实线	缺省
尺寸标注	绿色	实线	缺省
图块	紫色	实线	缺省
虚线	蓝色	实线	缺省
波浪线	黄色	实线	缺省

2.2 绘图辅助工具

AutoCAD 中的“自动追踪”有助于按指定角度或与其他对象的指定关系绘制对象。当“自动追踪”打开时，临时对齐路径有助于以精确的位置和角度创建对象。“自动追踪”包括两种追踪选项：“极轴追踪”和“对象捕捉追踪”。可以通过状态栏上的“极轴”或“对象追踪”按钮打开或关闭“自动追踪”。可与对象捕捉一起使用对象捕捉追踪。必须设置对象捕捉，才能从对象的捕捉点进行追踪。

2.2.1　正交模式

单纯用鼠标是绘不出光滑的直线段的，这时可借助于正交模式。键盘上的“F8”键可用于打开和关闭正交模式。当正交模式处于打开状态时，强制光标沿着水平轴或垂直轴移动，从而能很轻松地绘制出光滑的直线段，加快了绘图的速度。

2.2.2　捕捉对象上的点

绘图时经常要精确定位到对象的某一点上，如直线段的中点、圆的圆心、对象的端点等。利用肉眼去对准这些点难免是有偏差的，这时候，应当利用 CAD 提供的对象捕捉工具，在对象上精确定位。

对象捕捉应用的场合没有特殊的限制，每当输入一个点时，都可以进行对象捕捉。当选定一个对象时，CAD 可捕捉到距离设定靶框中心最近的合适的捕捉点。

2.2.3　极轴追踪

在 AutoCAD 中，正交的功能我们经常用，自 AutoCAD 2000 版以来就增加了一个极轴追踪的功能，使一些绘图工作更加容易。其实极轴追踪与正交的作用有些类似，也是为要绘制的直线临时对齐路径，然后输入一个长度单位就可以在该路径上绘制一条指定长度的直线。理解了正交的功能后，就不难理解极轴追踪了。

在 AutoCAD 2000 版以前，如果要绘制一条与 X 轴方向成 30° 且长为 10 个单位的直线，一般情况下需要两个步骤完成：首先打开正交，水平画一条长度为 10 个单位的直线；再用旋转命令把直线旋转 30° 角而完成。而在 AutoCAD 2000 以后，有了极轴追踪功能就方便多了。下边仍以绘制一条长度为 10 个单位且与 X 轴成 30° 的直线为例说明极轴追踪的一个简单应用，具体步骤如下：

(1) 在任务栏的“极轴追踪”上点击右键弹出快捷菜单，选中“启用极轴追踪”并调节“增量角”为 30，如图 2.7 所示。然后点击“确定”按钮关闭对话框。

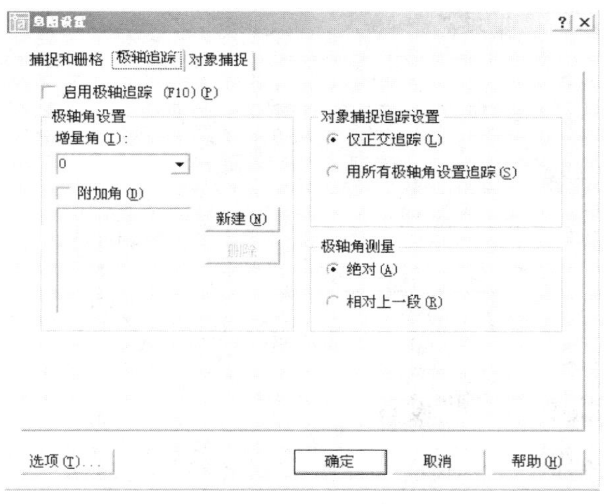

图 2.7

(2) 输入直线命令“Line”并回车，在屏幕上点击第一点，慢慢地移动鼠标，当光标跨过 0° 或 30° 角时，AutoCAD 将显示对齐路径和工具栏提示，如图 2.8 所示，虚线为对齐的路径，白底黑字的为工具栏提示。当显示提示的时候，输入线段的长度 10 并回车，那么 AutoCAD 就在屏幕上绘出了与 X 轴成 30° 角且长度为 10 的一段直线。当光标从该角度移开时，对齐路径和工具栏提示消失。

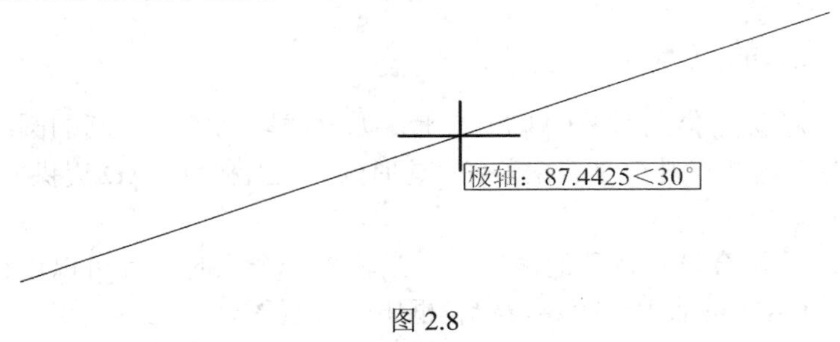

图 2.8

2.2.4 对象捕捉追踪

使用对象捕捉追踪沿着对齐路径进行追踪，对齐路径是基于对象捕捉点的。已获取的点将显示一个小加号(+)，一次最多可以获取七个追踪点。获取了点之后，当在绘图路径上移动光标时，相对于获取点的水平、垂直或极轴对齐路径将显示出来。例如，可以基于对象端点、中点或者对象的交点，沿着某个路径选择一点。

已知有一条水平直线 1-2，要画一条与水平成 30° 角并且与过端点 2 的垂直线相交为止的线段 1-3。

在图 2.9 所示的图例中，开启了“端点”对象捕捉。单击直线的起点(1)开始绘制直线，将光标移动到另一条直线的端点(2)处获取该点，然后沿着垂直对齐路径移动光标，直至出现极轴追踪的路径为止(极轴 30°，垂直 90°)，定位要绘制的直线的端点(3)。

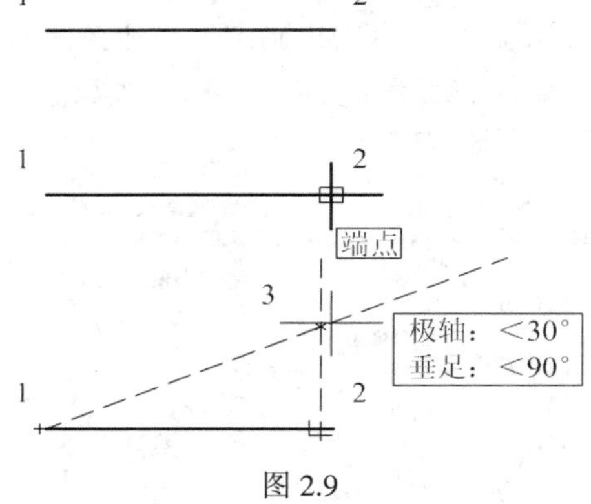

图 2.9

2.2.5 改变自动追踪中的一些设置

默认情况下，对象捕捉追踪设置为正交。对齐路径将显示在始于已获取的对象点的 0°、90°、180° 和 270° 方向上。但是可以在“草图设置”对话框里，使用“用所有极轴角设置追踪”，如图 2.10 所示。

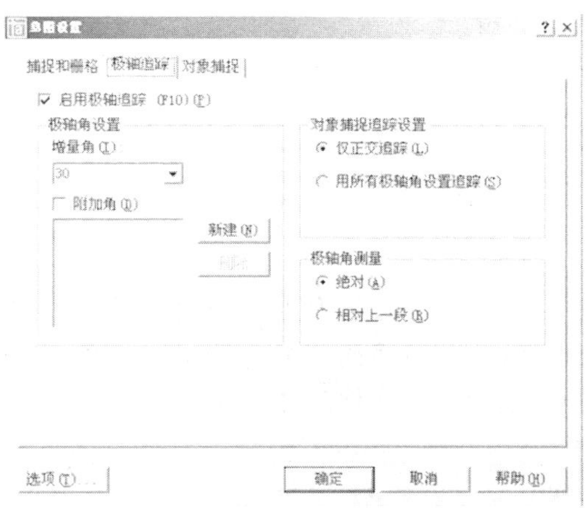

图 2.10

可以改变“自动追踪”显示对齐路径的方式，以及 AutoCAD 为对象捕捉追踪获取对象点的方式。默认情况下，对齐路径拉伸到绘图窗口的结束处。可以改变它们的显示方式以缩短长度，或使之没有长度。

对于对象捕捉追踪，AutoCAD 自动获取对象的点。但是，可以选择仅在按 Shift 键时才获取点(见图 2.11)。

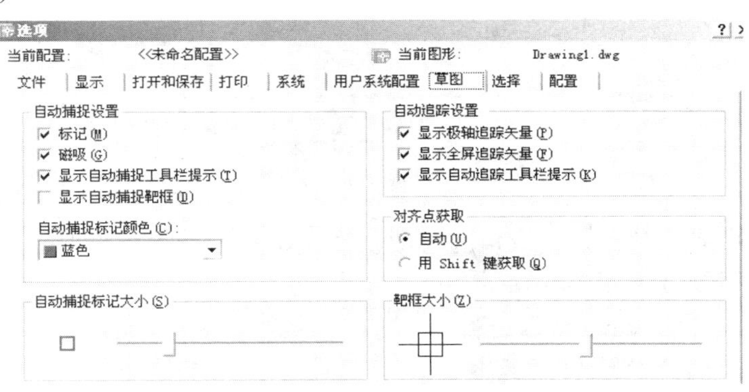

图 2.11

2.2.6　使用自动追踪的技巧

使用自动追踪(极轴捕捉追踪和对象捕捉追踪)时，有一些实战技巧可使绘图变得更容易。以下是笔者总结的几个技巧以供参考：

(1) 和对象捕捉追踪一起使用“垂足”、“端点”和“中点”对象捕捉，以绘制到垂直于对象端点或中点的点。

(2) 与临时追踪点一起使用对象捕捉追踪。在输入点的提示下，输入 tt，然后指定一个临时追踪点。该点上将出现一个小的加号(+)。移动光标时，将相对于这个临时点显示自动追踪对齐路径。要将这点删除，请将光标移回到加号(+)上面。

(3) 获取对象捕捉点之后，使用直接距离沿对齐路径(始于已获取的对象捕捉点)在精确距离处指定点。具体步骤为，在提示下指定点，先选择对象捕捉，移动光标显示对齐路径，然后在命令提示下输入距离即可。

(4) 使用“选项”对话框的“草图”选项卡中设置的“自动”和“用 Shift 键获取”选项管理点的获取方式。点的获取方式默认设置为“自动”。当光标距要获取的点非常近时，按下 Shift 键将暂时不获取对象点。

2.2.7　栅格和捕捉

栅格和捕捉在使用定点设备拾取时是很重要的辅助工具。栅格可以用作可视的定位基准，而打开捕捉模式可以限制光标的移动。配合使用这两个辅助工具，可以提高绘图的精度和效率，还可以设置栅格的间距，如图 2.12 所示。

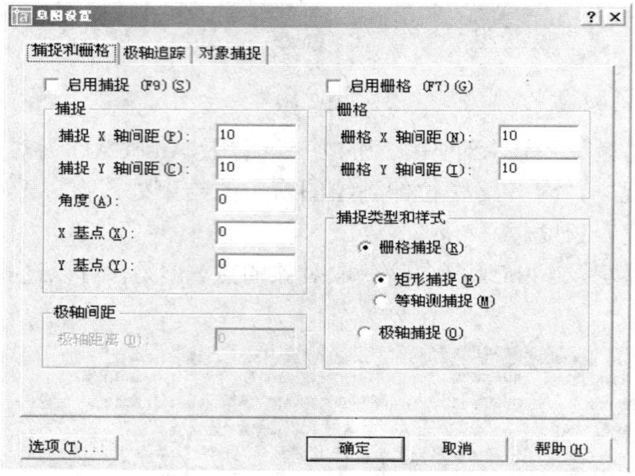

图 2.12

如果要沿着特定的对齐方式或角度绘图，当调整它的捕捉角度时，栅格点的排列也自动跟着变化，如图 2.13 所示。

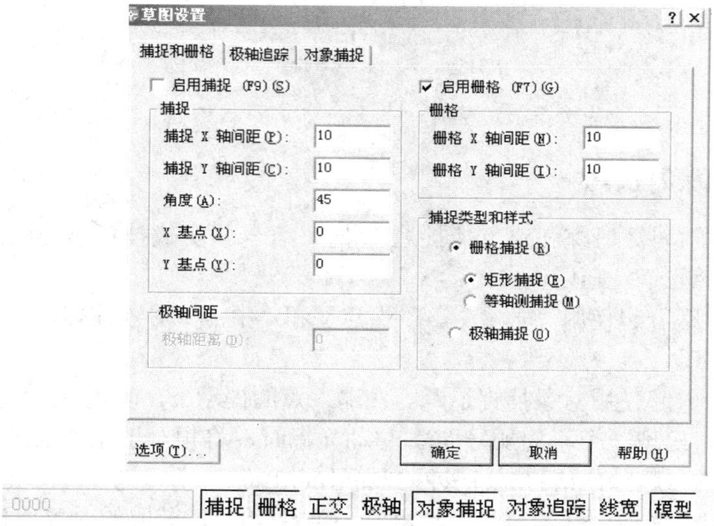

图 2.13

常见错误 

(1) 作斜线时忘记关闭正交模式。

(2) 对象捕捉设置错误，导致捕捉不到正确的点。

该你练了

(1) 在正交模式下绘一条水平线，然后设置对象捕捉来捕捉这条线的中点。

(2) 运用自动追踪绘一条与 X 轴正向成 35° 的线。

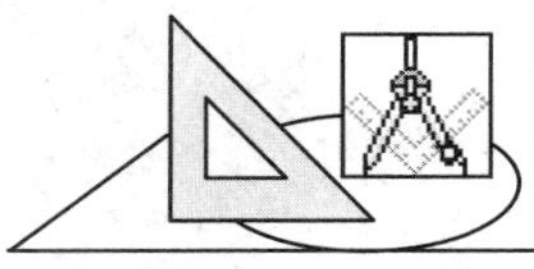

第 3 章　平面图形的画法

在机械设计和机械加工中，平面设计图是目前使用最多、应用最广泛的技术文件。绘制平面图形是画零件图、装配图和三维立体图的基础。

3.1　常用绘图和编辑命令

3.1.1　常用绘图命令

1. 直线命令

1) 命令调用

- 下拉菜单：绘图→直线。
- 绘图工具条：。
- 命令行键入：line(或 l)。

2) 操作方法

按上述方法调用直线命令，按命令提示指定第一点，然后指定第二点，即完成第一条线段绘制。若要继续画，则输入下一点。若要退出直线命令，可回车确定或按 Esc 键。

3) 举例

(1) 两点坐标法画直线。

用键盘输入点的坐标有直角坐标和极坐标两种方式。具体又分为绝对直角坐标、相对直角坐标、绝对极坐标和相对极坐标四种，其中相对坐标应用较多。

① 绝对直角坐标：是相对于绝对坐标原点的坐标，输入 X 和 Y 坐标，中间用逗号分开，即“X，Y”，如图 3.1(a)所示。具体操作是调用直线命令，指定第一点输入原点坐标 0，0，再指定第二点输入 A 点坐标 5，4，回车。

② 相对直角坐标：是指终点相对于起点的坐标，输入时应先在 X、Y 坐标前输入符号@，即“@X，Y”，如图 3.1(b)所示。具体操作是调用直线命令，指定第一点 A 的坐标 2，2，再指定第二点输入 B 点坐标@3，2，回车。

③ 绝对极坐标：输入对坐标原点的长度和角度，两者用“<”分开，即格式是“长度<角度”，如图 3.1(c)所示。具体操作是调用直线命令，指定第一点输入原点坐标 0，0，再指定第二点输入 A 点坐标 40<30，回车。

④ 相对极坐标：输入终点对起点的长度及终点对起点的角度(而不是对原点)，两者也

是用“<”分开，即格式是“@长度<角度”，如图 3.1(d)所示。具体操作是调用直线命令，指定第一点 A 的坐标 40<30，再指定第二点输入 B 点坐标@20<60，回车。

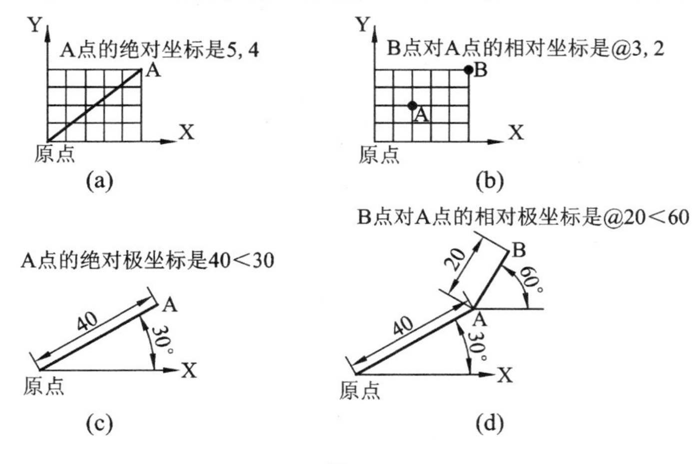

图 3.1

注意：应用极坐标时要注意角度的正负号问题，其遵循的原则是“顺－逆+”，即直线若是通过其起点水平线顺时针旋转到位的则其极坐标的角度为负值，反之为正值。

以图 3.2 为例，点击直线命令，从 A 点开始绘制，命令提示行如下：

命令：line

指定第一点：10,10 回车

指定下一点或[放弃 U]：@60<30　即 B 点

指定下一点或[放弃 U]：@30<-90　即 C 点

指定下一点或[放弃 U]：C 回车　(C 为闭合)

(2) 定方向定距离法画直线。

此法主要用于绘制正交直线，首先将状态栏中的正交按钮按下。以图 3.3 为例，用鼠标定出 A 点后，然后拖动鼠标往 AB 方向(右边)移动，之后在命令提示行输入直线长度值 80，即定出 B 点。然后再拖动鼠标往 BC 方向(上边)移动，之后在命令提示行输入直线长度值 50，即定出 C 点。以此类推，分别定出 D、E、F 三点，最后输入 C 闭合。

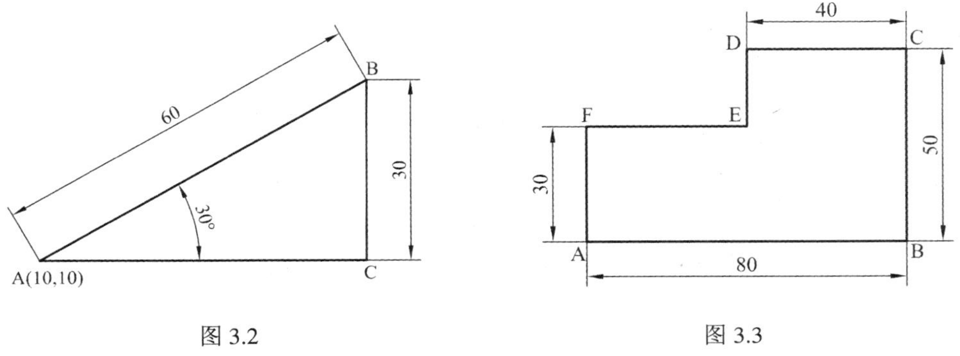

图 3.2　　图 3.3

(3) 捕捉法画直线。

以图 3.4 画外公切线和中心线为例，具体操作如下：

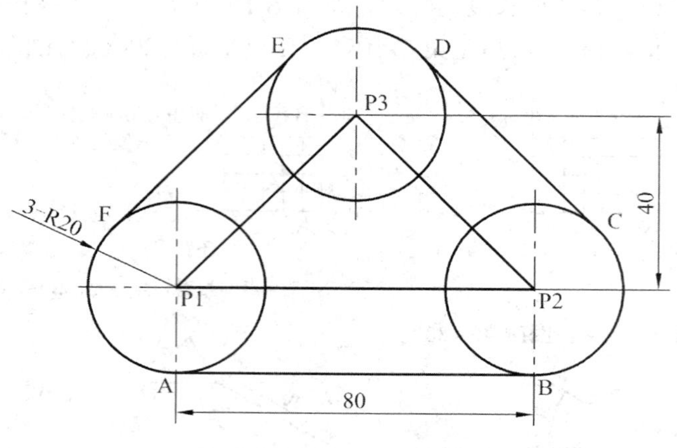

图 3.4

① 设置捕捉方式为切点，即移动鼠标到状态栏中的对象捕捉按钮处，单击右键，选择“设置”，弹出“草图设置”对话框，选择“切点”作为捕捉模式。注意要关闭其他捕捉模式，如图 3.5 所示。

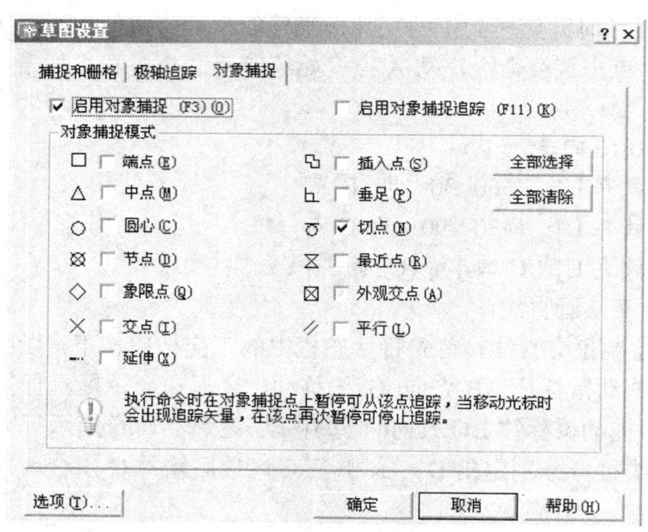

图 3.5

② 点击直线命令图标。

③ 将鼠标分别移到左圆 R20 的 A 处，则会自动产生捕捉切点标记，按左键确认。

④ 将鼠标移到右圆 R20 的 B 处，也会自动产生捕捉切点标记，单击左键确认，回车，退出直线命令，此时已把切线 AB 准确画出。同样可把 CD、EF 两条外公切线画好。

⑤ 设置捕捉方式为圆心，此时可不必关闭其他捕捉模式。

⑥ 点击直线命令图标，将鼠标分别移到左圆 R20 的圆心 P1 处或圆弧处，则会自动产生捕捉圆心标记，按左键确认。再将鼠标移到右圆 R20 的圆心 P2 处或圆弧处，也会自动产生捕捉切点标记，按左键确认，则画好了中心线 P1P2。继续画 P2P3、P3P1，最后回车。

常见错误 

(1) 混淆绝对坐标、相对坐标的概念。

(2) 极坐标的角度值计算错误及正负号分辨不清。

(3) 用相对坐标输入坐标值时忘记输入“@”。

(4) 画切线时，设置捕捉方式没有清除其他对象。

该你练了

利用上述方法完成图 3.6～3.9 的绘制。

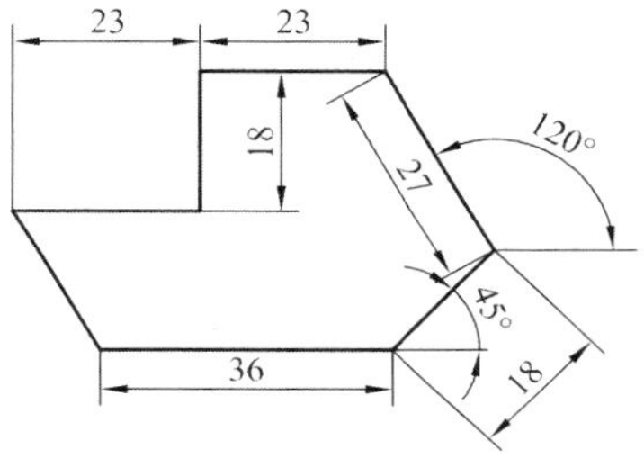

图 3.6

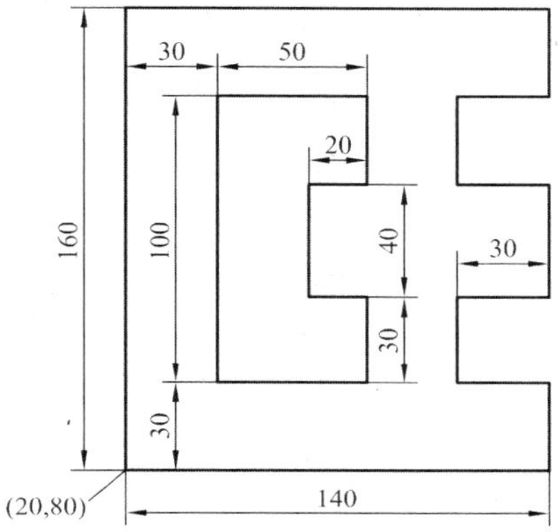

图 3.7

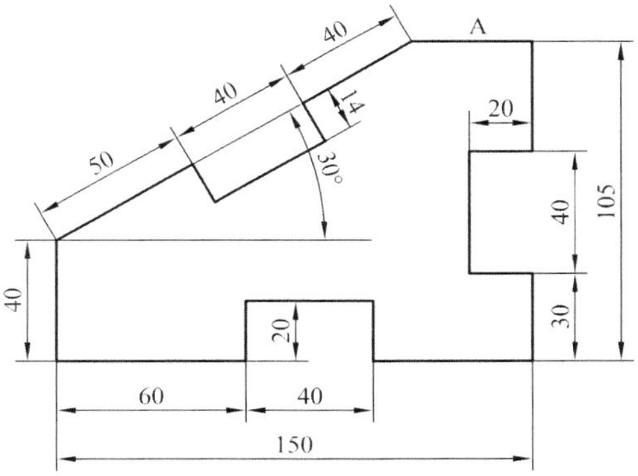

图 3.8

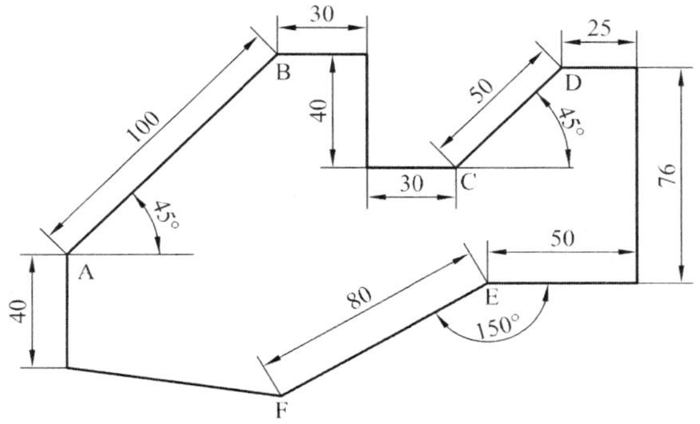

图 3.9

2. 圆命令

1) 命令调用

- 下拉菜单：绘图→圆。
- 绘图工具条：。
- 命令行键入：circle(或 c)。

2) 操作方法

调用圆命令，按命令提示分别采用不同的方式绘圆。绘圆方法共有六种，下面举例说明。

3) 举例

(1) 圆心、半径方式(默认方式)，见图 3.10(a)。

调用圆命令，按提示输入圆心坐标或用定点的方法确定圆心 A，再输入半径值 20，回车即可。

(2) 圆心、直径方式，见图 3.10(b)。

调用圆命令，用定点的方法确定圆心 A，定出圆心后，在命令行输入 D，回车，再输入直径值 40，回车即可。若从下拉菜单“绘图/圆”中点击此方式，定出圆心后，直接输入直径值 40 即可(不必输入 D)。

(3) 三点方式，见图 3.10(c)。

调用圆命令，在命令行输入 3P 回车，然后打开捕捉模式，在绘图区捕捉三点 A、B、C 即可。若从下拉菜单“绘图/圆”中点击此方式，直接在绘图区捕捉三点即可画出一个圆。

(4) 两点方式，见图 3.10(d)。

调用圆命令，在命令行输入 2P 回车，然后在绘图区捕捉两点 A、B，这样就直接画出以 A、B 两点连线为直径的圆。若从下拉菜单“绘图/圆”中点击此方式，直接在绘图区确定两点即可画出一个圆。

(5) 相切、相切、半径(T)方式，见图 3.10(e)。

调用圆命令，在命令行输入 T 回车，然后打开捕捉模式，选择切点，用相切的捕捉方式指定与圆相切的第一条线 l1，再指定第二条线 l2，最后输入半径值 14 即可。此方式用下拉菜单输入命令较方便。

(6) 相切、相切、相切方式，见图 3.10(f)。

用下拉菜单“绘图/圆/相切、相切、相切”调用此命令，然后直接指定与圆相切的三条线 l1、l2、l3 即可画出内切圆。

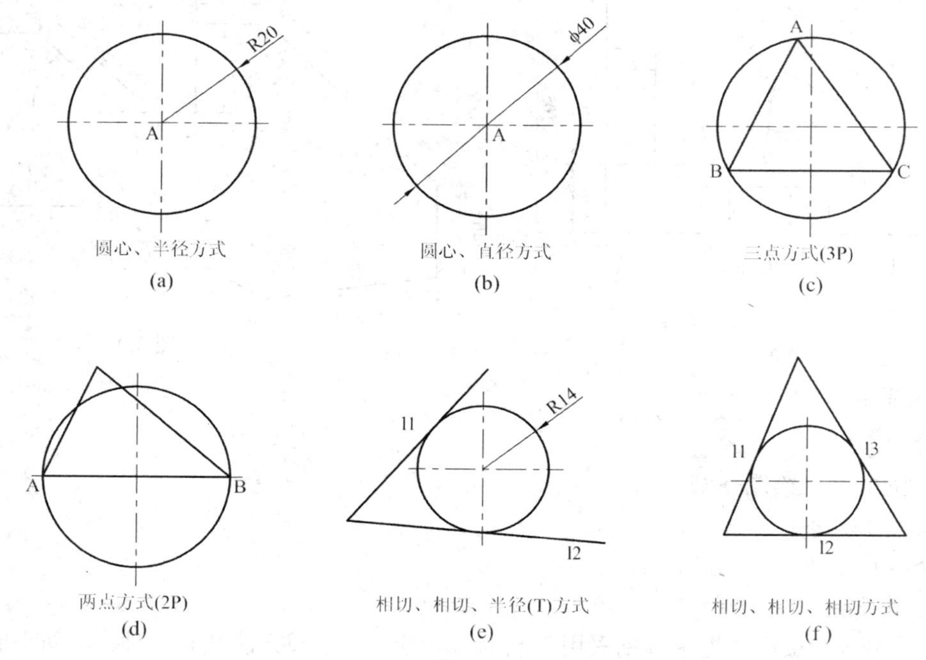

图 3.10

常见错误 

(1) 输入的直径、半径值有误。

(2) 利用相切、相切、相切方式画圆时对象捕捉未设置成切点。

(3) 当较多直线交错时，选取直线有误。

该你练了

利用圆命令绘制图 3.11 和图 3.12。

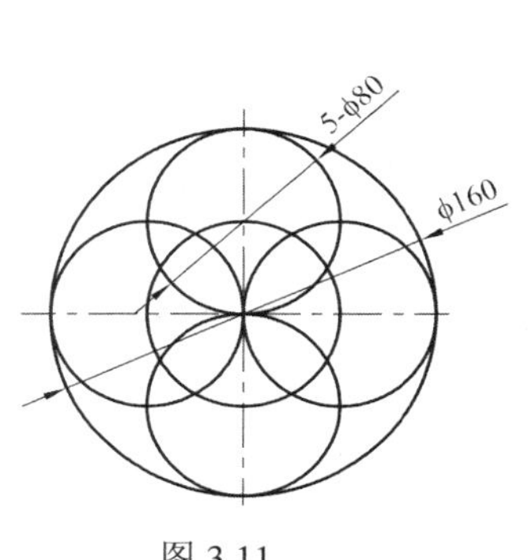

图 3.11

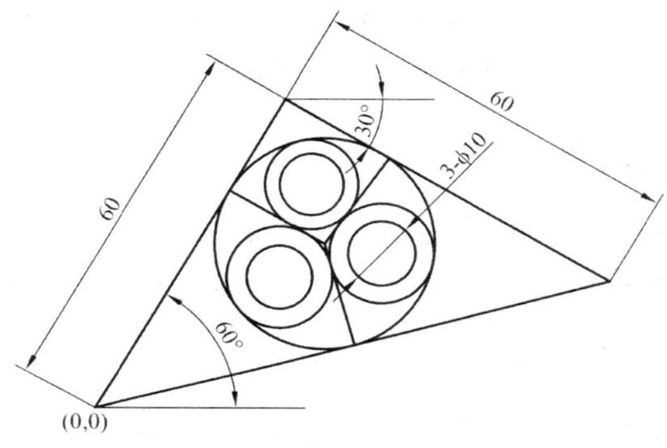

图 3.12

3. 矩形

1) 命令调用

- 下拉菜单：绘图→矩形。
- 绘图工具条：▭。
- 命令行键入：rectangle(或 rec)。

2) 操作方法

按上述方法调用矩形命令，按命令提示分别绘制不同的矩形。矩形分为三种：一般矩形、倒棱角矩形和倒圆角矩形，其具体画法见下面的举例。

3) 举例

(1) 一般矩形的画法。

如图 3.13(a)是一个 80×50 的一般矩形，首先点击▭，用抓点的方法输入矩形的第一个角点(如左下角 A 点)，然后输入对角点 B 点的相对坐标@80，50，即绘出此矩形。

(2) 倒棱角矩形的画法。

如图 3.13(b)是一个 80×50 的倒棱角矩形，首先点击▭，根据提示输入 C(即选择“倒角(c)”选项)，输入第一个倒角距离值(X 方向)10，回车。输入第二个倒角距离值(Y 方向)10，回车。用抓点的方法定矩形的第一角点(如左下角 A 点)，然后输入对角点 B 点的相对坐标@80，50，即绘出倒棱角矩形。

(3) 倒圆角矩形的画法。

如图 3.13(c)是一个 80×50 的倒圆角矩形，与倒棱角的矩形的画法相似，首先点击▭，根据提示输入 F，再输入圆角半径 10，后面的操作与一般矩形相同。

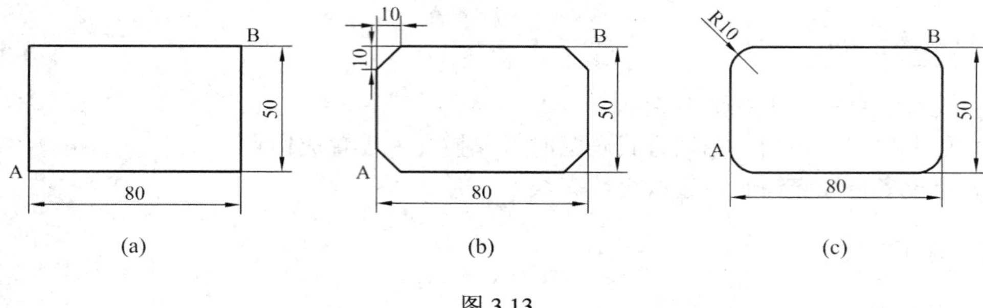

图 3.13

注意：若画了倒棱角或圆角矩形命令后，要再绘一般矩形时，则须将倒角距离值或圆角半径均变为 0 后才能画一般矩形。

常见错误

(1) 绘制矩形时没有注意方向性。

(2) 绘制一般矩形时，可能因为没有取消倒棱角或圆角矩形的参数而不能绘出。

该你练了

(1) 如图 3.14 所示，若分别以 A、B、C、D 四点作为第一角点，则其另一角点的坐标分别为：__________；__________；__________；__________。

(2) 利用矩形命令绘制图 3.15。

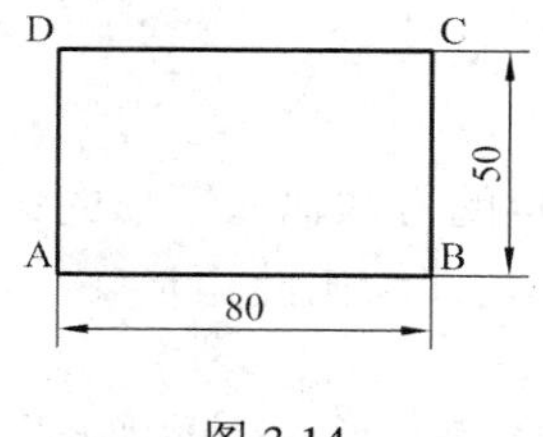

图 3.14

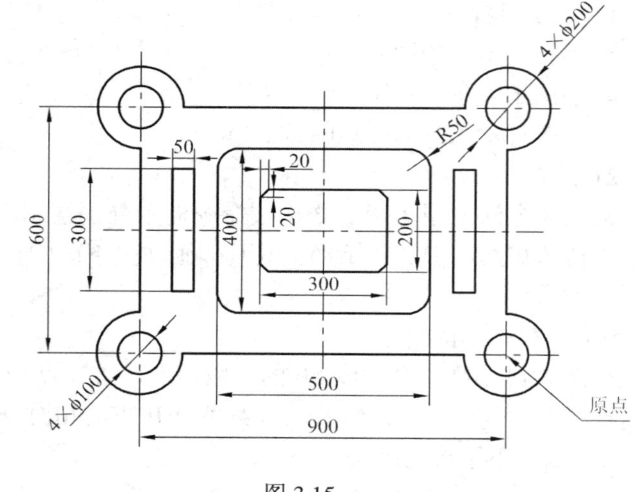

图 3.15

4. 正多边形

1) 命令调用

- 下拉菜单：绘图→正多边形。
- 绘图工具条：⬠。
- 命令行键入：polygon(或 pol)。

2) 操作方法

调用正多边形命令，填写正多边形的边数，用抓点的方法指定正多边形的中心，选择是内接于圆(I)还是外切于圆(C)，再输入圆的半径即可。也可利用边长来绘制。注意在绘多边形时将状态栏中的“正交”按钮按下。

3) 举例

(1) 内接正多边形，见图 3.16(a)。

调用正多边形命令，输入正多边形的边数“6”，用抓点的方法指定正六边形的中心，选择内接于圆(I)，再输入圆的半径“40”即可。

(2) 外切正多边形，见图 3.16(b)。

调用正多边形命令，输入正多边形的边数“6”，用抓点的方法指定正六边形的中心，选择外切于圆(C)，再输入圆的半径“40”即可。

(3) 定边长绘正多边形，见图 3.16(c)。

调用正多边形命令，输入边数“6”，回车后，输入 E，依次指定边长的第一点和第二点(输入边长 45)即可。

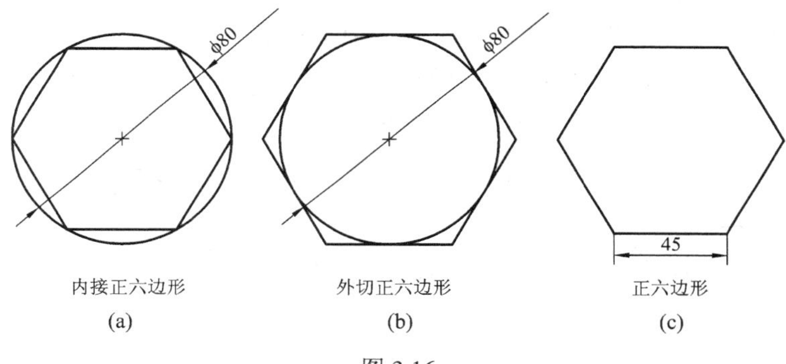

内接正六边形 (a)　外切正六边形 (b)　正六边形 (c)

图 3.16

常见错误 

(1) 没有按下正交按钮。

(2) 内接与外切正多边形不分，导致绘制不正确。

该你练了 

利用正多边形等命令绘制图 3.17～图 3.19。

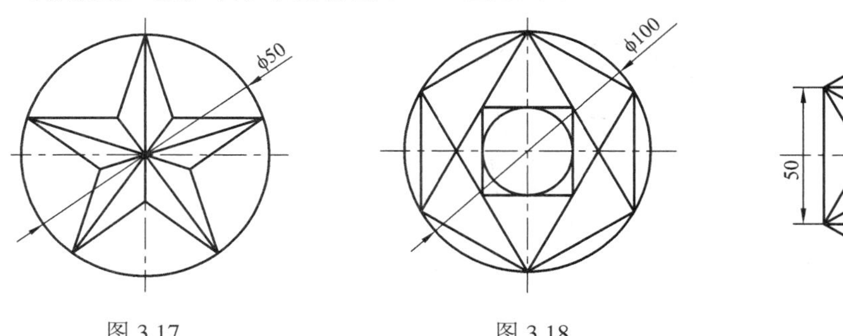

图 3.17　图 3.18

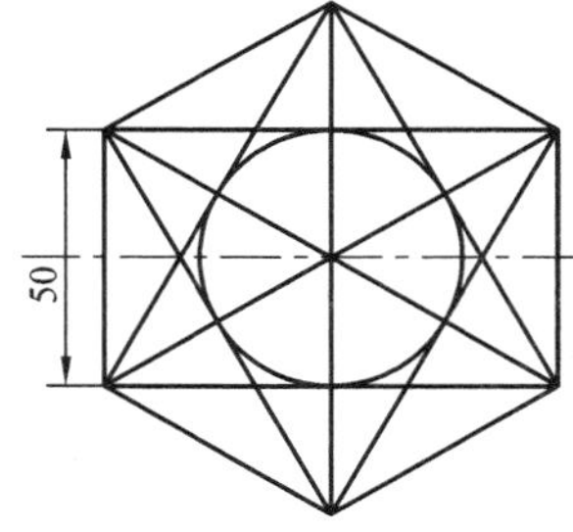

图 3.19

5．椭圆

1) 命令调用

- 下拉菜单：绘图→椭圆。
- 绘图工具条：。
- 命令行键入：ellipse(或 el)。

2) 操作方法

绘制椭圆、椭圆弧有三种方法(具体见下面的举例)，画时应将“正交”按钮按下。

3) 举例

(1) 轴端点法：已知一轴两端点及另一轴半轴长绘椭圆，如图 3.20(a)所示。

调用命令，输入椭圆其中一根轴的一个端点(如 A 点)，输入另一个端点(用定方向、定距离的定点方法定点)(如 B 点)，即输入 100，回车；再输入另一轴半轴的长度 30，回车。

(2) 中心点法：已知一中心、一轴端点及另一半轴长绘椭圆，如图 3.20(b)所示。

调用命令，输入 C，捕捉椭圆中心点。输入一半轴端点(用定方向、距离的定点方法定点)(如 A 点)，即输入 50，回车；再输入另一半轴端点 B，即输入 30，回车。

(3) 椭圆弧的画法：已知一轴两端点及另一半轴长绘一段椭圆，如图 3.20(c)所示。

调用命令，输入 A，捕捉一轴两端点(如 A、B 两点)，输入另一半轴长 30，输入起始角度–30，再输入终止角度 180，即得图(c)的椭圆弧。

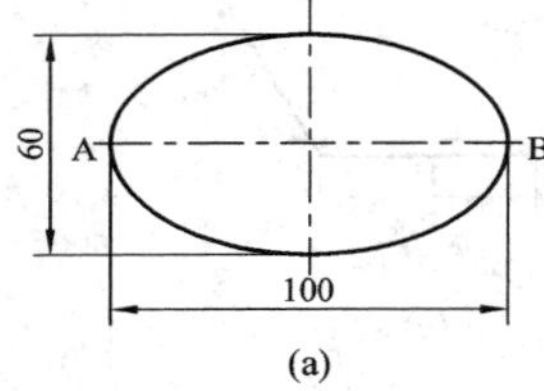

(a)

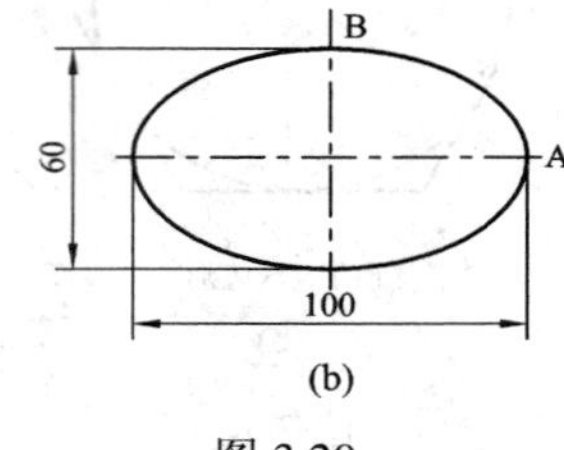

(b)

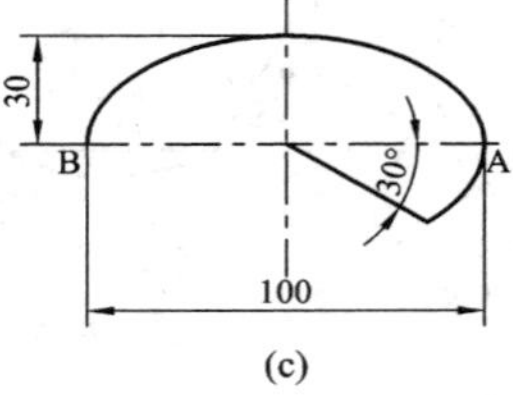

(c)

图 3.20

常见错误 

(1) 椭圆两轴的端点、半轴长没有搞清楚。

(2) 画椭圆弧时，没有注意起始角度和终止角度的方向性。

该你练了

利用椭圆命令绘制图 3.21 和图 3.22。

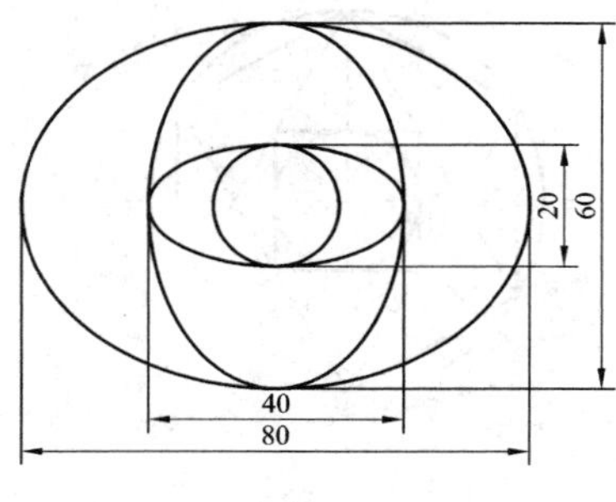

图 3.21

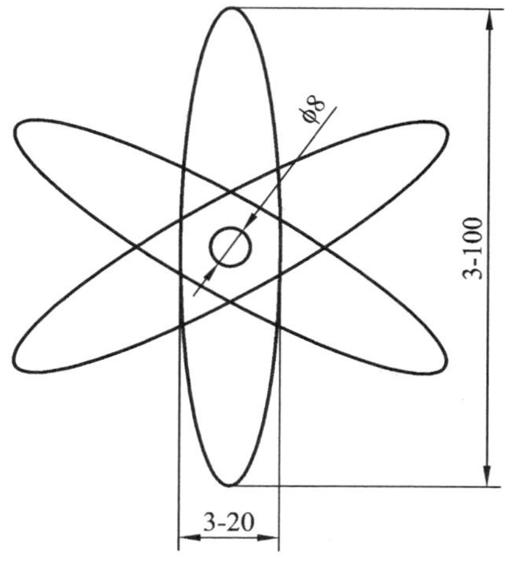

图 3.22

6. 样条曲线

1) 命令调用

- 下拉菜单：绘图→样条曲线。
- 绘图工具条：～。
- 命令行键入：spline (或 spl)。

2) 操作方法

在二维图形下绘制波浪线时，先输入样条曲线命令，用左键选择一定数量的点，选完后按鼠标右键三次即可绘制曲线(曲线自动拟合)。

3) 举例

如图 3.23(a)、(b)所示，调用样条曲线命令之后分别点击 1、2、3、4、5、6、7、8 各点即可画出波浪线。

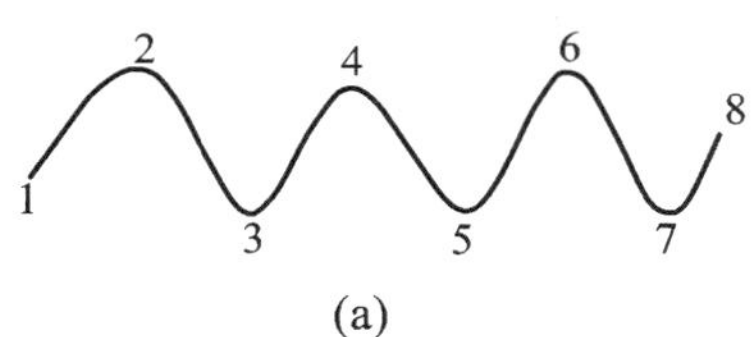

(a)

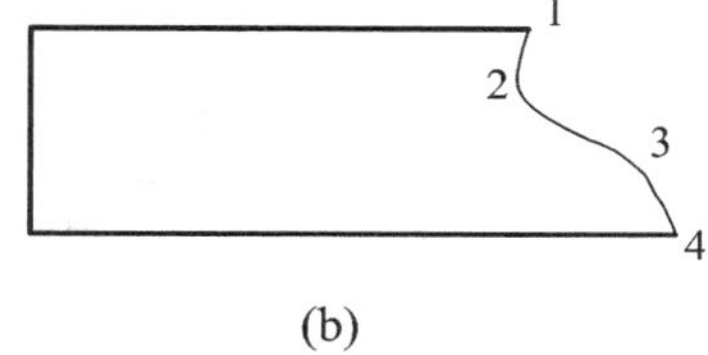

(b)

图 3.23

常见错误

(1) 绘制完之后没有点击鼠标右键三次或回车三次。

(2) 对于已知点可能没有打开对象捕捉。

该你练了

利用样条曲线等命令绘制图 3.24。

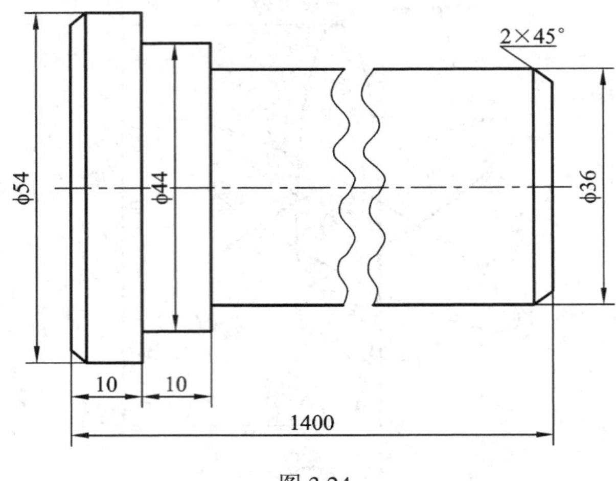

图 3.24

7. 圆环

1) 命令调用

- 下拉菜单：绘图→圆环。
- 命令行键入：donut (或 do)。

2) 操作方法

激活圆环命令后，按提示填入圆环的内径，再填入圆环的外径，抓取圆环的圆心即可。当内径取为 0 时，有时可作为绘特殊点使用，如图 3.25 所示。

3) 举例

如图 3.25(a)所示，调用圆环命令之后，在命令行直接输入内径 20，回车，再输入外径 22 即得出图中圆环。

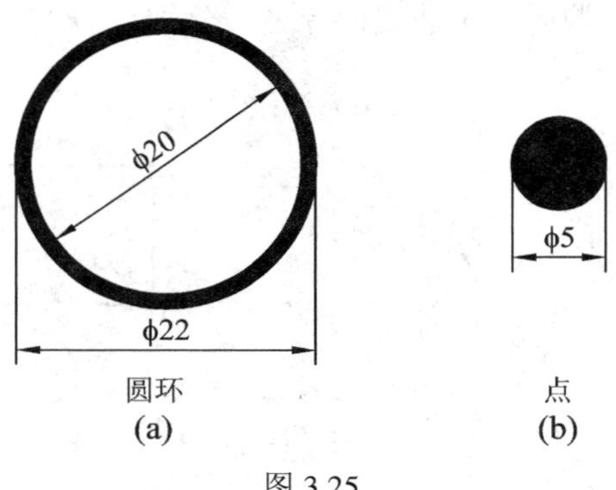

图 3.25

常见错误

(1) 输入圆环的内径、外径时输入的是半径而不是直径，造成尺寸不对。

(2) 在绘特殊点时，未将内径设为 0。

该你练了

利用圆环命令绘制图 3.26 和图 3.27(尺寸自定)。

图 3.26

图 3.27

8. **圆弧**

1) 命令调用

- 下拉菜单：绘图→圆弧。
- 绘图工具条：。
- 命令行键入：arc(或 a)。

2) 操作方法

圆弧的画法比较多，常用的操作方法有以下几种。

(1) 三点画弧：从下拉菜单“绘图”中点击“圆弧”，选“三点”，再按抓点的方法取三点，如图 3.28(a)所示。

(2) 起、心、终点画弧：注意输入顺序，圆心是相对起点坐标，终点是相对圆心坐标。如图 3.28(b)所示。

(3) 起、心、角画弧：输入起点、圆心和角度(圆心角)画弧，如图 3.28(c)所示。

(4) 起、心、长画弧：即输入起点、圆心和弦长画弧，如图 3.28(d)所示。

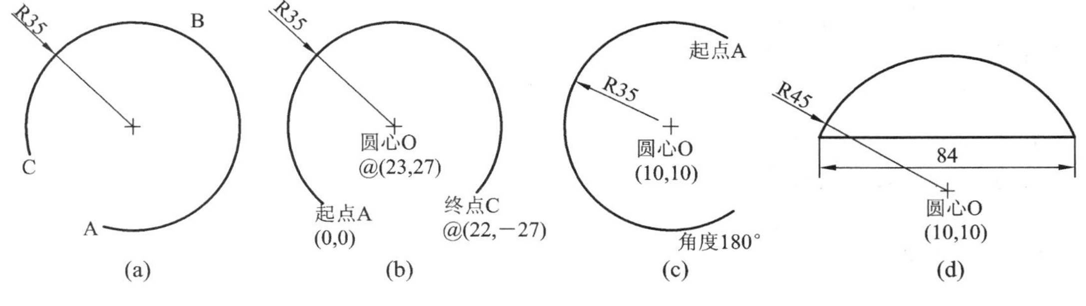

图 3.28

3) 举例

如图 3.29(a)所示，利用直线命令先绘制出三条垂直线后，再利用起、心、终点的方法来画出半圆弧。请读者自行思考 3.29(b)图应如何绘制。

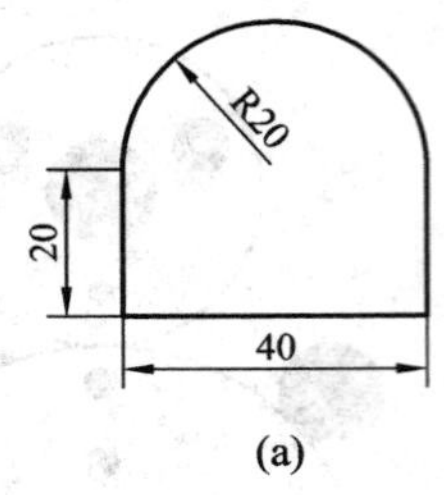

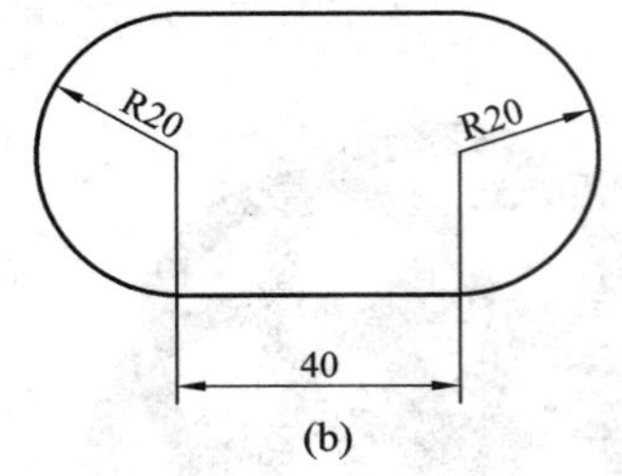

图 3.29

常见错误 

(1) 几种方法相互混淆。

(2) 画弧时没有注意方向性。

该你练了

利用圆弧命令绘制图 3.30。

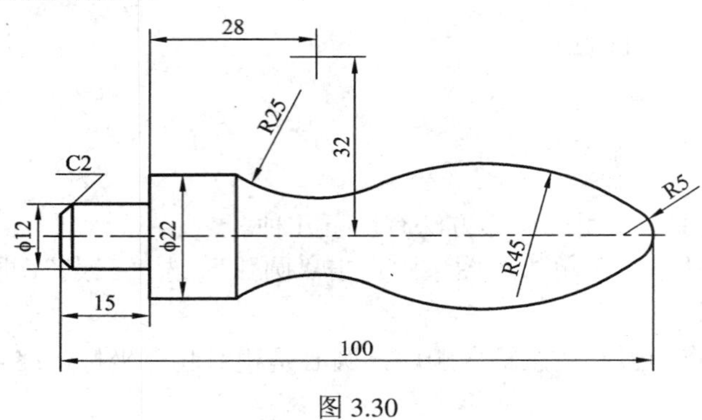

图 3.30

9. 多义线

多义线是指具有给定宽度且起点和终点的宽度可相等，也可不相等的连续线段。这些线段可以是直线，也可以是圆弧，该连续的线段属于同一实体。多义线编辑命令是一条功能很强的命令，而它的使用方法相对于其它命令而言，比较复杂。

1) 命令调用

- 下拉菜单：绘图→多义线。
- 绘图工具条：。
- 命令行键入：pline (或 pl)。

2) 操作方法

下面以图 3.31 为例来说明多义线的用法。

指定起点：100，100

指定下一点或[圆弧(A)/半宽(H)/长度(L)/放弃(U)/宽度(W)]：A

指定弧的终点或[角度(A)/半宽(H)/圆心(CE)/方向(D)/长度(L)/半径(R)/放弃(U)/宽度(W)]：H

指定半宽起点<0.0000>：0

指定半宽终点<0.0000>: 9

指定弧的终点或[角度(A)/半宽(H)/圆心(CE)/方向(D)/长度(L)/半径(R)/放弃(U)/宽度(W)]: R

指定圆弧的半径: 50

指定圆弧的终点或[角度(A)]: @0,100

指定弧的终点或[角度(A)/半宽(H)/圆心(CE)/方向(D)/长度(L)/半径(R)/放弃(U)/宽度(W)]: H

指定半宽起点<9.0000>: 9

指定半宽终点<9.0000>: 6

指定弧的终点或[角度(A)/半宽(H)/圆心(CE)/方向(D)/长度(L)/半径(R)/放弃(U)/宽度(W)]: R

指定圆弧的半径: 60

指定圆弧的终点或[角度(A)]: @0,-120

指定弧的终点或[角度(A)/半宽(H)/圆心(CE)/方向(D)/长度(L)/半径(R)/放弃(U)/宽度(W)]: L

指定下一点或[圆弧(A)/半宽(H)/长度(L)/放弃(U)/宽度(W)]: H

指定半宽起点<6.0000>: 6

指定半宽终点<6.0000>: 6

指定下一点或[圆弧(A)/半宽(H)/长度(L)/放弃(U)/宽度(W)]: @80,0

指定下一点或[圆弧(A)/半宽(H)/长度(L)/放弃(U)/宽度(W)]: H

指定半宽起点<6.0000>: 9

指定半宽终点<9.0000>: 0

指定下一点或[圆弧(A)/半宽(H)/长度(L)/放弃(U)/宽度(W)]: @15,0

指定下一点或[圆弧(A)/半宽(H)/长度(L)/放弃(U)/宽度(W)]: 回车

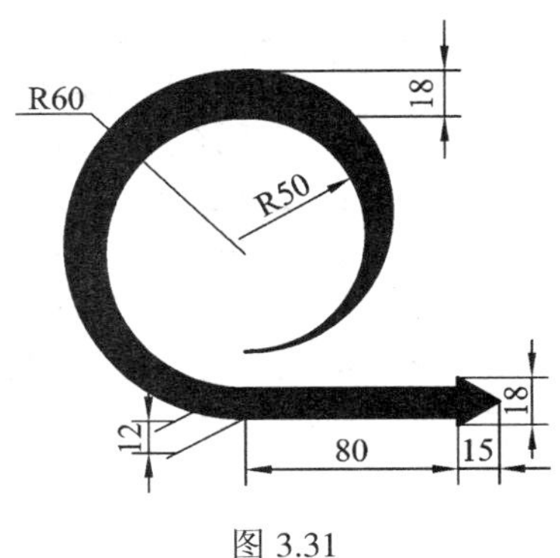

图 3.31

常见错误 

(1) 选项代号输入错误。

(2) 半宽的两直径相互颠倒。

(3) 每段图形的终点坐标计算不正确。

该你练了

利用多义线命义绘制图 3.32 和图 3.33。

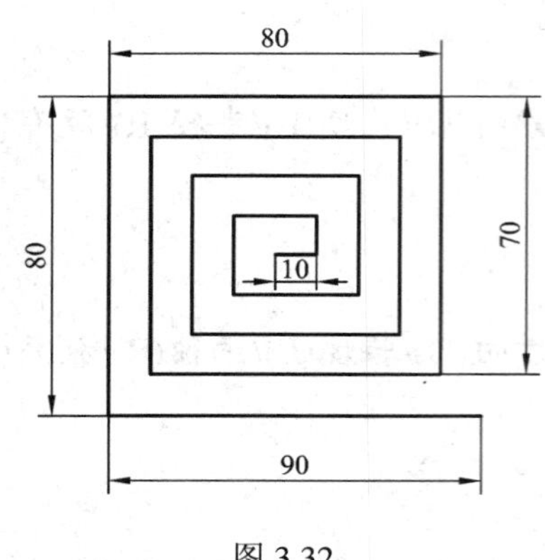

图 3.32

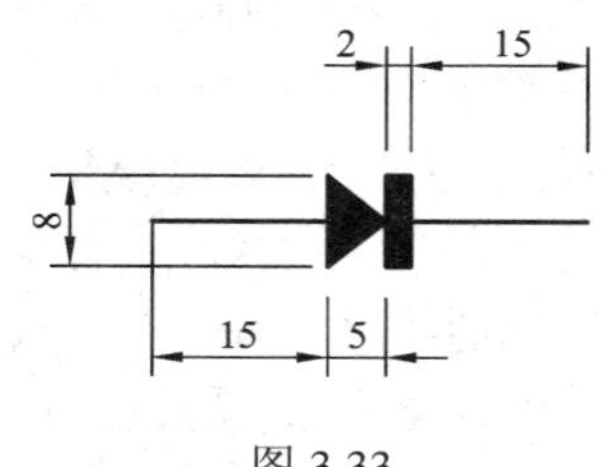

图 3.33

10. 图案填充

该命令在机械零件图中主要用于剖面线的绘制。

1) 命令调用

- 下拉菜单：绘图→剖面线。
- 绘图工具条：。
- 命令行键入：Hatch(或 BH, H)。

2) 操作方法

下面以绘制图 3.34 中 P1、P2 区域的剖面线为例说明其操作方法。

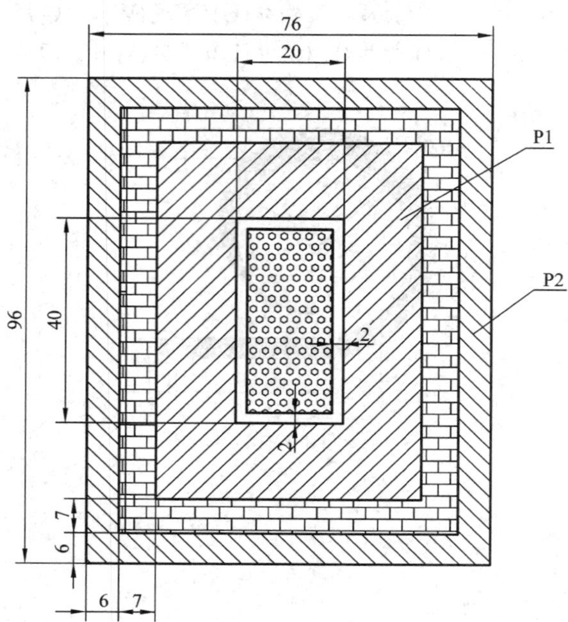

图 3.34

(1) 点击绘图工具条中的图案填充图标，弹出如图 3.35 所示的“图案填充和渐变色”对话框。将“类型”置为“预定义”；“图案”主要根据材料定，零件是金属材料时图案选为 ANSI31；“角度”为 0(但此时剖面线角度为 45°；“比例”用来改变剖面线的间距，应根据图形的具体情况来定，直到剖面线间距合适为止。

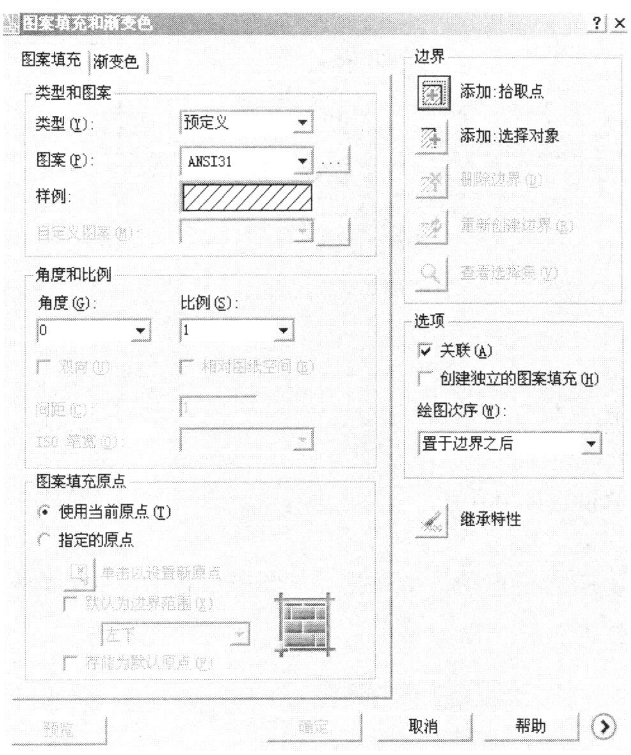

图 3.35

(2) 点击“拾取点”按钮，用鼠标左键在 P1 区域内选一点，单击右键，选“确定”，再次弹出如图 3.35 所示的对话框。然后点击该对话框中的“预览”按钮，观察剖面线的间距是否合适。若合适，则回车或点击右键即可；若不合适，则点击左键回到如图 3.3 所示的对话框，修改比例即可。

(3) 用同样的方法得到 P2 处区域的剖面线，但应将图 3.35 对话框中的角度值改成 90(此时剖面线的角度为 135°)，其他方法同上。请读者尝试完成其他区域的填充。

常见错误

(1) 在画剖面线时点选的区域不是封闭的图形。

(2) 在填充区域内有重复图素存在。

该你练了

利用图案填充命令绘制图 3.36～图 3.38。

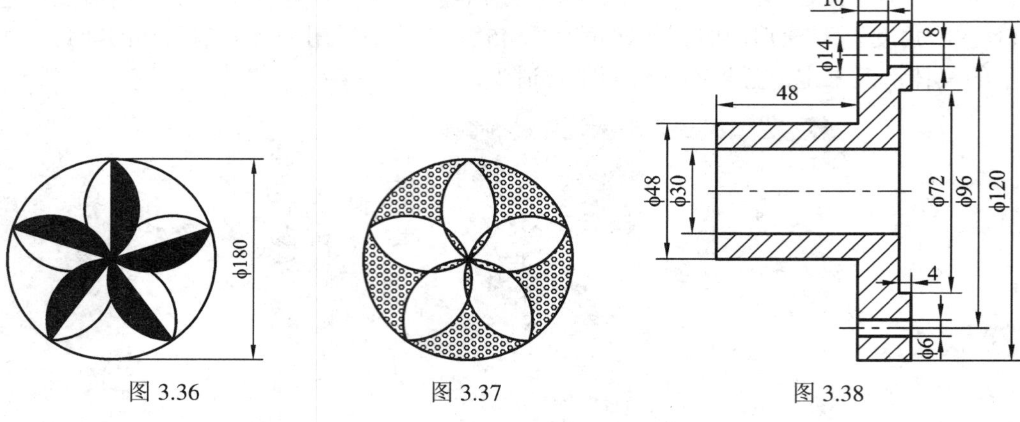

图 3.36　　图 3.37　　图 3.38

11. 点

1) 命令调用

- 下拉菜单：绘图→点。
- 绘图工具条：▪。
- 命令行键入：Point (或 Po)。

2) 操作方法

调用点命令，弹出如图 3.39 所示的菜单。从图中可看出，可绘单个点，也可绘多个点。

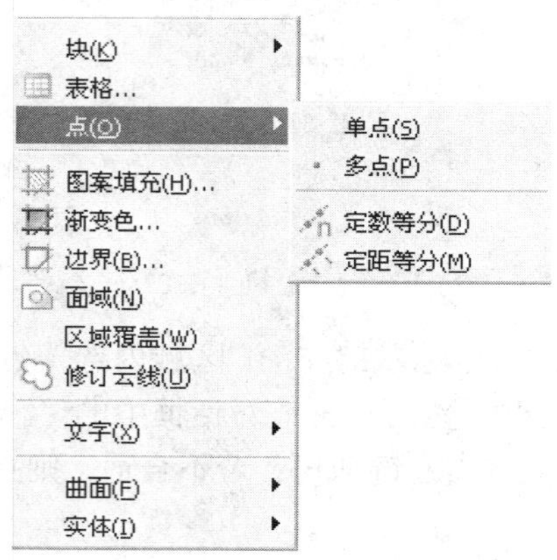

图 3.39

下面以图 3.40 为例具体介绍如何将直线进行定数等分的方法。具体操作步骤如下：

(1) 按图绘制两条正交直线 AB、CD。

(2) 设置点样式：点击下拉菜单“格式/点样式...”，弹出图如 3.41 所示的点样式对话框。选择打“×”样式或其它样式，单击“确定”按钮。

(3) 点击下拉菜单“绘图→点→定数等分”，选择要定数等分的对象：点击线段 AB。

(4) 输入线段数目或[块(B)]：6，即已将线段 AB 6 等分，见图 3.40。

(5) 同理将线段 CD 进行 6 等分。

(6) 用直线命令连接各节点。

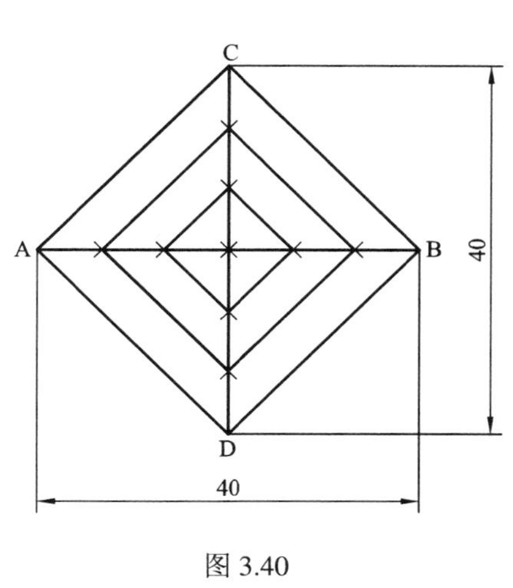

图 3.40

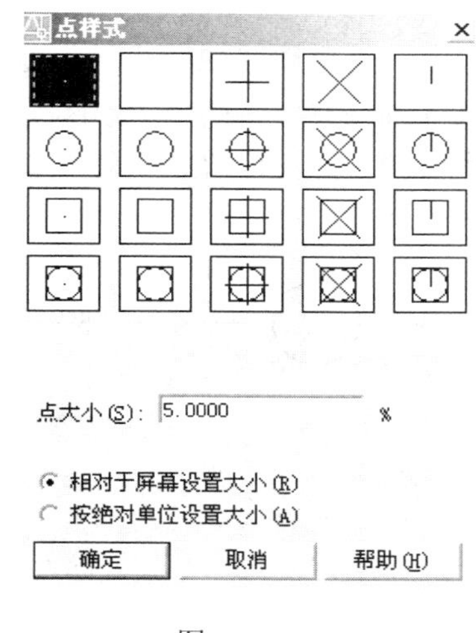

图 3.41

3.1.2 常用编辑命令

同手工绘图一样，用 AutoCAD 设计一个完整的图形也要经过反复修改和编辑才能达到设计的目的。利用 AutoCAD 提供的编辑命令，就可对已作的图形进行修改、复制、移动等操作。掌握了编辑命令可加快绘图速度，提高工作效率。

图形编辑有两种方法。一种是先输入命令，后选择编辑对象；另一种是先选择编辑对象，后输入命令。一般第一种方法用得较多。

1. 删除

1) 命令调用

- 下拉菜单：修改→删除。
- 绘图工具条：。
- 命令行键入：erase(或 e)。

2) 操作方法

绘图时单选或框选多余的对象，对象呈现蓝色，然后右击鼠标即可。

2. 复制

1) 命令调用

- 下拉菜单：修改→复制。
- 绘图工具条：。
- 命令行键入：copy(或 cp)。

2) 操作方法

复制命令可进行单一复制和多重复制，AutoCAD 2006 直接可进行多重复制。具体方法如下：

(1) 单一复制。如图 3.42(a)所示，使用复制命令后将左边 ϕ 10 的圆复制到右边的中心线上。具体操作如下：

调用复制命令

选择对象：选取图 3.42(a)中的ϕ10 圆后回车

指定基点或位移，或[重复(M)]：用捕捉的方法选取圆心点

指定位移的第二点：用捕捉的方法选取第二个点，即可复制另一个ϕ10 圆

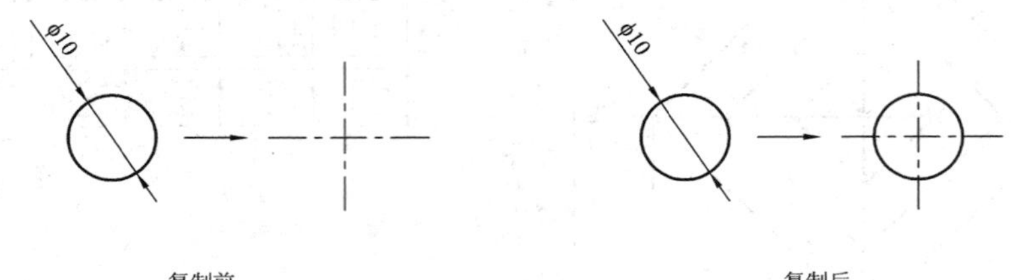

复制前　　复制后

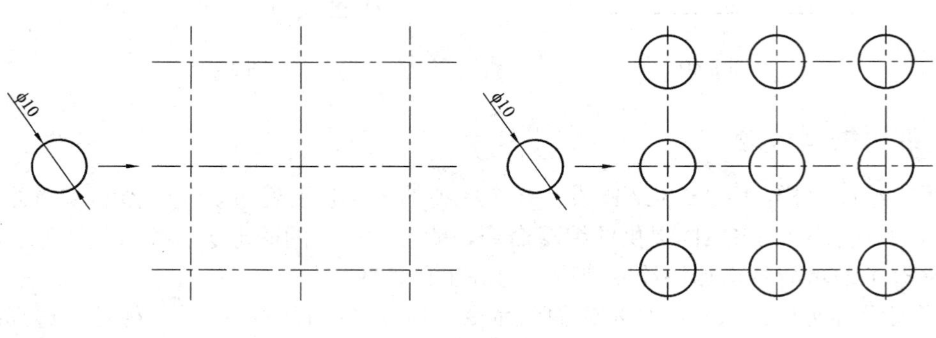

复制前　　复制后

(a)　　(b)

图 3.42

(2) 多重复制。如图 3.42(b)所示，复制出 9 个ϕ10 圆。具体操作如下：

调用复制命令

选择对象：选取图 3.42(b)中的左边ϕ10 圆后回车

指定基点或位移，或[重复(M)]：输入 m 后回车

指定基点：用捕捉的方法选取圆心点

指定位移的第二点：

用捕捉的方法分别选取水平线与垂直线的交点即可复制出 9 个ϕ10 圆

常见错误

(1) 命令输入错误。

(2) 没有找准基点(找准基点可用对象捕捉中的端点、圆心等)。

(3) 指定位移的第二点时没有捕捉。

该你练了

(1) 复制的简化命令是______。

(2) 选取复制命令后，观察命令栏，应先选取______，然后回车，捕捉______，再指定要移到的位置。

(3) 利用复制命令绘制图 3.43 和图 3.44。

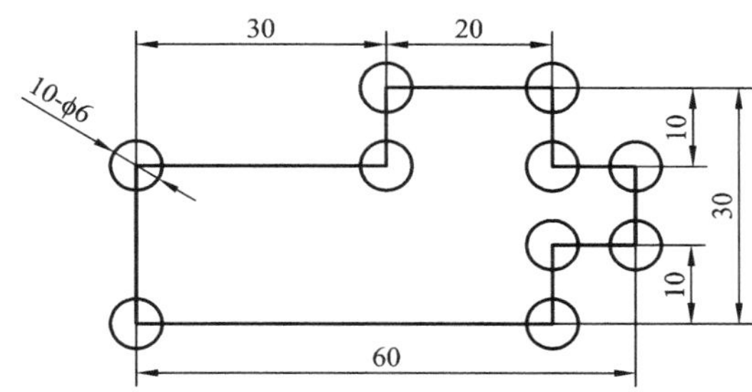

图 3.43

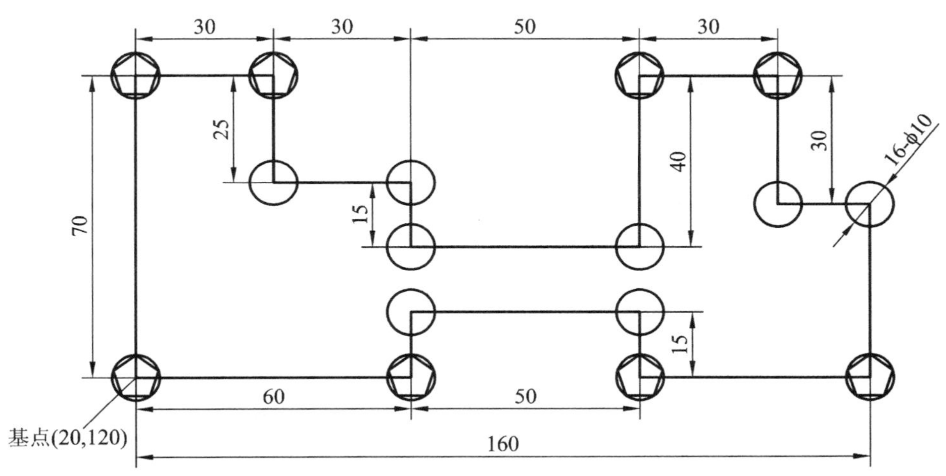

图 3.44

3. 镜像

镜像命令主要用于绘制对称图形。

1) 命令调用

● 下拉菜单：修改→镜像。

● 绘图工具条：⚠。

● 命令行键入：mirror (或 mi)。

2) 操作方法

如图 3.45，用镜像命令将图(a)中的上半部分(已经按标注尺寸绘制完毕)以 AB 为对称轴画成图(b)，操作方法如下：

选择对象：用框将上半部分选上，回车

指定镜像线的第一点：抓取 A 点

指定镜像线的第二点：抓取 B 点

是否删除源对象[是(Y)/不(N)]<N>：回车即可

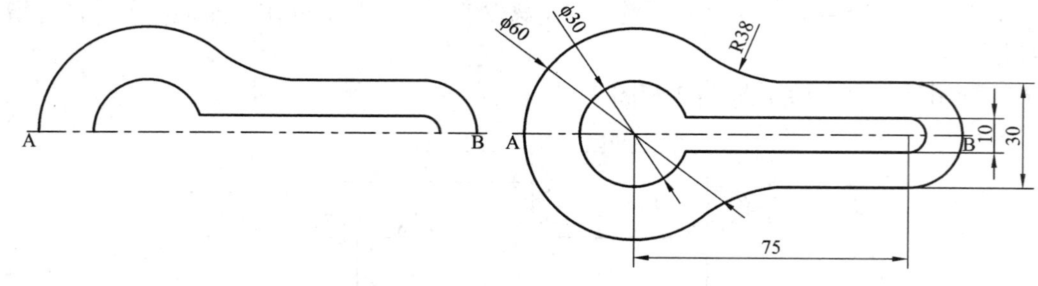

图 3.45

读者可自行思考这道例题是否还有更好的绘制方法。

常见错误 

(1) 命令输入错误。

(2) 没有将要镜像的对象选取完全。

(3) 在是否删除源对象时选了[是(Y)]。

该你练了

利用镜像命令绘制图 3.46 和图 3.47。

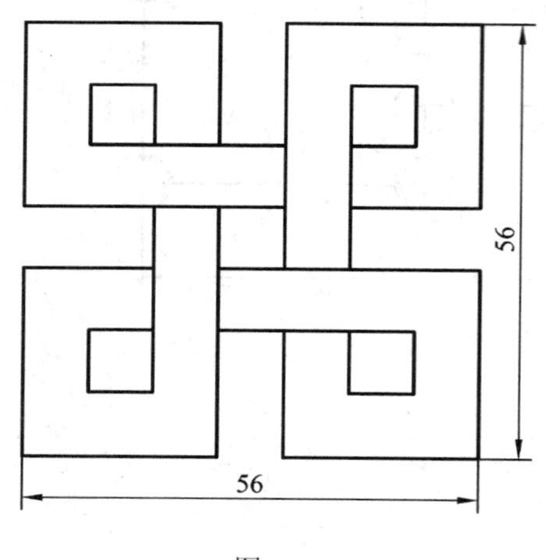

图 3.46

图 3.47

4. 偏移命令

1) 命令调用

- 下拉菜单：修改→偏移。
- 绘图工具条：。
- 命令行键入：offset (或 o)。

2) 操作方法

偏移命令有以下两种用法：

(1) 已知距离法：输入偏移距离，再指定偏移方向，如图 3.48(a)所示，将 P1 线分别向上、向下偏移到 P2 和 P3，偏移距离均为 50。

指定偏移距离或[通过 T]<1.0000>: 50

选择要偏移的对象或<退出>: (用鼠标点击 P1 线)

指定点以确定偏移所在一侧: (点击 P1 线的上侧)

这样即将 P1 线偏移到 P2 处。用同样的方法将 P1 线偏移到 P3 处。

(2) 通过一点法：通过某一点偏移，如图 3.48(b)所示，将直线 P1 通过 A 点偏移到 P2。

指定偏移距离或[通过 T]<1.0000>: t

选择偏移的对象或<退出>: (用鼠标点击 P1)

指定通过点：用捕捉端点或交点的方法抓取点 A

这样即将 P1 线移偏移到 P2 处。

请读者思考图 3.48(c)、(d)中椭圆和矩形这两个实体是否也可向内或外偏移。

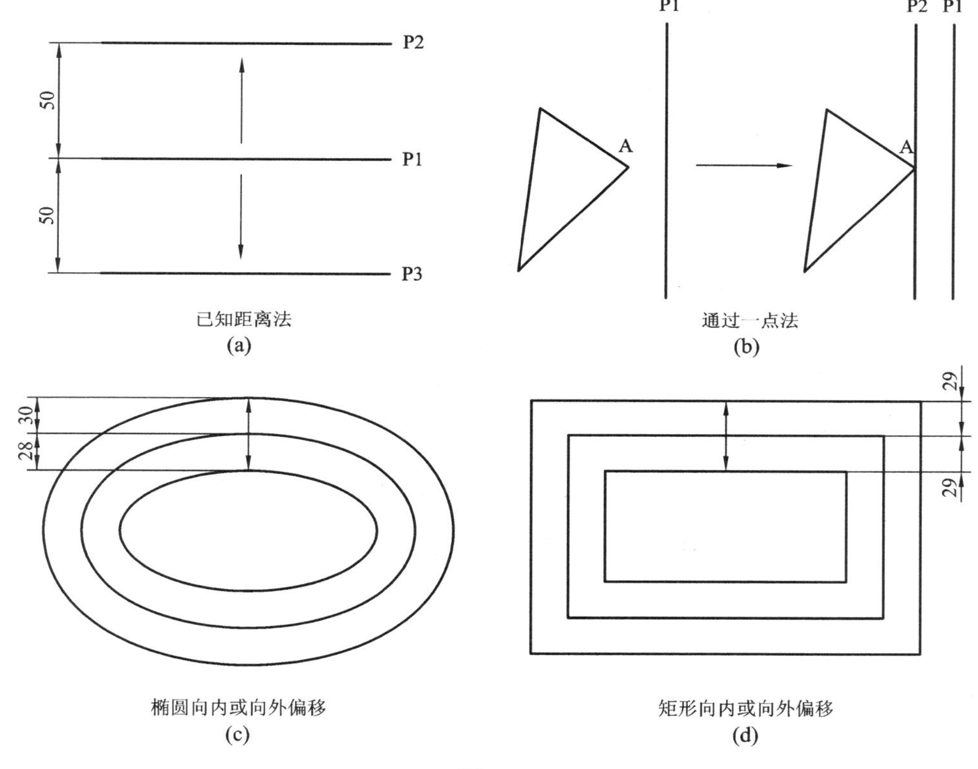

图 3.48

常见错误

(1) 没有输入偏移的距离而达不到预定的目的。

(2) 没有确定在哪一侧进行偏移。

该你练了

(1) 偏移的简化命令是____。

(2) 选择偏移命令后，在指定偏移距离中应输入的是______，然后______，最后确定在哪一侧进行偏移。

(3) 利用偏移命令绘制图 3.49(方格长为 10，宽为 10)和图 3.50。

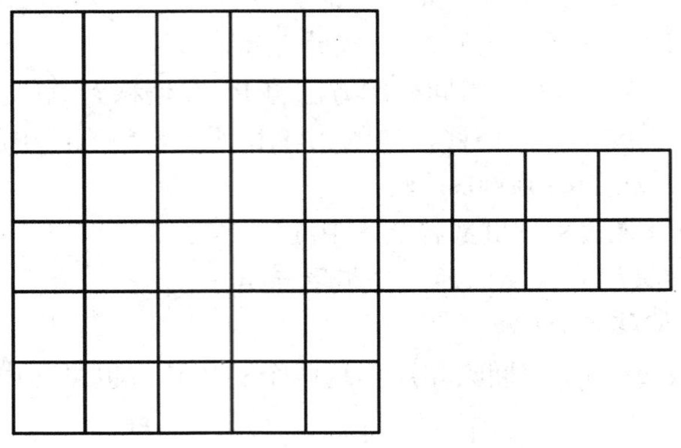

图 3.49

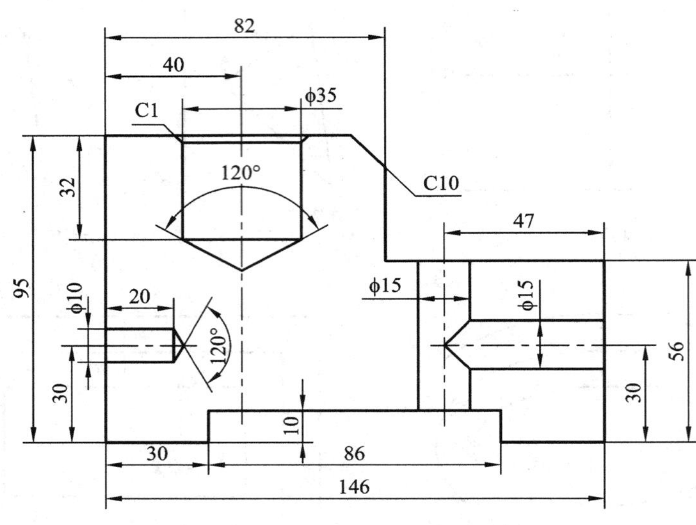

图 3.50

5. 阵列

1) 命令调用

- 下拉菜单：修改→阵列。
- 绘图工具条：品。
- 命令行键入：array (或 ar)。

2) 操作方法

按照图形的分布阵列可分为环形阵列和矩形阵列。

(1) 矩形阵列，如图 3.51(d)所示。

选择对象：(选择图 3.51(a)中 ϕ 8 的圆作为阵列的对象)

输入阵列类型[矩形(R)/环形(P)]：R 回车

输入行数：2，回车

输入行数：2，回车

输入行间距或指定单位单元：32(行间距为正表示向 Y 轴正方向)，回车

输入列间距或指定单位单元：48(列间距为正表示向 X 轴正方向)，回车

这样即可得到图 3.51(d)。

读者思考：图 3.51(b)、(c)中已知φ8，则行间距、列间距应输入多少？

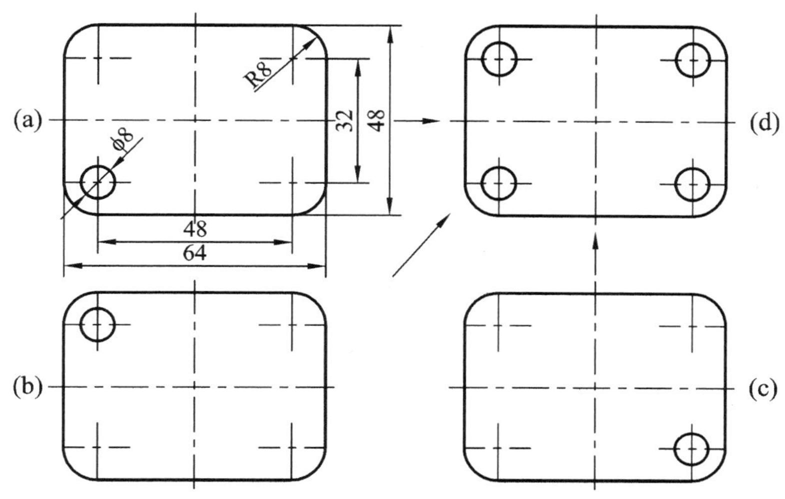

图 3.51

(2) 环形阵列，如图 3.52 所示。

选择对象：选择小圆 R5 作为阵列的对象

输入阵列类型[矩形(R)/环形(P)]：回车

指定中心点：用抓点的方法捕捉圆 R20 的圆心

输入阵列中项目的数目：6，回车

指定填充角度(+=逆时针，-=顺时针)<360>：回车

是否放置阵列中的对象[是(Y)/或(N)]：回车

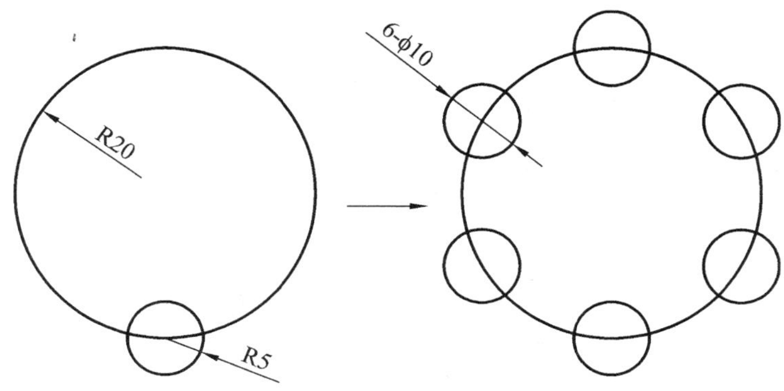

图 3.52

注意：在 AutoCAD 2004、2005、2006 版中则会弹出对话框，如图 3.53 所示。在对话框中，首先选择阵列方式，再根据各提示输入相应的数值。

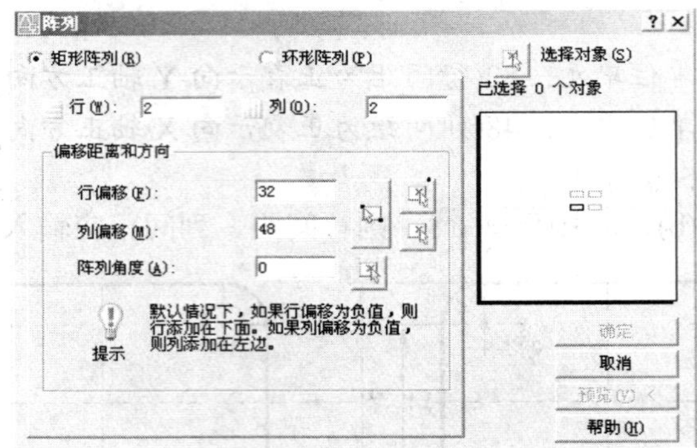

(a) 矩形阵列

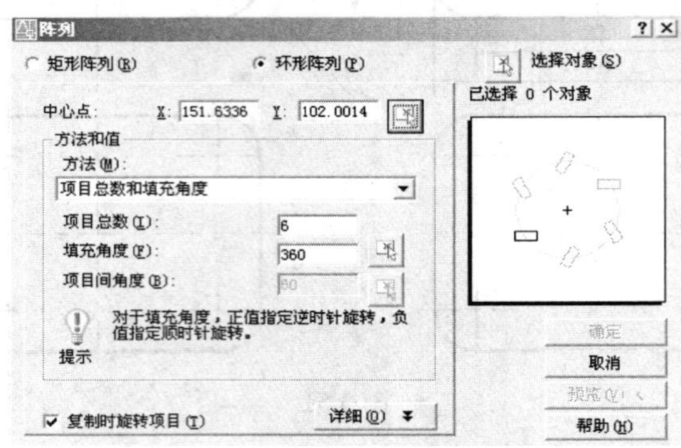

(b) 环形阵列

图 3.53

常见错误 

(1) 命令输入错误。

(2) 选择阵列类型错误。

(3) 没有选择要阵列的图形。

该你练了

利用阵列等命令绘制图 3.54 和图 3.55。

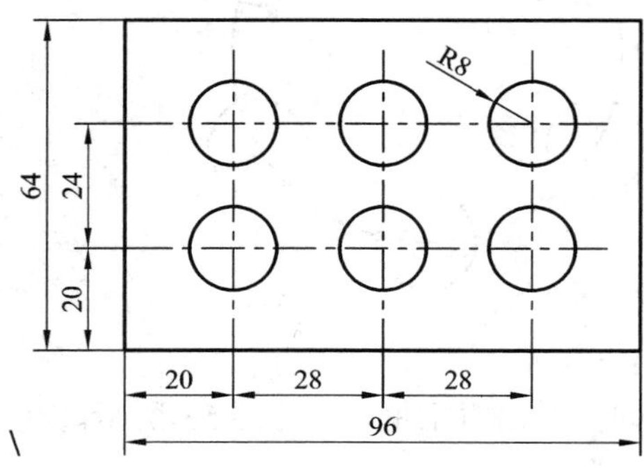

图 3.54

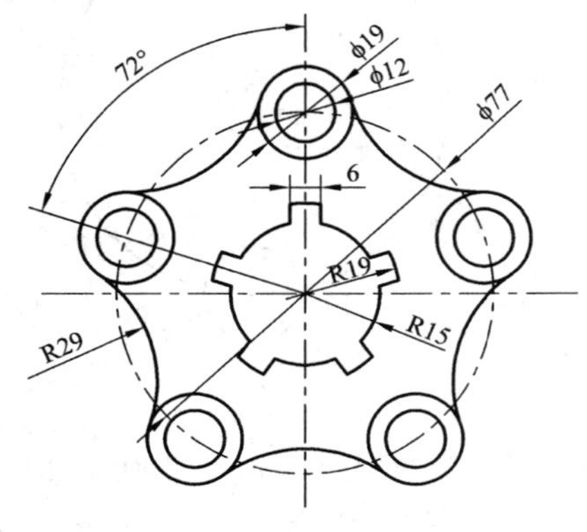

图 3.55

6. 移动

1) 命令调用

- 下拉菜单：修改→移动。
- 绘图工具条：✥。
- 命令行键入：move (或 m)。

2) 操作方法

移动命令是将一个或多个实体从原来的位置平移到一个新的位置，平移后原图消失。这与复制命令有相似之处，不同之处是复制后原图形还存在。

3) 举例

如图 3.56 所示，调用移动命令后，选择移动对象，回车，指定基点 A 或者打开正交模式输入位移 100，再指定第二个点 B 即可。

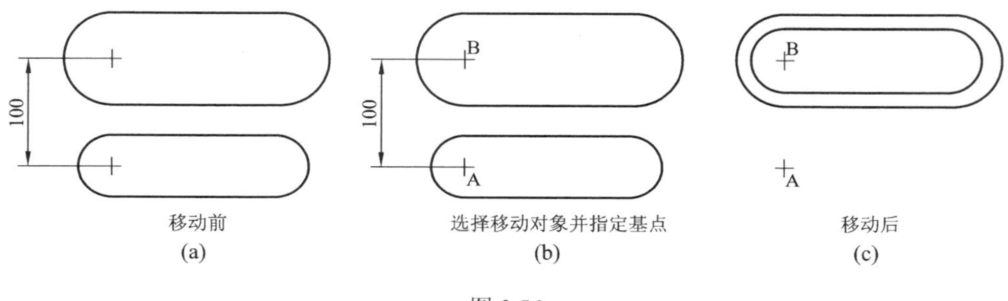

图 3.56

常见错误 

(1) 命令输入错误。

(2) 没有选择要移动的图形。

(3) 没有打开对象捕捉模式，未能选择正确的基点。

该你练了

(1) 移动和复制两种命令的区别是什么？

(2) 如图 3.57 所示，请将圆移动到三角形任一角上。

(3) 如何将图 3.58(a)移动至图 3.58(b)内。

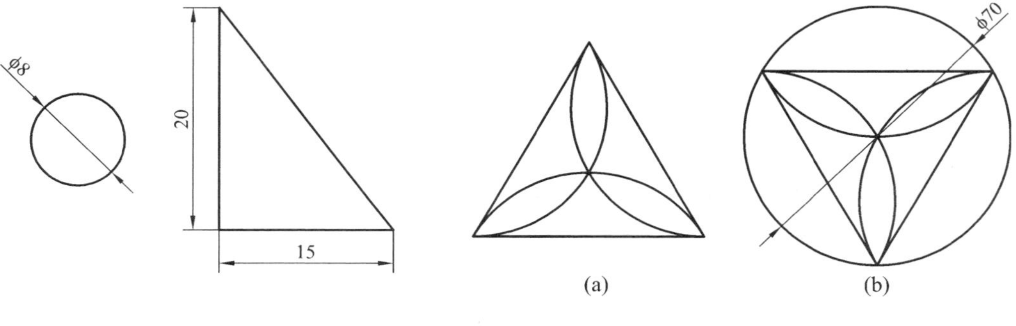

图 3.57　　图 3.58

7. 旋转

1) 命令调用

- 下拉菜单：修改→旋转。
- 绘图工具条：。
- 命令行键入：rotate (或 ro)。

2) 操作方法

例如，将图 3.59 中的矩形绕 A 点旋转 30°，操作方法如下：

选择对象：选择矩形，回车

指定基点：捕捉 A 点

指定旋转角度或[参照(R)]：30，回车

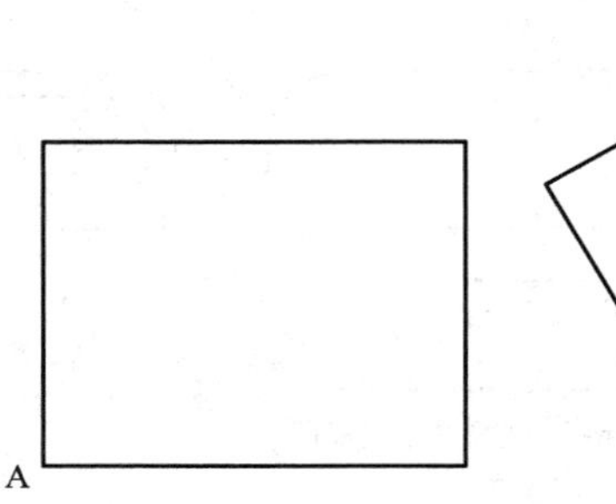

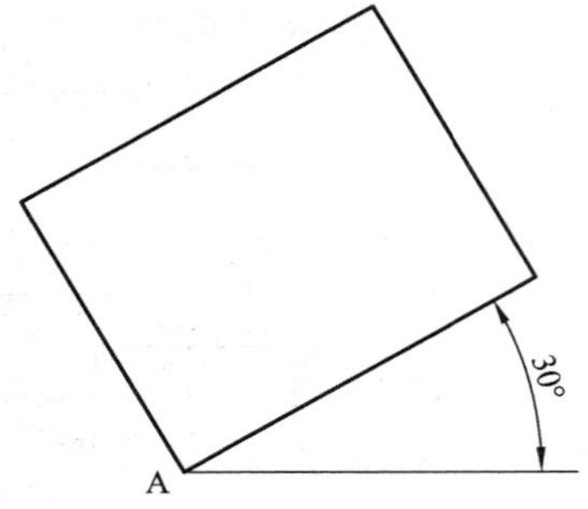

图 3.59

常见错误

(1) 命令输入错误。

(2) 没有捕捉到基点。

(3) 输入的角度不正确。

该你练了

(1) 将图 3.60(a)中的六边形用旋转命令转换成图 3.60(b)所示图形。

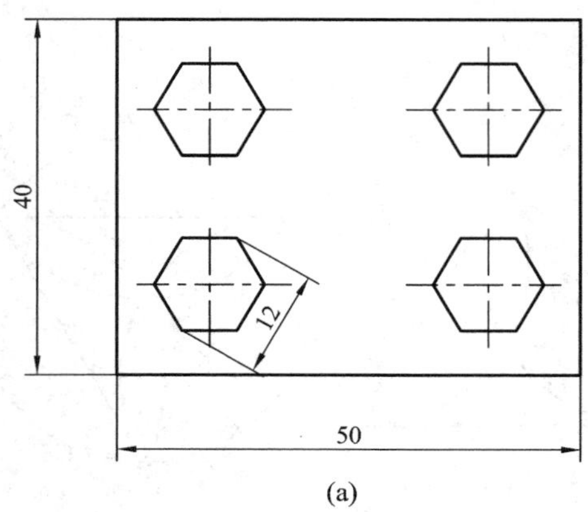

(a)

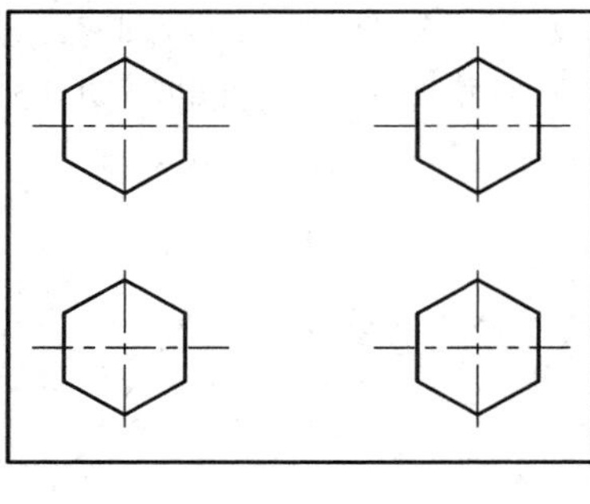

(b)

图 3.60

(2) 利用旋转等命令绘制图 3.61。

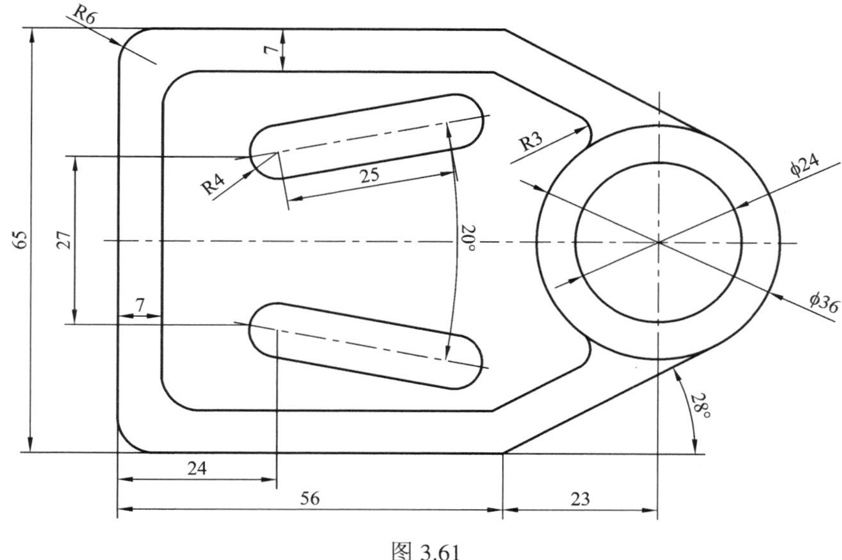

图 3.61

8. 修剪命令

1) 命令调用

- 下拉菜单：修改→修剪。
- 绘图工具条：-/--。
- 命令行键入：tram (或 tr)。

2) 操作方法

用一条或几条线段剪除与之相交的另一条或几条线段的一部分(以交点为界)。前者为裁剪边，后者为被裁剪边(或要剪除)的目标。两者可以互换。裁剪边界可以是封闭的，也可以是不封闭的。下面以图 3.62(a)为例说明该命令的用法。

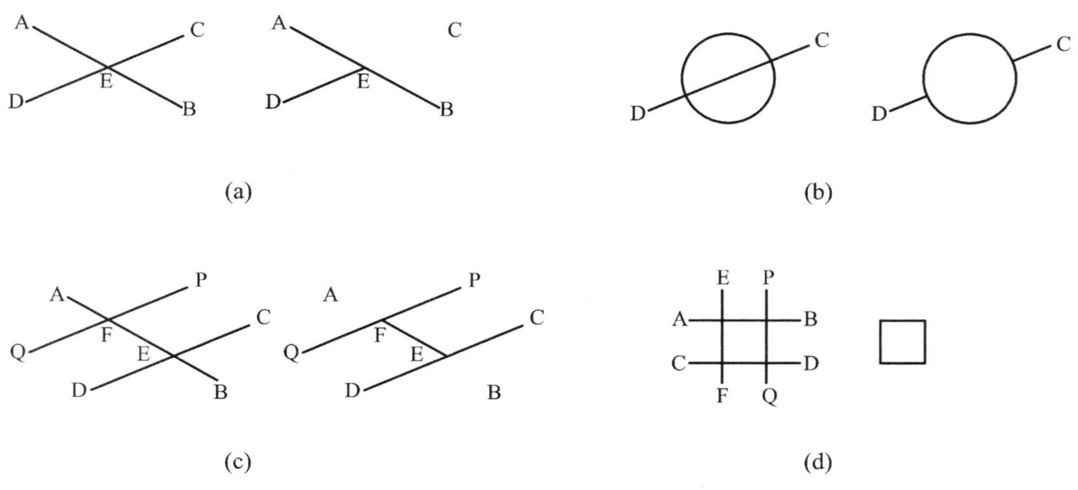

图 3.62

选择剪切边...

选择对象：(点选边界即图 3.62(a)中的直线 AB)，回车

选择要修剪的对象或[投影(P)/边(E)/放弃(U)]：(点选修剪的对象 CD)

这样即可得到修剪后的图形。

注意：为了提高修剪效率，点击修剪命令后，将光标移至绘图区直接点击右键确认，然后再用左键点选多余的线即可。读者可自行练习掌握，并完成图 3.62(b)、(c)、(d)。

常见错误

(1) 所要修剪的线没有相交。

(2) 点选修剪命令选择对象后没有按回车键就开始修剪。

(3) 独立的、与其他线条没有相交的直线不能修剪，只能删除。

该你练了

(1) 一般情况下，点选修剪命令后，应先__________，然后__________，最后选取不需要的图形即可。

(2) 利用修剪等命令绘制图 3.63。

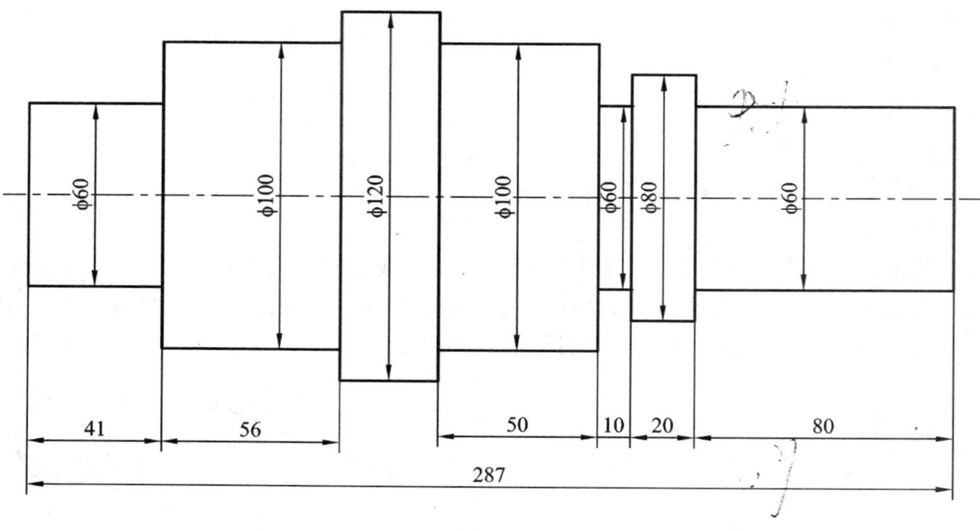

图 3.63

9. 延伸

1) 命令调用

- 下拉菜单：修改→延伸。
- 绘图工具条：--/。
- 命令行键入：extend (或 ex)。

2) 操作方法

延伸命令与修剪命令完全相反，即有界延伸，如图 3.64 所示。使用时先选延伸到的对象，再选要延伸的对象。

调用延伸命令

选择边界在边...

选择对象：选择 P2(延伸到此处)

选择要延伸的对象：选择 P1

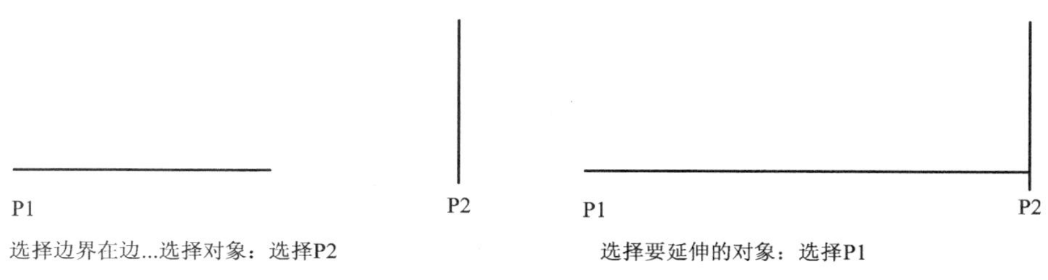

图 3.64

常见错误

(1) 没有弄明白首先应选的是要延伸到的地方，然后才选要延伸的对象。

(2) 延伸对象与延伸边界相互混淆。

该你练了

(1) 延伸命令应选择哪两种对象，首先选择的对象用来做什么，第二次选择的对象又是用来做什么的？

(2) 将图 3.65 中的直线延伸与圆相交。

(3) 将图 3.66 中的直线 P3、P4 分别延伸到 P1、P2，然后进行修剪。

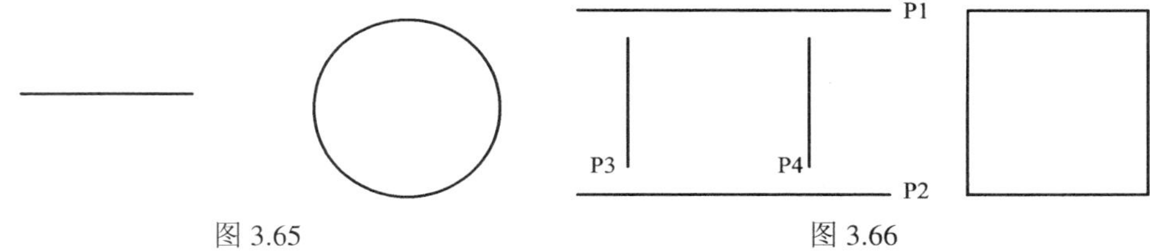

图 3.65　　图 3.66

10. 倒角

1) 命令调用

- 下拉菜单：修改→倒角。
- 绘图工具条：。
- 命令行键入：chamfer (或 cha)。

2) 操作方法

调用倒角命令后，先输入距离 D，再输入第一个、第二个倒角值，然后选择要倒角的对象即可。若要继续倒角，回车就可以重新弹出此命令。具体操作如下：

(1) 两直线的倒角，以图 3.67(a)左端为例。

调用倒角命令

选择第一条直线或[多段线(P)/距离(D)/角度(A)/修剪(T)/方法(M)]：D

指定第一个倒角距离：6，回车

指定第二个倒角距离：4，回车

然后选择需要倒角的两条直线即可。

注意：倒角时一定要注意选择直线的先后顺序，即哪个倒角距离在前就先选哪条直线。读者可自行完成图 3.67(a)中剩余的两个倒角。

(2) 多段线的倒角，如图 3.67(b)所示。

调用倒角命令

选择第一条直线或[多段线(P)/距离(D)/角度(A)/修剪(T)/方法(M)]：D

指定第一个倒角距离：10，回车

指定第二个倒角距离：10，回车

选择第一条直线或[多段线(P)/距离(D)/角度(A)/修剪(T)/方法(M)]：P

选择矩形后自动倒好四个 10×10 的直角。这种倒角方便、快捷，提高了效率。

(3) 直线的相交，如图 3.67(c)所示。

利用倒角命令可将不相交的直线相交于一点。其操作要点是将倒角距离 D 值设为 0。

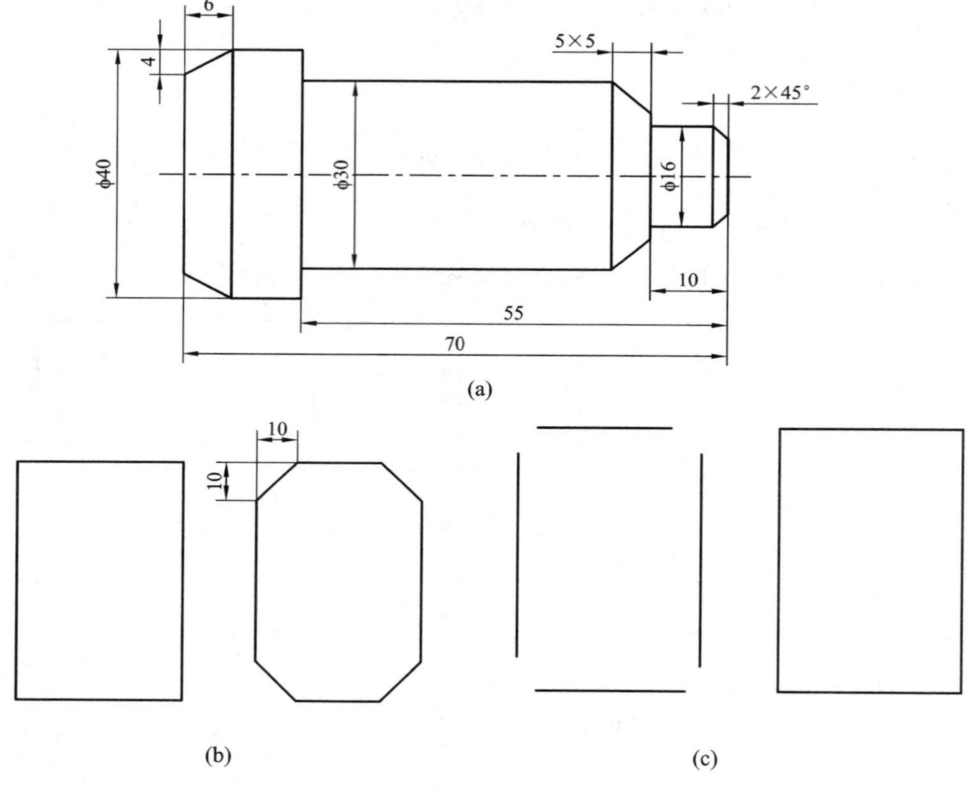

图 3.67

常见错误

(1) 没有输入要倒角的距离。

(2) 没有输入倒角的角度。

(3) 没有设置修剪模式。

(4) 没有注意当前倒角距离的大小。

该你练了

利用倒角等命令绘制图 3.68 和图 3.69。

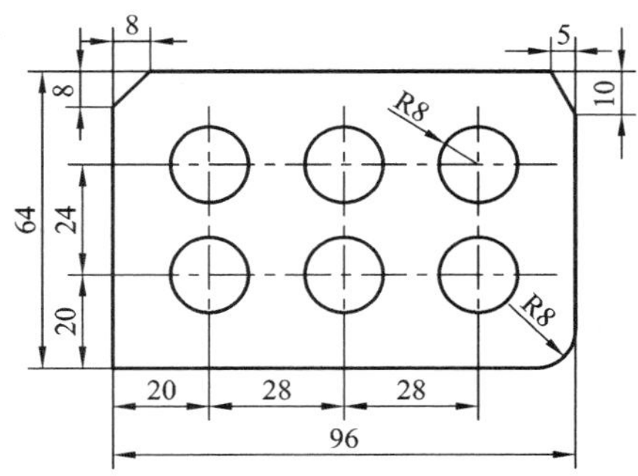

图 3.68

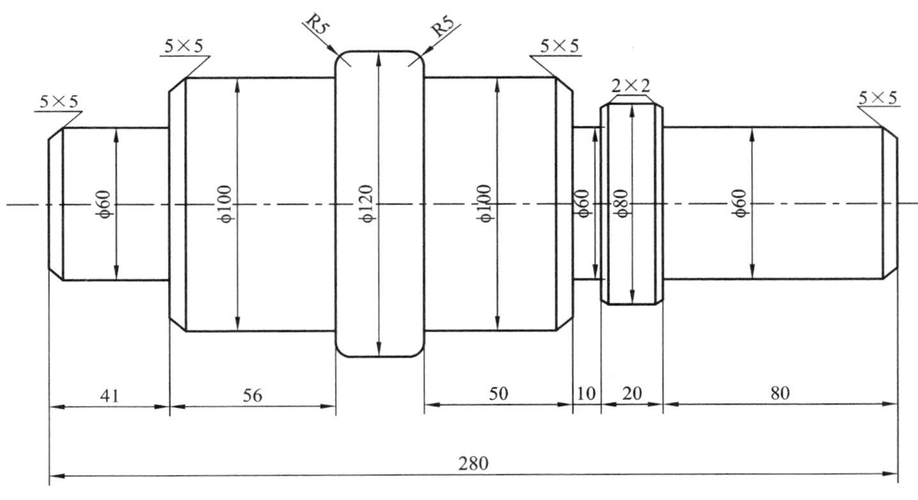

图 3.69

11. 圆角

1) 命令调用

- 下拉菜单：修改→圆角。
- 绘图工具条：。
- 命令行键入：fillet (或 fi)。

2) 操作方法

圆角命令与倒角命令的操作相似，不同之处是输入的是圆角半径。倒圆角的对象可以是直线、圆弧或曲线。

(1) 两直线的倒圆角，如图 3.70(a)所示。

调用圆角命令

选择第一个对象或[多段线(P)/半径(R)/修剪(T)]：R

指定圆角半径：20，回车

选择第一个对象或[多段线(P)/半径(R)/修剪(T)]：选第一条线

选择第二个对象：选第二条线

(2) 圆弧的倒圆角，通过倒圆角和修剪命令可得到图 3.70(b)。

(3) 直线与圆或弧之间的倒圆角，如图 3.70(c)所示。

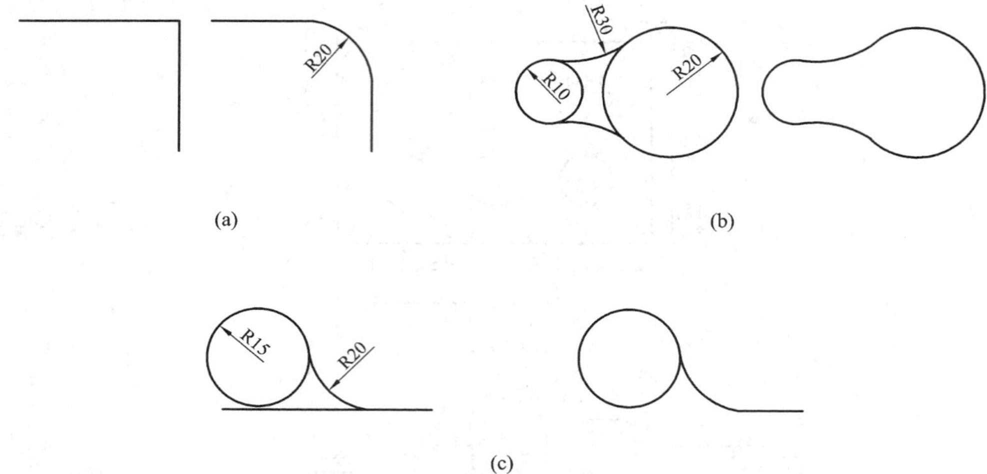

图 3.70

常见错误 

(1) 输入命令错误。

(2) 没有输入圆角半径。

(3) 修剪模式没有设置。

该你练了

利用圆角等命令绘制图 3.71 和图 3.72。

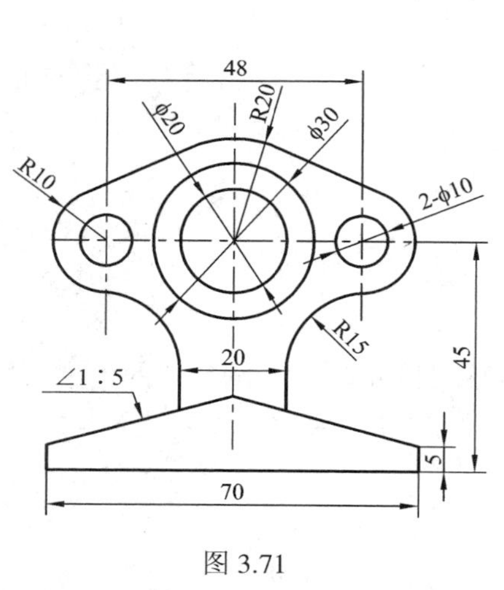

图 3.71

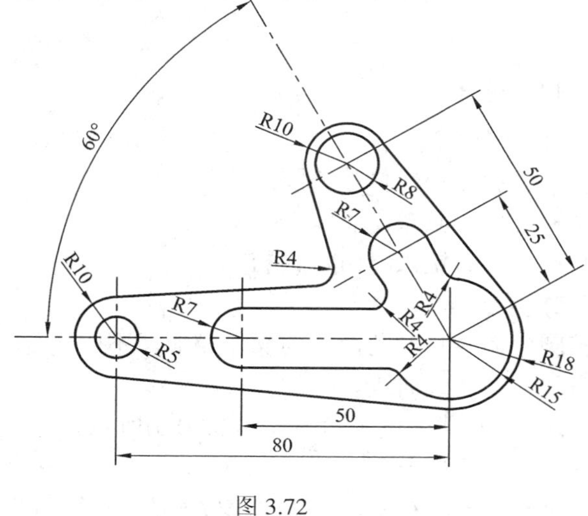

图 3.72

12. 打断

1) 命令调用

- 下拉菜单：修改→打断。
- 绘图工具条：[ ]。
- 命令行键入：break (或 br)。

2) 操作方法

利用打断命令可以删除对象的某一部分或将对象分成两个可以截断的对象，如线、圆、弧、多段线、样条曲线、坐标线与射线。当截断一个对象时，应先选对象(点选对象时，点选的位置也同时被视为第一个截断点)。具体应用如下：

(1) 单点断开，见图 3.73(a)。此法既可以将图形在某点断开并保留原图形，也可以将图形在某点断开并删去某部分。下面以图 3.73(a)中的第三条直线为例。

调用打断命令

选择对象：选点 A 处(记住选择对象一定要在打断处选择)

指定第二个打断点或[第一点(F)]：用鼠标点击超过直线右端点任意处

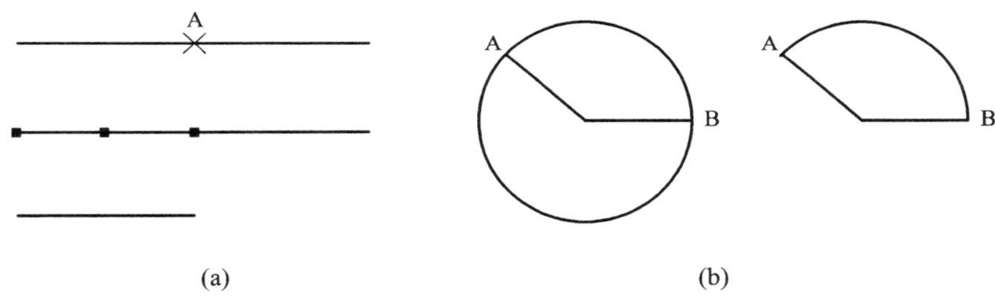

(a)　(b)

图 3.73

(2) 两点断开，见图 3.73(b)。此法可将图形在两点处准确断开。

调用打断命令

选择对象：选圆

指定第二个打断点或[第一点(F)]：F，回车

指定第一个打断点：捕捉 A 点

指定第二个打断点：捕捉 B 点

注意选择点的先后顺序，读者可试一下先选 B 点，再选 A 点，断开结果是否一样呢？

常见错误

(1) 选择要打断的对象时没有在打断点点击。

(2) 选择打断点的顺序不对。

该你练了

(1) 请用打断命令把一条长 50 mm 的直线平均打断成 7 段。

(2) 利用打断命令绘制图 3.74 和图 3.75。

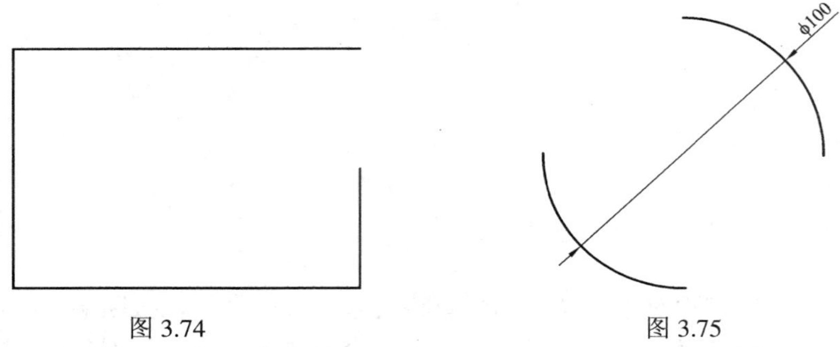

图 3.74　　　　图 3.75

13. 比例

1) 命令调用

- 下拉菜单：修改→比例。
- 绘图工具条：。
- 命令行键入：scale (或 sc)。

2) 操作方法

利用比例命令可将原图形的尺寸按实际放大或缩小，下面以图 3.76 为例说明其操作方法。

选择对象：框选正五边形

指定基点：捕捉参考点(以中心点为例)

指定比例因子或[参照(R)]：2，回车

这样即将原正五边形放大 2 倍，同时尺寸也随之放大 2 倍。

注意：比例因子>1 为放大, 比例因子<1 为缩小。

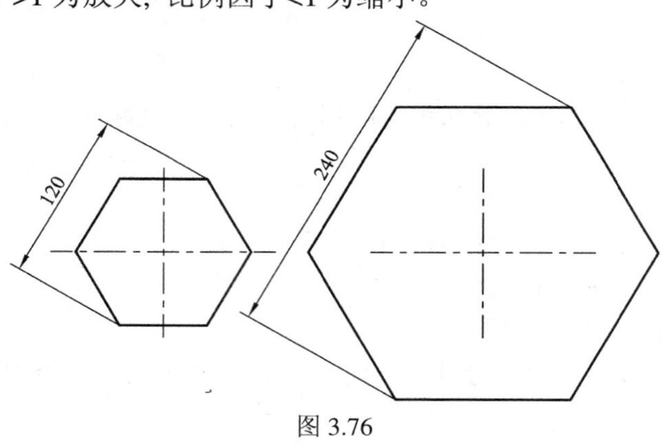

图 3.76

常见错误 

(1) 比例因子大小输入不对。

(2) 基点捕捉不正确。

该你练了

利用比例命令将图 3.77 各放大和缩放一倍，并观察它的尺寸变化。

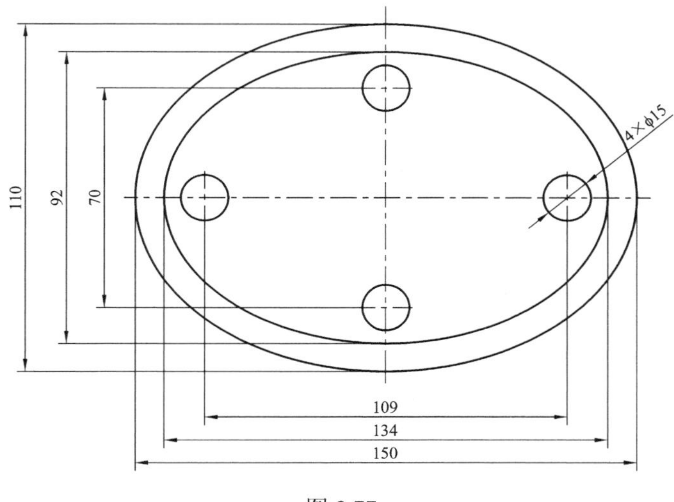

图 3.77

14. 分解

1) 命令调用

- 下拉菜单：修改→分解。
- 绘图工具条：。
- 命令行键入：explode (或 x)。

2) 操作方法

利用分解命令可将多段线、尺寸、图块等实体分解成独立的线、线段、圆弧、箭头、文本等，这样就便于编辑操作。比如要偏移矩形的某一条边，若不分解，则整个矩形都会偏移；若进行分解，则整个矩形就成了四条独立的边，分解后可对每条边进行编辑，如图 3.78 所示。

调用命令

选择对象：选择矩形，回车

读者可对比分解前后的矩形状态。

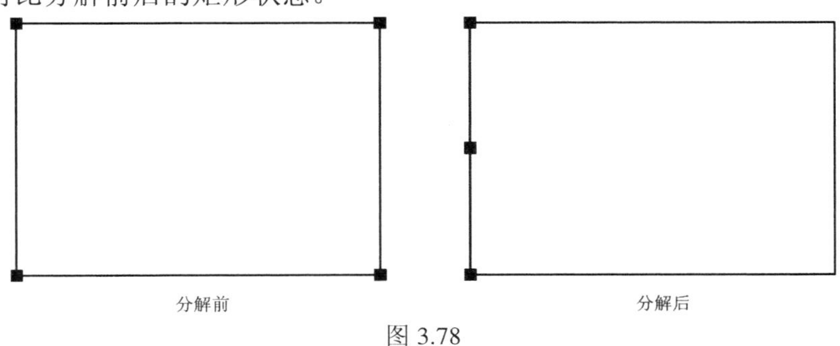

图 3.78

常见错误

(1) 命令输入错误。

(2) 没有选择图形。

(3) 没有弄清什么样的图形才能分解。

该你练了

(1) 什么样的图形才能用分解命令？

(2) 分解图 3.79 中的矩形组和图 3.80 中的多义线。

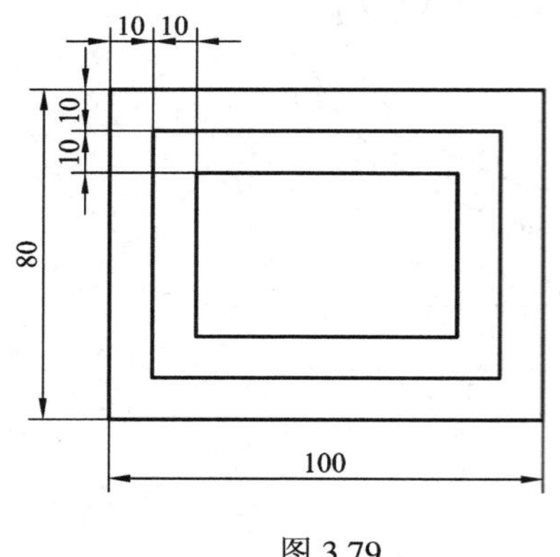

图 3.79

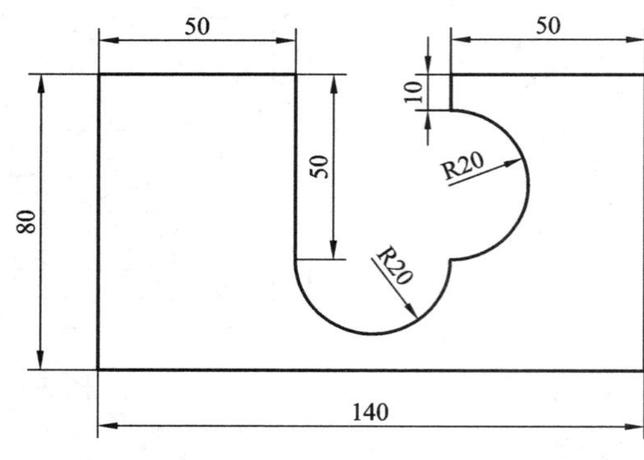

图 3.80

15. 拉伸

1) 命令调用

- 下拉菜单：修改→拉伸。
- 绘图工具条：。
- 命令行键入：stretch(或 s)。

2) 操作方法

可将对象以拉伸的方式改变其长度。注意操作时，必须以交叉窗口(C)或是多边形框选(CP)的方式选择对象才能执行。而且选取时不可以将对象全部包含在选框内，否则将以移动方式处理。下面以图 3.81(a)为例说明拉伸命令的操作方法。

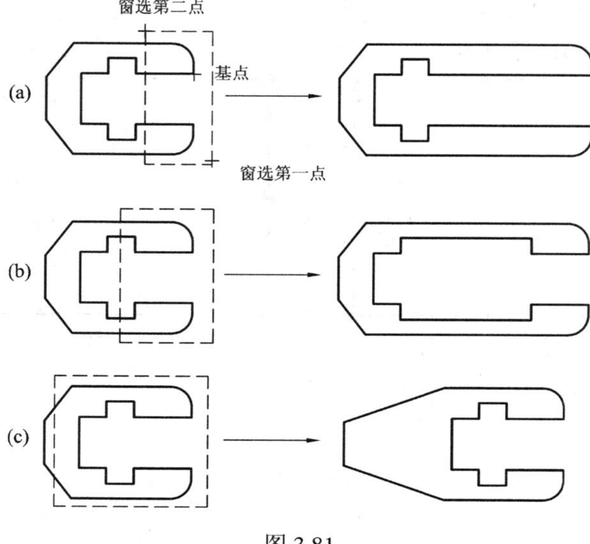

图 3.81

调用拉伸命令

选择对象：选择拉伸部分(窗选第一个点后窗选第二个点回车)

指定基点或位移：捕捉一个点

指定位移第二个点：鼠标拖至要拉伸到的点(或者输入位移量)

读者可自行完成图 3.81(b)、(c)。

常见错误 

(1) 基点选择错误。

(2) 窗选错误造成图形移动。

该你练了 

把图 3.82(a)分别拉伸成图 3.82(b)、(c)。

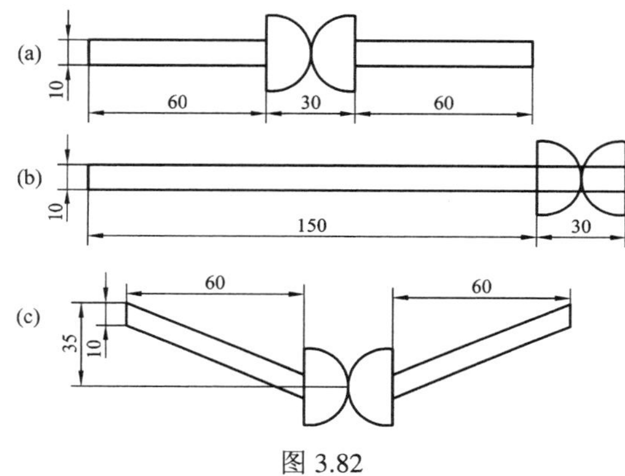

图 3.82

16. 夹点操作

若要将直线拉长或缩短，利用夹点操作就非常方便快捷，如图 3.83 所示，操作步骤如下：

(1) 点击要伸缩的对象 AB(见图(a))，则在 AB 的两端及中央出现三个蓝色(此书图中显示为黑色)小框(见图(b))。

(2) 点击要延伸的端点，如图(b)中的 B 点，这时蓝色小框变成红色(此书图中显示为灰色)见图(c)。

(3) 移动鼠标指定拉伸点(用抓点的方法)，再点击鼠标左键确定即可(见图(d))。

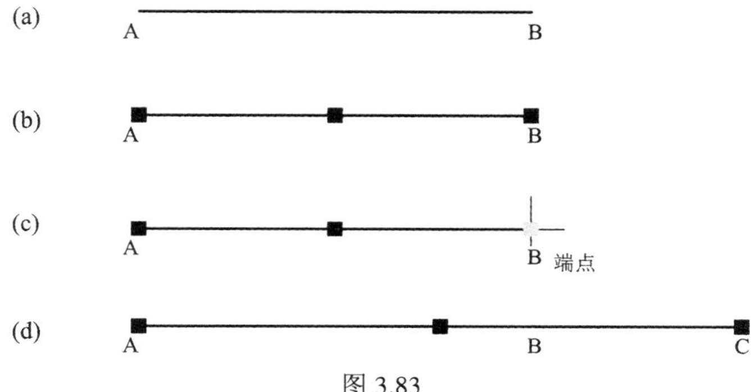

图 3.83

3.2　三视图的画法

在机械图样中三视图是零件的基本表达方式，它是零件图、装配图的基础。三视图要遵循投影规律，即“长对正，高平齐，宽相等”。利用 AutoCAD 来绘制三视图，长对正和高平齐都比较容易处理，只需要将正交按钮按下，捕捉到相应的点就可画好。宽相等相对来说就难处理些，常用的方法是在绘图时根据有关的尺寸来绘制图线。但在没有给出尺寸的前提下，我们可以利用捕捉和追踪点的方法来实现宽相等。要画好三视图应注意以下几个问题。

1. 图层的建立

按照第 2 章 2.1 节的练习 3 建立相应的图层。

2. 线型的处理

三视图中的线型用图层来控制。在图层设置好后绘图时通常可用以下两种方法来处理线型：

(1) 在绘图时用分层绘制的方法，即先将中心线层置为当前层绘制中心线，然后将 0 层置于当前层绘制粗实线，以此类推。

(2) 先将所有的图线均在 0 层下绘制，全部图形画完后再将要更改图层的对象用以上修改层的方法修改。

以上两种方法在操作过程中可根据具体情况交叉灵活处理。

3. 线型比例的调整

绘制中心线时有时屏幕显示的中心线的点线间隔太大或太小，这时就要应用线型比例调整命令 LTSCALE(或 LTS)。

只需在命令行输入 LTS 回车，再输入适当的比例调至合适即可。

4. 具体操作(以图 3.84 为例)

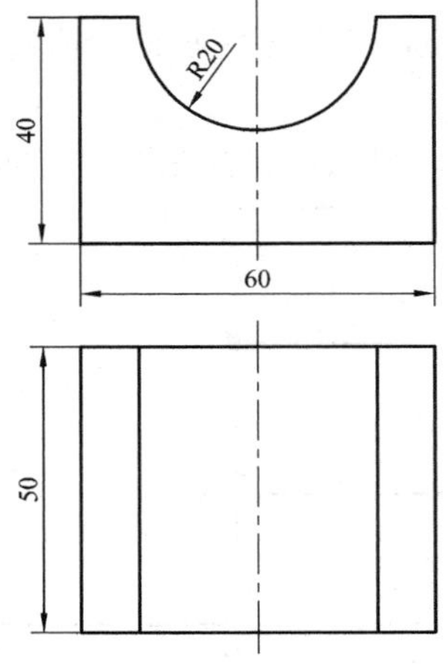

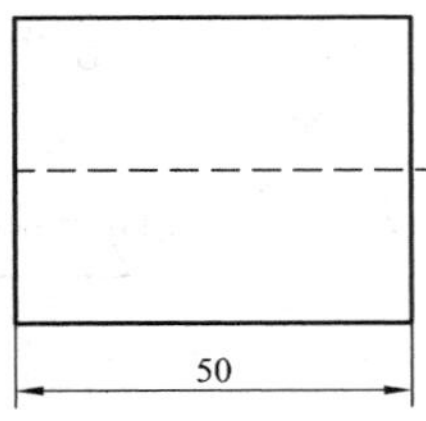

图 3.84

(1) 打开样板图。启动 AuotCAD，在启动对话框中选择“打开”，找到样板图。将样板图另存为所需的图形文件名，如取为“三视图”，扩展名为.dwg。

(2) 画主视图外框。利用直线、圆、修剪命令画出主视图。

(3) 按下状态栏中的对象追踪按钮，追踪主视图中的各点，定出俯视图中的边框点，画俯视图外框。

(4) 将中心线层置为当前层，用追踪方法画出圆的中心线。

(5) 按下状态栏中的极轴按钮，点击右键，选择设置，将追踪角度设置为 45°(或 15°、45°均可)，确定，然后绘制出 45°直线。利用此线，用直线命令追踪绘出左视图外框。

(6) 用追踪方法画出左视图中圆的虚线。

(7) 删除多余线，整理图形，完成三视图。

(8) 存储文件。

具体操作可参见配套光盘中的录像教程。

常见错误

(1) 绘制 45°线时未打开极轴追踪设置。

(2) 追踪点时没有准确地捕捉。

(3) 图层设置不清晰，管理混乱。

该你练了

(1) 抄画如图 3.85 所示的三视图。

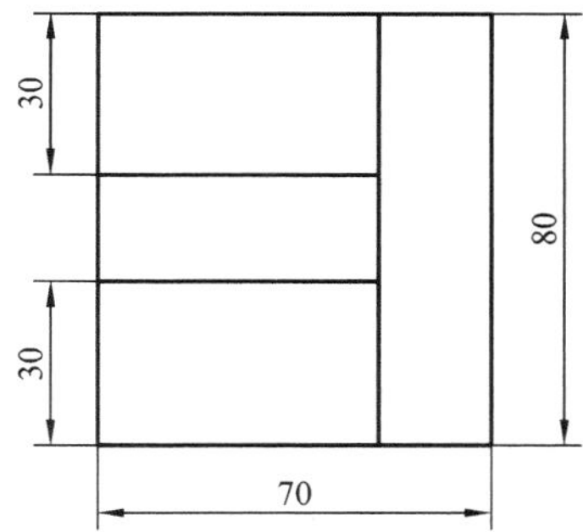

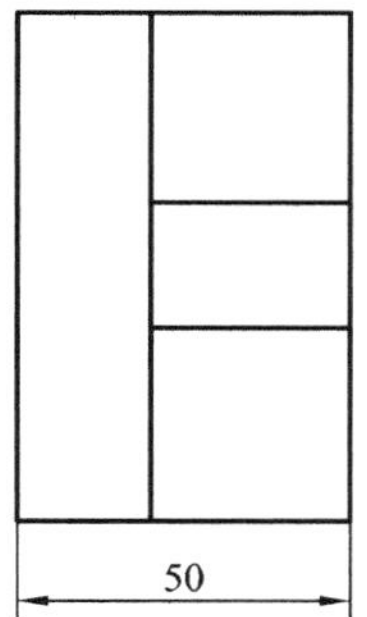

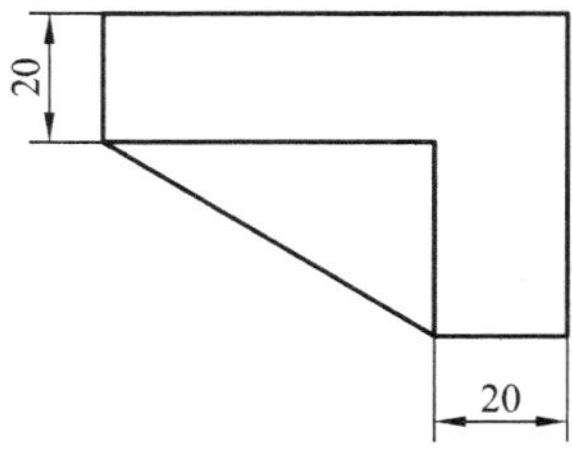

图 3.85

(2) 补画图 3.86 的第三个视图。

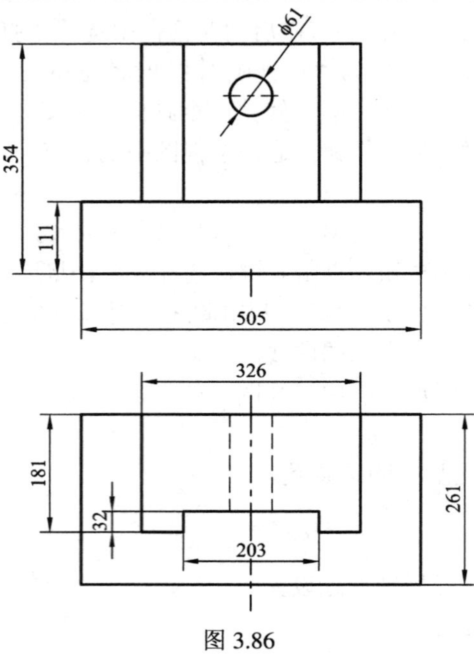

图 3.86

(3) 补画三视图图 3.87、图 3.88 中的缺线。

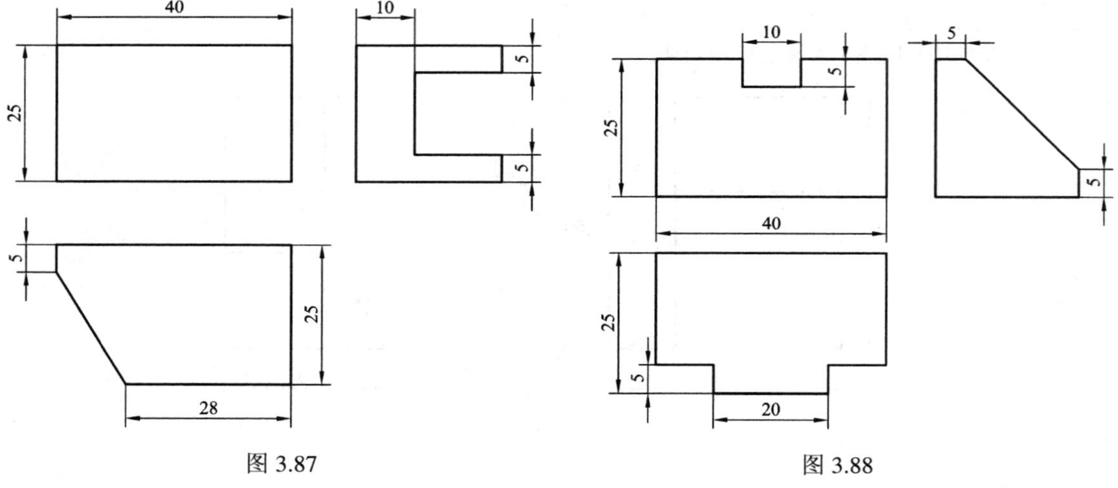

图 3.87　　图 3.88

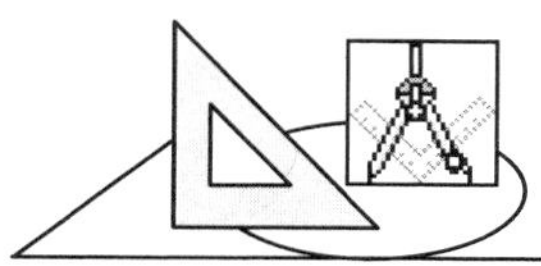

第 4 章　零件图的画法

零件图是重要的技术文件，在工程中应用十分广泛，绘制二维零件图是学习 AutoCAD 的重要目的之一。零件图除了图形以外，还包括尺寸、技术要求以及标题栏。图形的绘制在前几章已经讲述，以下重点介绍尺寸标注、表面粗糙度标注以及文本的输入等相关问题。

4.1　尺寸标注简介

零件的大小与形状是根据工程图中的尺寸制造出来的，工程图中必须包括尺寸说明，如长、宽、高、角度、半径、直径和部件的位置、公差等信息，利用尺寸标注手段，可以将这些信息加到图形中，所有通过尺寸标注表达的信息，与图形本身一样关键，因此尺寸标注在工程制图中是一项重要的内容。

4.1.1　尺寸标注的概念

一个完整的尺寸是由标注文字、尺寸线、尺寸界线、箭头、圆心标记以及中心线等基本元素组成的，如图 4.1 所示。

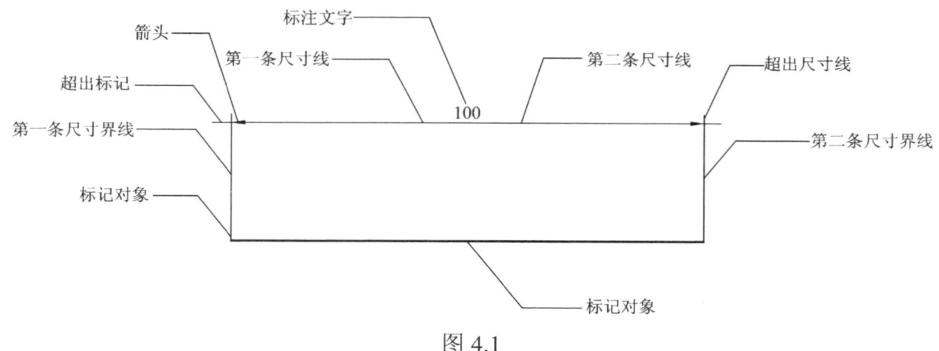

图 4.1

下面分别介绍这几个基本组成部分。

(1) 标注文字：表明实际测量值。可以使用由 AutoCAD 自动计算出的测量值，并可附加公差、前缀和后缀等，也可以对其进行编辑。

(2) 尺寸线：表明标注的方向和范围。通常尺寸线为直线，使用箭头来指出尺寸线的端点；当标注角度时，尺寸线变为圆弧。

(3) 尺寸界线：从被标注的对象延伸到尺寸线的直线段，指定了尺寸线的起始点与结束点。尺寸界线一般与尺寸线垂直，但在特殊情况下也可以将尺寸线倾斜。

(4) 箭头：表明测量的开始和结束位置。我们可以设定箭头的形状，机械制图一般采用箭头形式，而建筑制图采用斜线形式。

(5) 圆心标记：标记圆或圆弧的圆心中心的小“十”字(见图 4.2)。

(6) 中心线：标记圆或圆弧的圆心的线，一般为点划线(见图 4.2)。

中心线
圆心标记

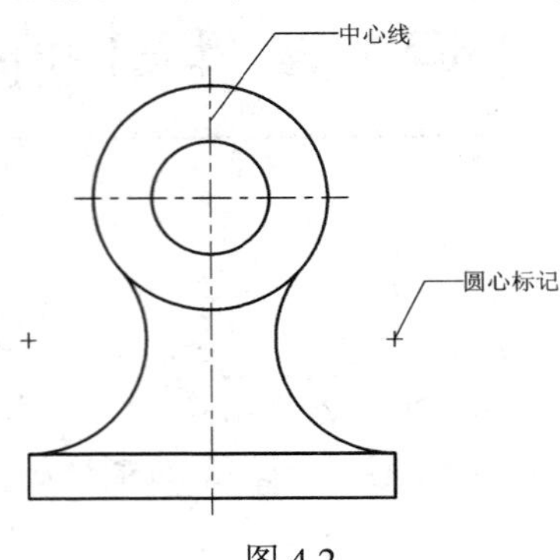

图 4.2

AutoCAD 提供了 11 种标注用以测量设计对象，这 11 种标注是：线性标注、对齐标注、坐标标注、半径标注、直径标注、角度标注、基线标注、连续标注、引线标注、公差标注和圆心标记。

4.1.2　尺寸标注工具条和菜单

在尺寸标注时要先进行设置，在学习设置前，让我们先了解尺寸工具条的简单用法。把鼠标指向工具栏的任何地方并右击，选择“标注”命令，即可看到尺寸标注工具条，如图 4.3 所示。

标注
ISO-25

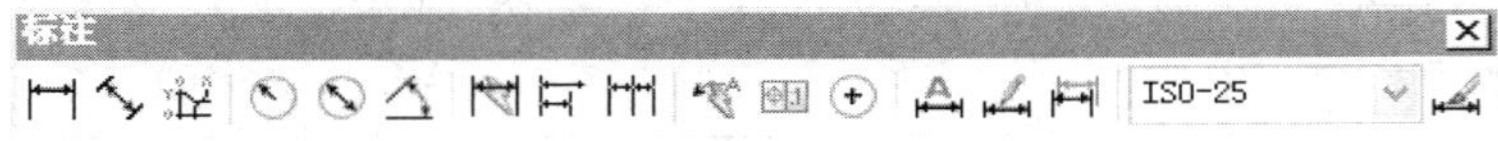

图 4.3

尺寸标注菜单如图 4.4 所示。

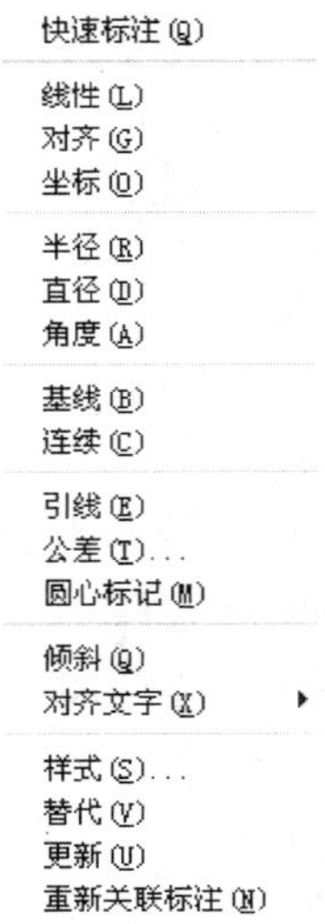

快速标注(Q)
线性(L)
对齐(G)
坐标(O)
半径(R)
直径(D)
角度(A)
基线(B)
连续(C)
引线(E)
公差(T)...
圆心标记(M)
倾斜(Q)
对齐文字(X)
样式(S)...
替代(V)
更新(U)
重新关联标注(N)

图 4.4

4.1.3　创建尺寸标注样式

缺省情况下，在 AutoCAD 中创建尺寸标注时使用的尺寸标注样式是“ISO-25”，我们进行尺寸标注时，系统的标注形式可能不符合具体要求，在此情况下，可以根据需要对标注的尺寸进行编辑修改，根据实际情况创建一种新的尺寸标注样式。

AutoCAD 提供的“标注样式”命令即可用来创建尺寸标注样式，启用“标注样式”命令后，系统将弹出“标注样式”对话框，从中可以创建新的标注样式或调用已有的尺寸标注样式。在创建新的尺寸标注样式时，我们需要设置其名称，并选择相应的属性。

(1) 通过以下两种方法启用“标注样式”命令：

① 单击“标注”工具栏上的按钮 ；

② 选择“格式”菜单→“标注样式”命令。

以上两种方法均会打开“标注样式管理器”对话框，其中的“样式”列表显示了当前使用图形中已存在的标注形式，如图 4.5 所示。

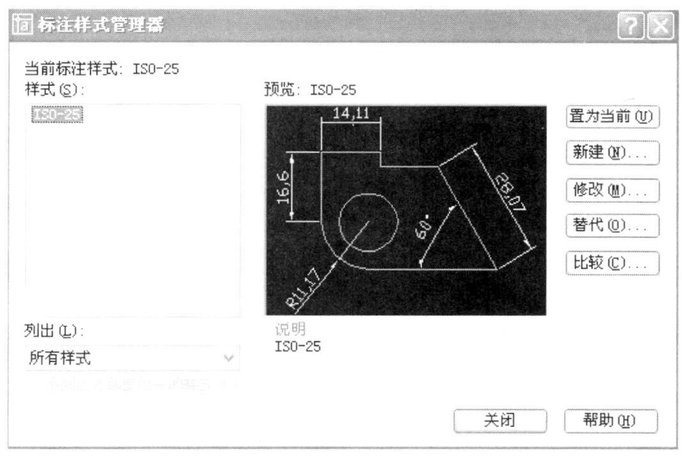

图 4.5

(2) 单击“新建”按钮，弹出“创建新标注样式”对话框。在“新样式名”文本框中输入“机械图”；在“基础样式”选项中选择是基于哪一种标注样式创建的；在“用于”选项中选择标注的应用范围，如应用所有标注、半径标注、对齐标注等，如图 4.6 所示。

创建新标注样式

新样式名(N)：机械图

基础样式(S)：ISO-25

用于(U)：所有标注

继续　取消　帮助(H)

图 4.6

(3) 单击“继续”按钮，弹出“新建标注样式”对话框，我们可以应用对话框中的 6 个选项进行设置，如图 4.7 所示。

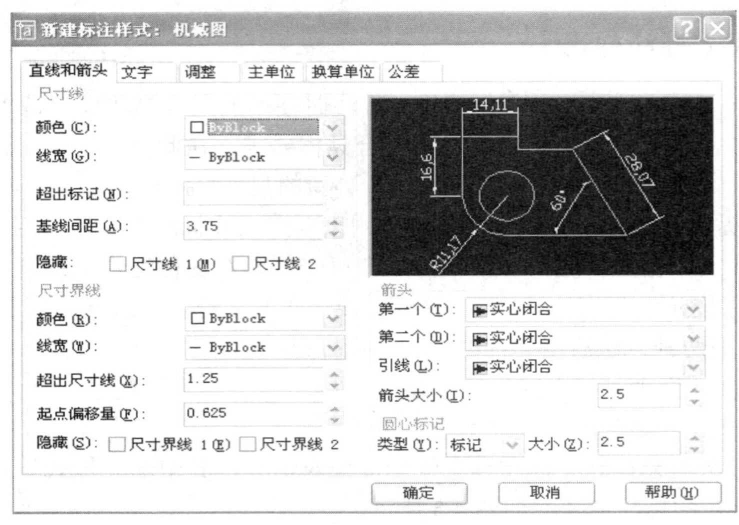

图 4.7

【例 4.1】　“机械图”标注样式的设置方法如下：

① 设置“直线和箭头”，改写以下参数：

基线间距：10(基线标注时尺寸线之间的距离)；

超出尺寸线：2(指尺寸线与尺寸界线的延伸量)；

起点偏移量：0.5(指尺寸界线的端点距要标注的点的距离)；

箭头大小：4。

单击“确定”按钮，如图 4.8 所示。

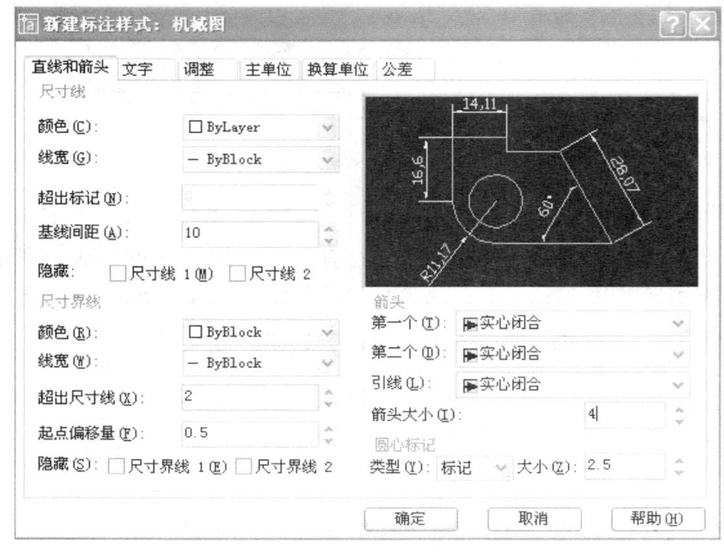

图 4.8

② 设置“文字”，如图 4.9 所示。

③ 设置“调整”。“文字位置”选择“尺寸线上方，加引线”，其余不变，如图 4.10 所示。

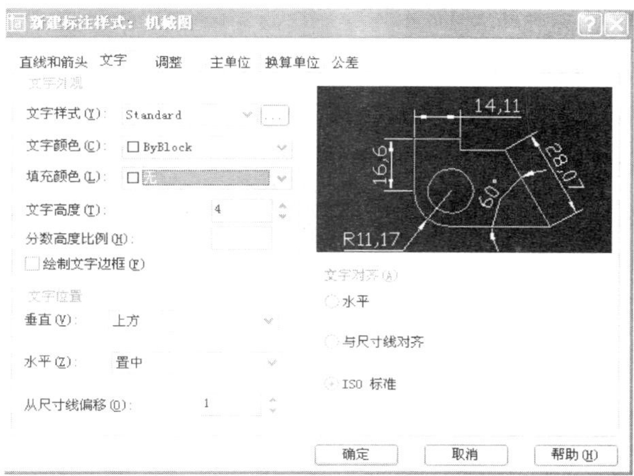

图 4.9

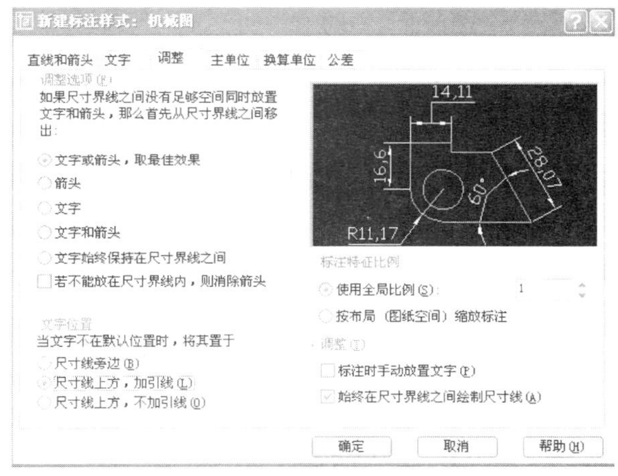

图 4.10

④ 设置“主单位”。将“精度”改为 0，如图 4.11 所示。

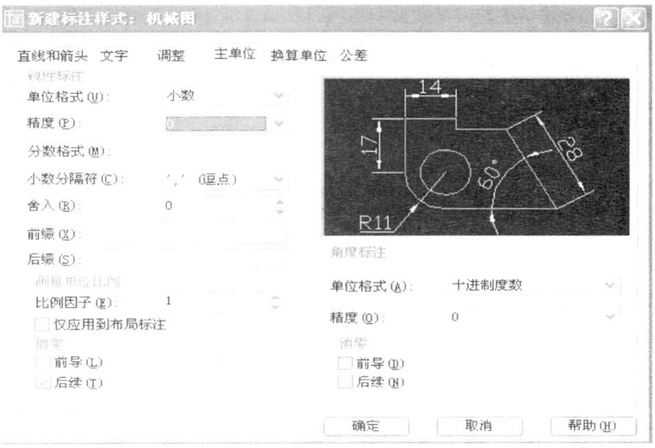

图 4.11

⑤ “换算单位”和“公差”按缺省值，如图 4.12 和图 4.13 所示。

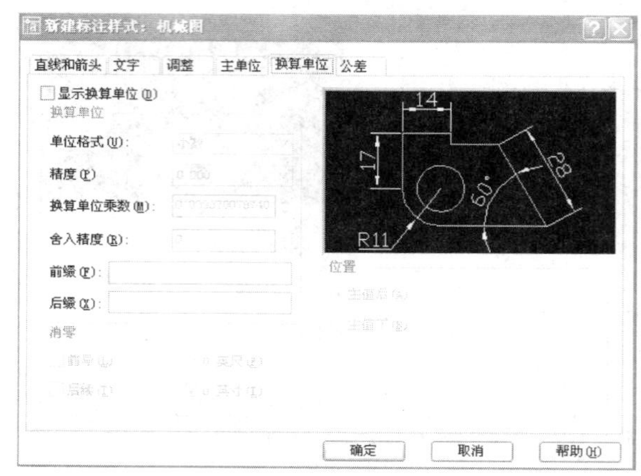

图 4.12

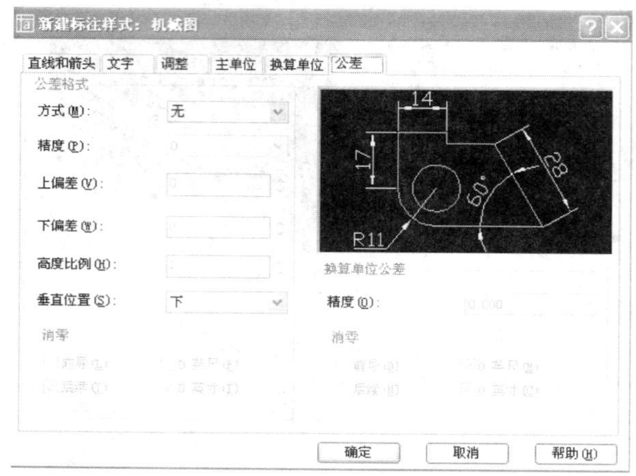

图 4.13

(4) 单击“确定”按钮，即可建立新的标注样式，其名称在“标注样式管理器”对话框的“样式”列表下，如图 4.14 所示。

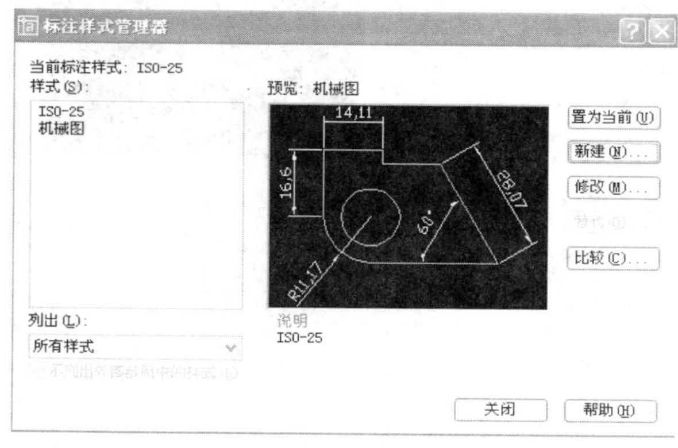

图 4.14

(5) 在“样式”列表下选取“机械图”，单击“置为当前”按钮，即可将“机械图”设置为当前使用的样式。

(6) 单击“关闭”按钮，返回绘图窗口。

4.1.4　尺寸标注中的比例问题

在绘图时，我们都用 1∶1 的比例绘图，但在用打印机或绘图机输出图形时可能要将图形放大或缩小，这时所标注的尺寸数字也随着放大或缩小，尺寸数字太大不美观，太小则看不清楚。在前面的设置中，我们将尺寸数字设定为 4 mm，在出图时如何保证该数字不随打印比例而变化呢？可用以下关系式来解决：

打印文字高度 = 设置文字高度 × 全局比例因子 × 打印比例

为保证一定的字高，只需将文字标注样式中的全局比例调整为打印比例的倒数，如表 4.1 所示。

表 4.1

打印文字高度	设置文字高度	全局比例因子	打印比例
4	4	1∶2	2∶1
4	4	1∶1	1∶1
8	4	1∶1	2∶1
2	4	1∶1	1∶2

常见错误

(1) 没有建立新的标注样式，而直接修改 ISO-25 样式。

(2) 打印比例设置错误。

该你练了

(1) 一个完整的尺寸由哪几部分基本元素组成？

(2) 在 AutoCAD 中，尺寸标注有哪几种类型？

(3) AutoCAD 中采用______________命令来创建尺寸标注样式。

4.2　尺寸标注的类型

4.2.1　线性尺寸的标注

1. 标注水平、垂直方向的尺寸

点击快速标注图标 ⟼，再点击要标注的图素，然后移动鼠标到适当位置，点击确定尺寸线的位置，如图 4.15 所示。

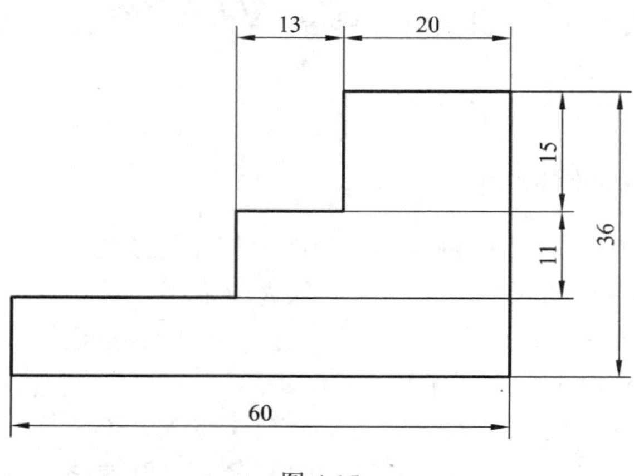

图 4.15

2．标注倾斜方向的尺寸

点击快速标注图标，再点击要标注的图素，然后移动鼠标到适当位置，点击确定尺寸线的位置，如图 4.16 所示。

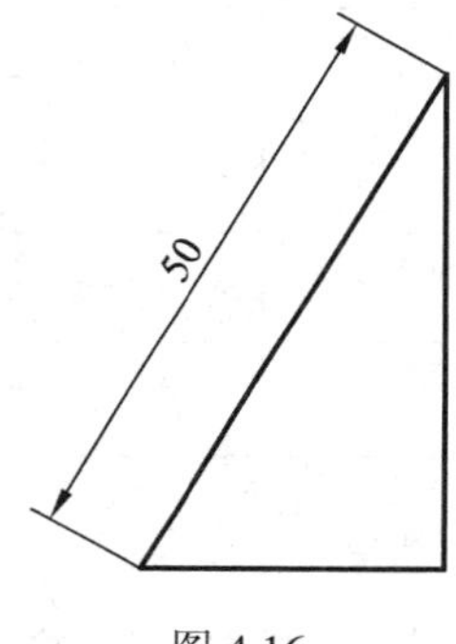

图 4.16

4.2.2 角度尺寸的标注

角度尺寸标注用于标注两条直线间的角度、三点之间的角度以及圆弧或圆的角度，如图 4.17 所示。

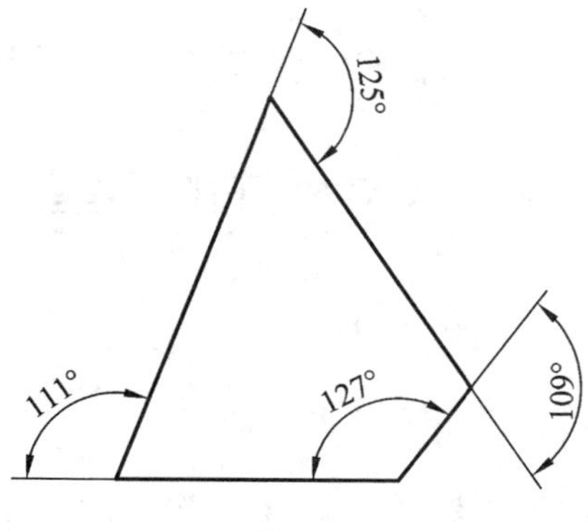

图 4.17

创建角度标注的步骤如下：

(1) 从“标注”菜单中选择“角度”。使用以下方法之一：

① 要标注圆，请在角的第一端点选择圆，然后指定角的第二端点。

② 要标注其他对象，请选择第一条直线，然后选择第二条直线。

(2) 根据需要输入选项：

① 要编辑标注文字内容，请输入 t(文字)或 m(多行文字)， 在括号内编辑或修改 AutoCAD 计算的标注值。通过在括号前后添加文字可以在标注值前后附加文字。

② 要编辑标注文字角度，请输入 a(角度)。

(3) 指定尺寸线圆弧的位置。

4.2.3　直径尺寸与半径尺寸

直径、半径尺寸标注常应用于圆、圆弧等，在标注过程中，AutoCAD 将自动在标注文字前添加符号“φ”或半径符号“R”。

1. 点击图标，标注直径尺寸

创建直径标注的步骤如下：

(1) 从“标注”菜单中选择“直径”。

(2) 选择要标注的圆或圆弧。

(3) 根据需要输入选项：

① 要编辑标注文字内容，请输入 t(文字)或 m(多行文字)，在括号内编辑或修改 AutoCAD 计算的标注值。通过在括号前后添加文字可以在标注值前后附加文字。

② 要改变标注文字角度，请输入 a(角度)。

(4) 指定引线的位置。

2. 点击图标，标注半径尺寸

创建半径标注的步骤如下：

(1) 从“标注”菜单中选择“半径”。

(2) 选择要标注的圆或圆弧。

(3) 根据需要输入选项：

① 要编辑标注文字内容，请输入 t(文字)或 m(多行文字)， 在括号内编辑或修改 AutoCAD 计算的标注值。通过在括号前后添加文字可以在标注值前后附加文字。

② 要编辑标注文字角度，请输入 a(角度)。

(4) 指定引线的位置。

3. 练习

按图 4.18(a)所示的小压盖画图，然后按要求标注，如图 4.18(b)所示。

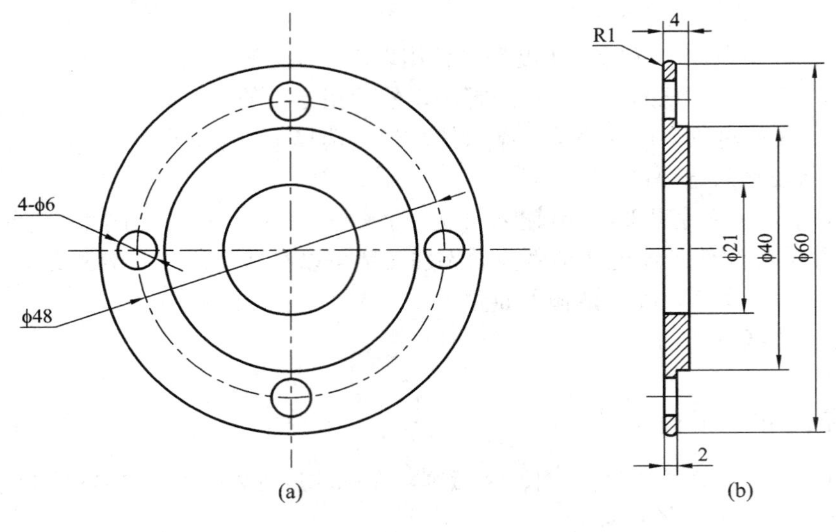

图 4.18

4.2.4　连续尺寸与基线尺寸

当我们需要标注多个对象时，可以使用系统提供的基线尺寸标注或连续尺寸标注，这样可以更方便快捷地标注出一系列尺寸。

(1) 标注基线尺寸。点击图标 ，再点击要标注的图素，然后移动鼠标到适当位置，连续点击确定尺寸线的位置。

(2) 标注连续尺寸，点击图标 ，再点击要标注的图素，然后移动鼠标到适当位置，连续点击确定尺寸线的位置。

(3) 练习标注阶梯轴(见图 4.19)

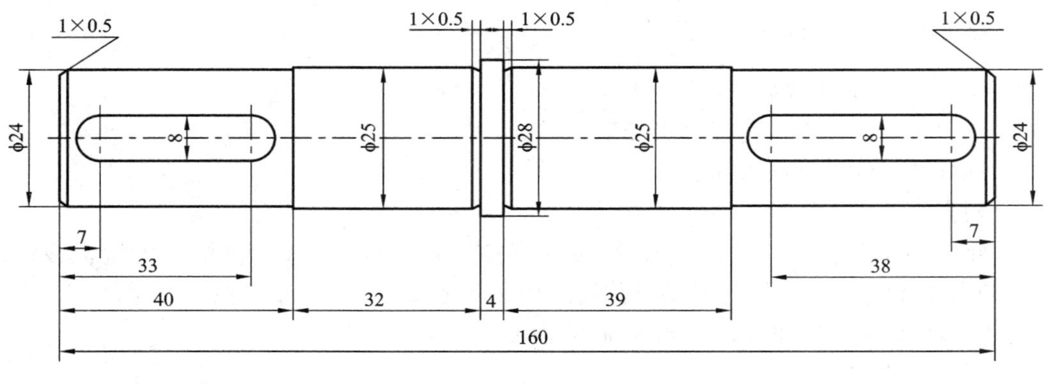

图 4.19

4.2.5　引线标注

引线可以是直线段或平滑的样条曲线。通常引线是由箭头、直线和一些注释文字组成的标注，如图 4.20 所示。

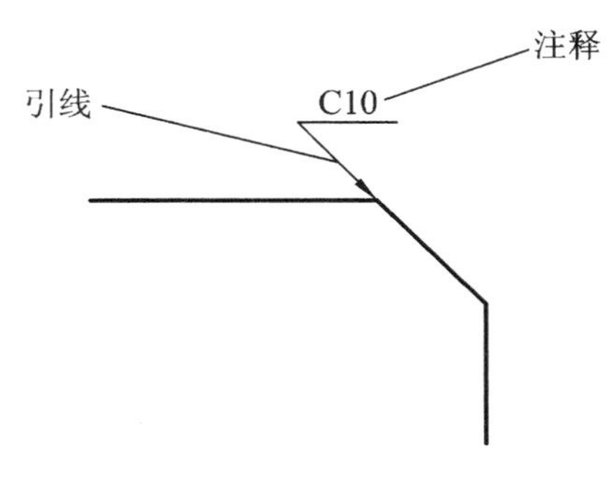

图 4.20

1．使用直线创建引线的步骤

(1) 点击“快速引线”图标或从“标注”菜单中选择“引线”。

(2) 按回车键显示“引线设置”对话框，然后进行以下选择：在“引线和箭头”选项卡中选择“直线”；在“点数”下选择“无限制”；在“注释”选项卡中选择“多行文字”。

(3) 选择“确定”。

(4) 指定引线的“第一个”引线点和“下一个”引线点。

(5) 按回车键结束选择引线点。

(6) 指定文字宽度。

(7) 输入该行文字。按回车键，根据需要输入新的文字行。

(8) 按两次回车键结束命令。

(9) 完成命令后，文字注释将变成多行文字对象。

2．创建带文字的双段样条引线的步骤

(1) 从“标注”菜单中选择“引线”。

(2) 按回车键显示“引线设置”对话框，然后进行以下选择：在“注释”选项卡中选择“多行文字”；在“引线和箭头”选项卡中选择“样条曲线”；在“点数”下的“最大值”框中根据图形实际情况输入相对应的数值，一般默认为 3，如果没有必要，可选择“无限制”选项。

(3) 选择“确定”。

(4) 指定第一个、第二个和第三个(可选)引线点。

(5) 指定文字列的宽度。

(6) 输入第一行文字。要添加其他行文字，请按一次回车键。

(7) 按两次回车键结束命令。

3. 从相同注释创建多条引线的步骤

(1) 选择引线，然后选择引线箭头的夹点。

(2) 在命令提示下输入 c，以选择“复制”选项。

(3) 为多条引线指定端点，然后按回车键。

(4) 要将新引线的端点移动到钩线(折线或直线)，请先按 Esc 键清除所有夹点，选择新引线，再选择引线夹点，然后将夹点移动到钩线。

4.2.6 形位公差标注

1. 命令

菜单：标注→公差。

图标：“标注”工具栏中的 ![]。

2. 功能

标注形位公差。

3. 格式

调用该命令后，打开“形位公差”对话框，如图 4.21 所示。

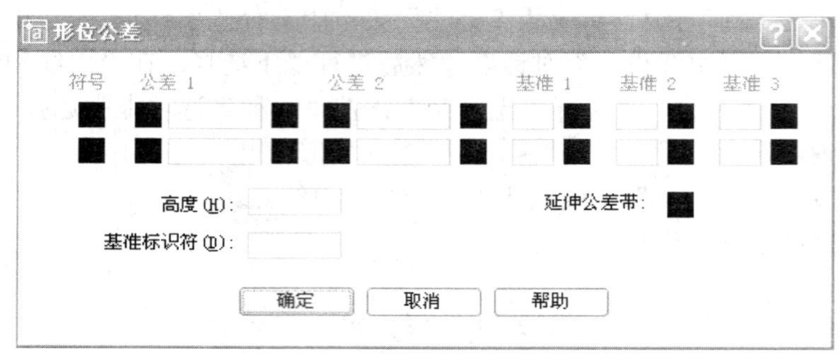

图 4.21

在“形位公差”对话框中，单击“符号”下面的黑色方块，打开“符号”对话框(见图 4.22)，通过该对话框可以设置形位公差的代号。在该对话框中，选择某个符号则单击该符号，若不进行选择，则单击右下角的白色方块或按 Esc 键。

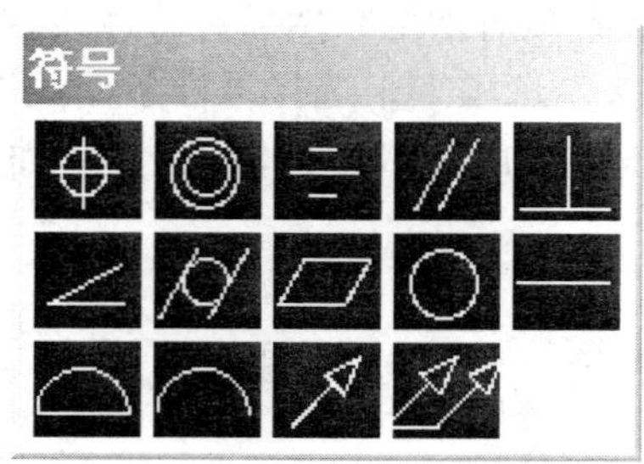

图 4.22

在“形位公差”对话框“公差 1”输入区的文本框中输入公差数值，单击文本框左侧的黑色方块则设置直径符号“ϕ”，单击文本框右侧的黑色方块则打开“包容条件”对话框(见图 4.23)，利用该对话框设置包容条件。

在“形位公差”对话框中，若需要设置两个公差，可利用同样的方法在“公差 2”输入区进行设置。在“形位公差”对话框的“基准”输入区设置基准，在其文本框中输入基准的代号，单击文本框右侧的黑色方块，则可以设置包容条件。

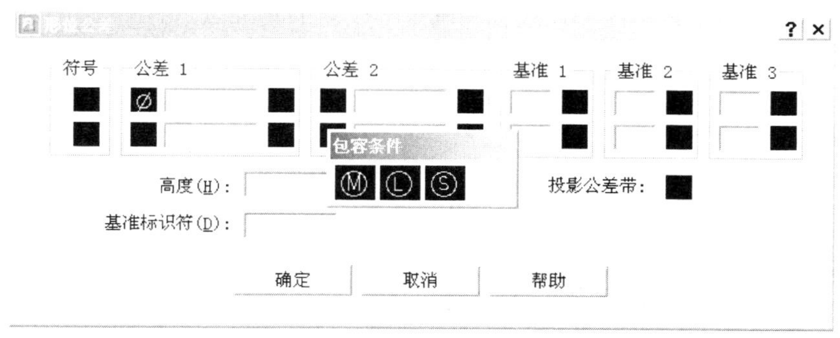

图 4.23

图 4.24 所示为标注的圆柱轴线的直线度公差。

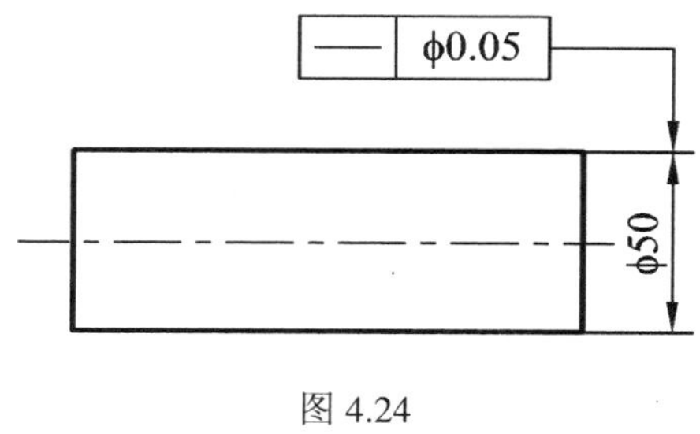

图 4.24

4.2.7　快速标注

1．命令

菜单：标注→快速标注。

图标："标注"工具栏中的⟼。

2．功能

一次选择多个对象，可同时标注多个相同类型的尺寸。

3．格式

选择要标注的几何图形：(选择要标注的对象，回车结束选择)

指定尺寸线位置或[连续(C)/并列(S)/基线(B)/坐标(O)/半径(R)/直径(D)/基准点(P)/编辑(E)] <连续>:

4．说明

- 连续(C)：对所选择的多个对象快速生成连续标注，见图 4.25(a)。
- 并列(S)：对所选择的多个对象快速生成尺寸标注，见图 4.25(b)。
- 基线(B)：对所选择的多个对象快速生成基线标注，见图 4.25(c)。
- 坐标(O)：对所选择的多个对象快速生成坐标标注。
- 半径(R)：对所选择的多个对象标注半径。
- 直径(D)：对所选择的多个对象标注直径。

● 基准点(P)：为基线标注和连续标注确定一个新的基准点。

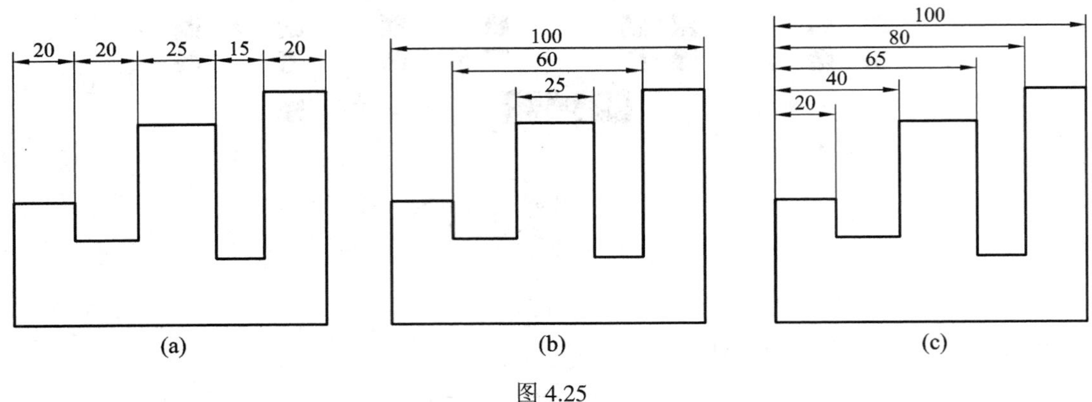

图 4.25

4.2.8 修改尺寸标注

1．尺寸文字的旋转与倾斜

1) 命令

图标：“标注”工具栏中的 。

2) 功能

修改尺寸标注用于修改选定标注对象的文字位置、文字内容和倾斜尺寸线。

3) 格式

输入标注编辑类型[默认(H)/新建(N)/旋转(R)/倾斜(O)] <默认>:

4) 说明

● 默认(H)：使标注文字放回到缺省位置。

● 新建(N)：修改标注文字内容，弹出“多行文字编辑器”对话框(见图 4.26)。

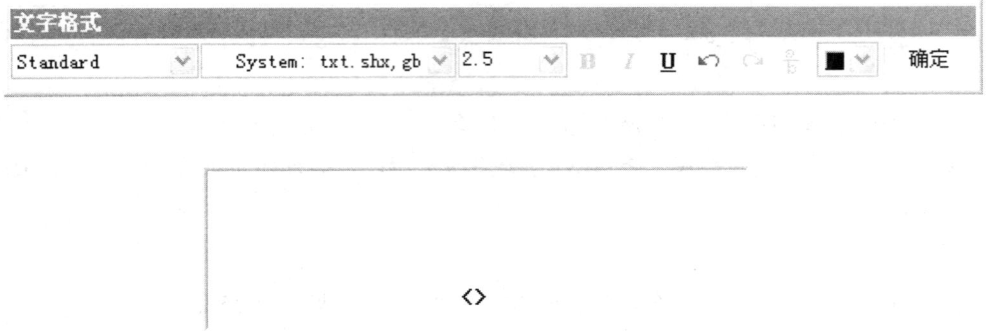

图 4.26

● 旋转(R)：使标注文字旋转一角度。

● 倾斜(O)：使尺寸线倾斜，与此相对应的菜单为“标注”下拉菜单的“倾斜”命令。

如图 4.27 所示，把(a)图的尺寸线修改成(b)图。

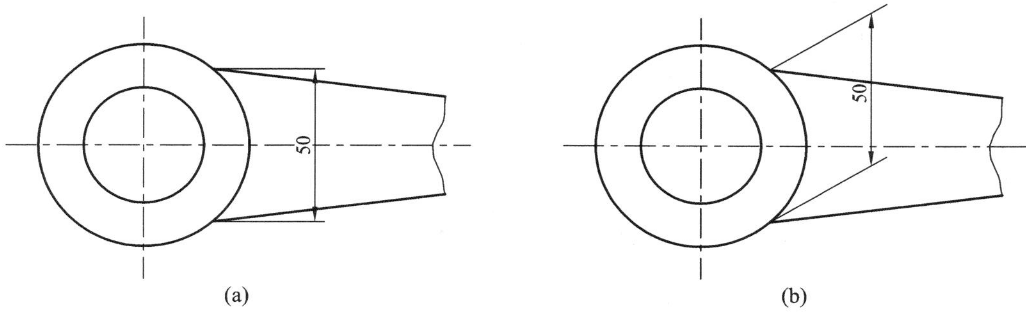

图 4.27

2．尺寸文字的移动

1) 命令

菜单：标注→对齐文字。

图标：“标注”工具栏中的 。

2) 功能

尺寸文字的移动用于移动或旋转标注文字，有动态拖动文字的功能。

3) 格式

选择标注：指定标注文字的新位置或[左(L)/右(R)/中心(C)/默认(H)/角度(A)]:

4) 说明

- 左(L)：把标注文字左移(见图 4.28(a))。
- 右(R)：把标注文字右移(见图 4.28(b))。
- 中心(C)：把标注文字放在尺寸线上的中间位置(见图 4.28(c))。
- 默认(H)：把标注文字恢复为缺省位置。
- 角度(A)：把标注文字旋转一角度(见图 4.28(d))。

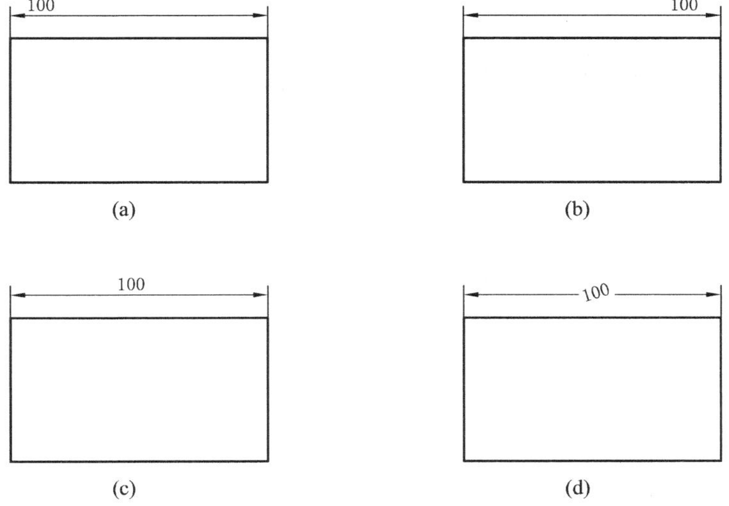

图 4.28

常见错误 

(1) 在标注轴或套类零件的径向尺寸时，忘记添加直径符号“ϕ”或半径符号“R”。

(2) 标注形位公差时，上下偏差文字高度设置不正确，不美观。该高度应为基本尺寸文字高度的 0.7 倍。

该你练了

(1) 绘制图 4.29～图 4.31 所示的图形，并按要求标注尺寸。

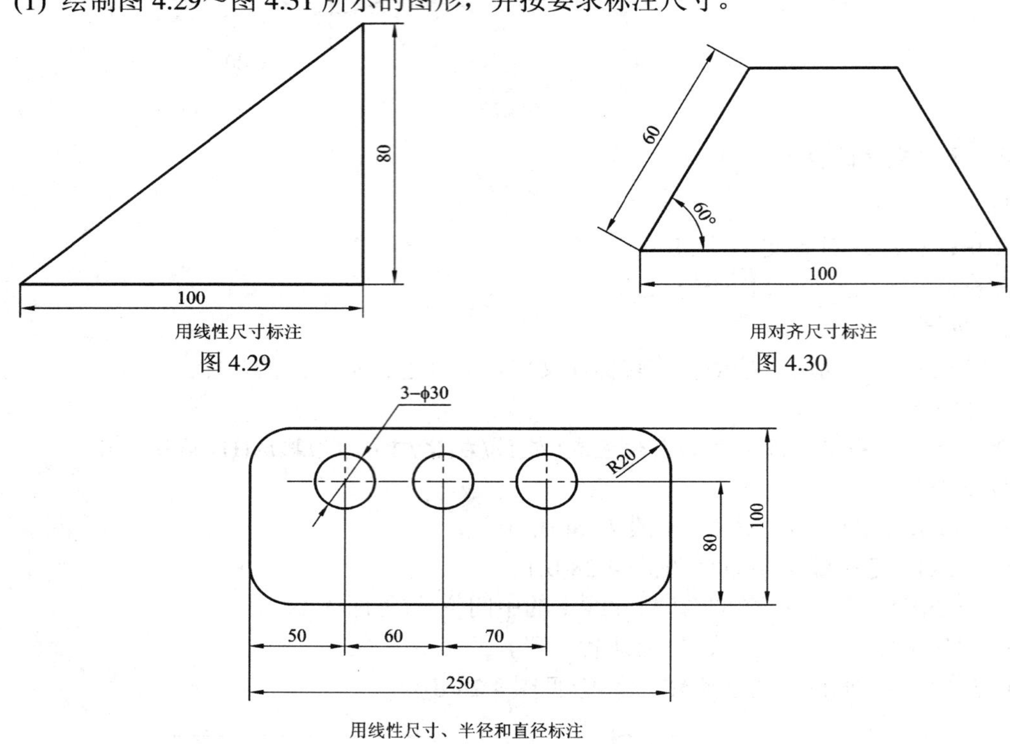

图 4.29　图 4.30

图 4.31

(2) 绘制图 4.32～图 4.35 所示的图形，并按要求标注尺寸。

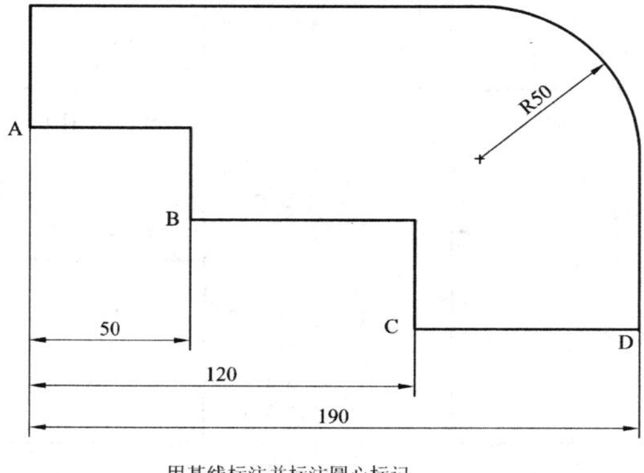

用基线标注并标注圆心标记

图 4.32

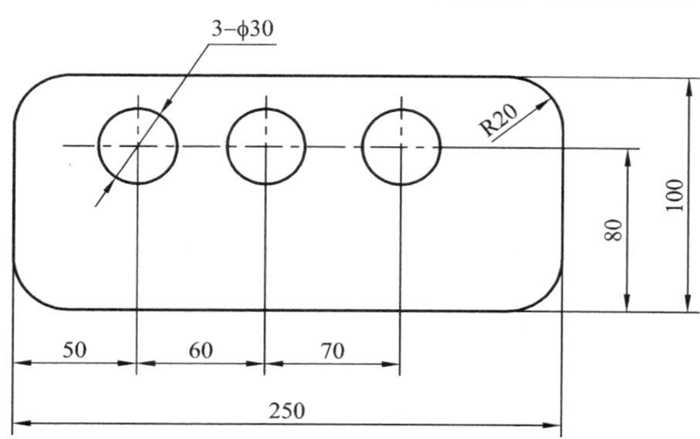

用基线标注、连续标注、半径标注和直径标注

图 4.33

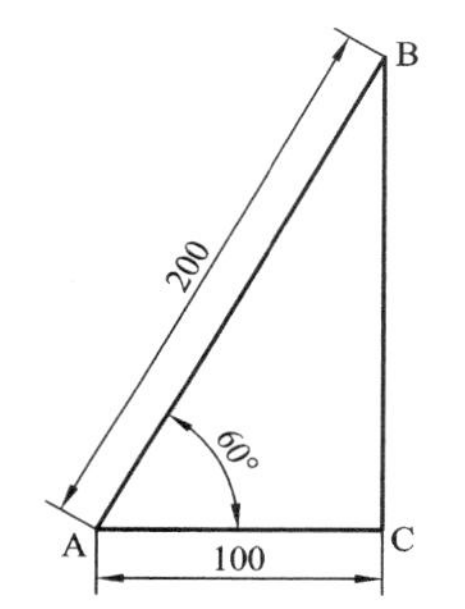

用线性尺寸、对齐尺寸和角度尺寸标注

图 4.34

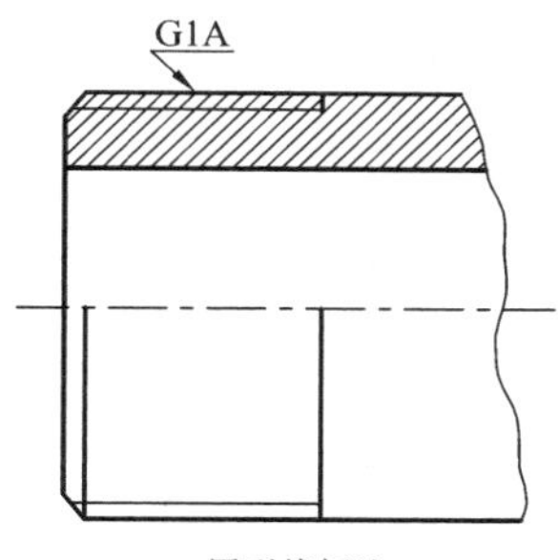

用引线标注

图 4.35

(3) 绘制图 4.36～图 4.39 所示的图形，并按要求进行标注。

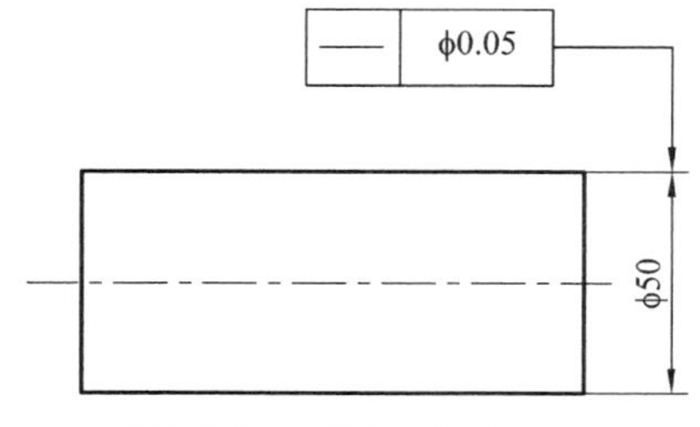

用线性尺寸和形位公差标注

图 4.36

用线性尺寸和形位公差标注

图 4.37

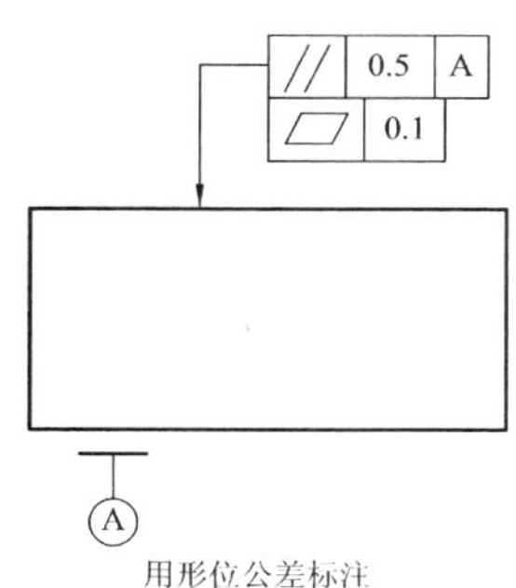

用形位公差标注

图 4.38

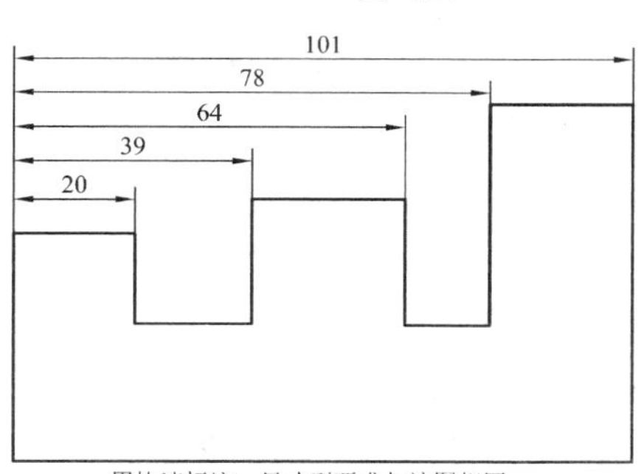

用快速标注，尺寸不要求与该图相同

图 4.39

(4) 绘制图 4.40 所示的图形，并按要求标注尺寸。

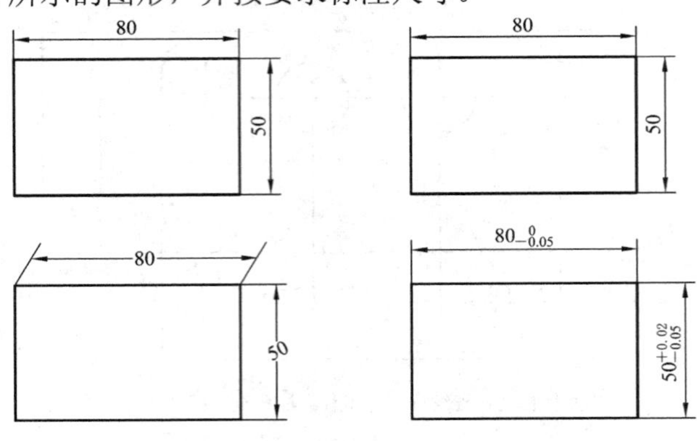

图 4.40

(5) 绘制图 4.41 所示的图形，并按要求标注尺寸。

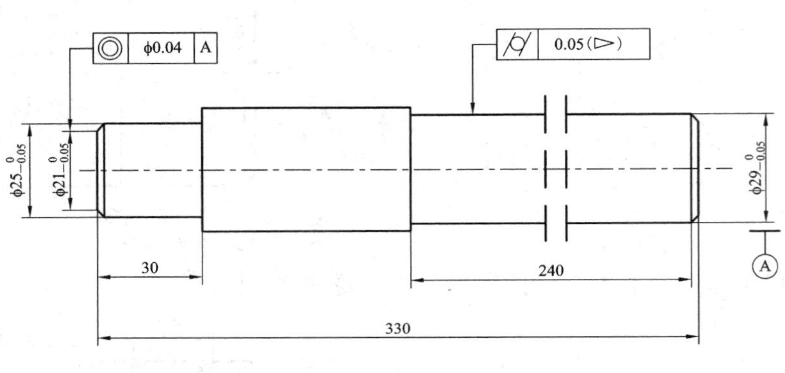

图 4.41

4.3 输 入 文 字

在工程设计中，图形只能表达物体的结构形状，而物体的真实大小和各部分的相对位置则必须通过标注尺寸才能确定。添加到图形中的文字可以表达各种信息，可以是复杂的技术要求、标题栏信息、标签，甚至是图形的一部分。此外，图样中还须有必要的文字，如注释说明、技术要求以及标题栏等。尺寸、文字和图形一起表达完整的设计思想，在工程图样中起着非常重要的作用。

4.3.1 文字

1. 字体和字样

1) 字体和字样的概念

AutoCAD 系统使用的字体定义文件是一种形文件，采用不同的高宽比、字体倾斜角度等可定义多种字样。系统缺省使用的字样是标准字体，根据字体文件定义生成。用户如需定义其他字体样式，可以使用(文字样式)命令。

AutoCAD 还允许用户使用 Windows 提供的字体，包括宋体、仿宋体、隶书、楷体等汉字和特殊字符，它们具有实心填充功能。由同一种字体可定义多种样式，图 4.42 所示为用仿宋体定义的几种文字样式。

同一字体不同样式
同一字体不同样式
同一字体不同样式
同一字体不同样式
同一字体不同样式

图 4.42

2) 文字样式的定义和修改

(1) 命令。

菜单：格式→文字样式。

(2) 功能。

定义和修改文字样式，设置当前样式，删除已有样式以及文字样式重命名。

(3) 格式。

打开如图 4.43 所示的“文字样式”对话框，从中可以选择字体，建立或修改文字样式。

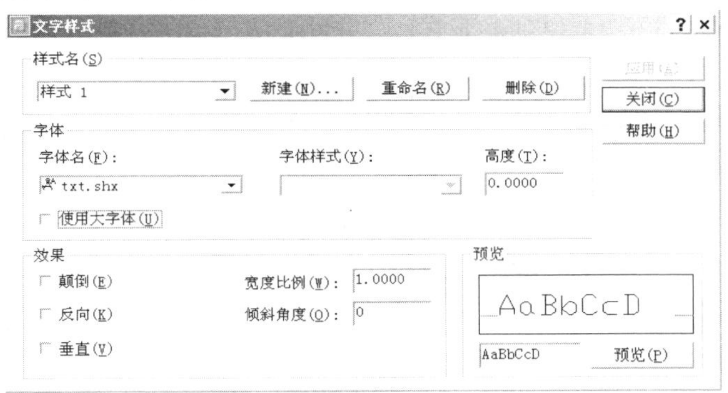

图 4.43

图 4.44 为不同设置下的文字效果。

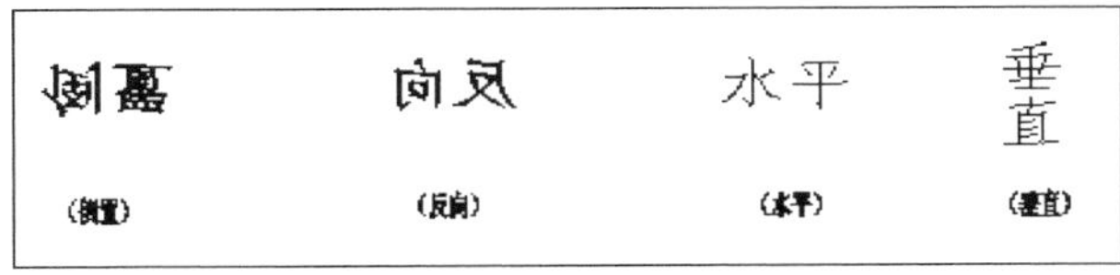

不同位置

宽高比为1
宽高比为1.5
宽高比为1.5

不同宽度比例

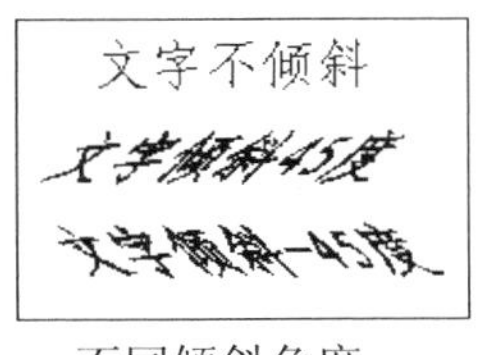

不同倾斜角度

图 4.44

2. 单行文字

对于不需要多种字体或多行文字的简短项，可以创建单行文字。单行文字对于标签非常方便。

1) 命令

菜单：绘图→文字→单行文字。

2) 功能

动态书写单行文字时，所输入的字符动态地显示在屏幕上，并用方框显示下一文字书写的位置。书写完一行文字后回车可继续输入另一行文字，但每一行文字为一个对象，可单独进行编辑修改。

3) 格式

指定文字的起点或 [对正(J)/样式(S)]: (点取一点作为文本的起始点)

指定高度<2.5000>: (确定字符的高度)

指定文字的旋转角度 <0>: (确定文本行的倾斜角度)

输入文字: (输入文字内容)

4) 选项及说明

- 指定文字的起点：可直接在作图屏幕上点取一点作为输入文字的起始点。
- 对正：用于选择输入文本的对正方式，对正方式决定文本的哪一部分与所选的起始点对齐。AutoCAD 提供了 14 种对正方式，这些对正方式都基于水平文本行定义的顶线、中线、基线和底线，以及 12 个对齐点：左上(TL)/左中(ML)/左下(BL)/中上(TC)/正中(MC)/中央(M)/中心(C)/中下(BC)/右上(TR)/右中(MR)/右(R)/右下(BR)，各对正点如图 4.45 所示。

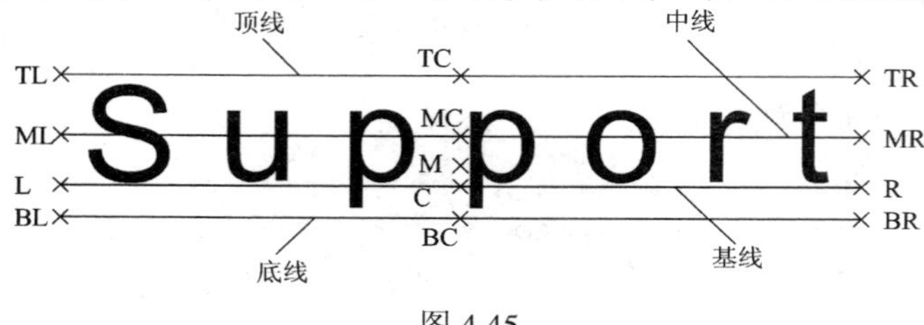

图 4.45

- 样式(S)：确定当前使用的文字样式。

5) 文字输入中的特殊字符

对于有些特殊字符，AutoCAD 提供了控制码的输入方法，常用控制码及其输入实例和输出效果如表 4.2 所示。

表 4.2

控制码	意　义	输入实例	输出效果
%%o	文字上划线开关	%%oAB	$\overline{\text{AB}}$
%%u	文字下划线开关	%%uAB%%uCD	$\underline{\text{ABCD}}$
%%d	度符号	45%%d	45°
%%p	正负公差符号	50%%p0.5	50±0.5
%%c	圆直径符号	%%c60	φ60

3. 多行文字

对于较长、较为复杂的内容，可以创建多行或段落文字。多行文字是由任意数目的文字行或段落组成的，布满指定的宽度。还可以沿垂直方向无限延伸。

无论行数是多少，单个编辑任务中创建的每个段落集将构成单个对象；用户可对其进行移动、旋转、删除、复制、镜像或缩放操作。

多行文字的编辑选项比单行文字多。例如，可以将对下划线、字体、颜色和高度的修改应用到段落中的单个字符、单词或短语。

1) 命令

菜单：绘图→文字→多行文字。

图标：“绘制”工具栏中的 **A** 。

2) 功能

利用多行文字编辑器书写多行段落文字，可以控制段落文字的宽度、对正方式、允许段落内文字采用不同字样、不同字高、不同颜色和排列方式，整个多行文字是一个对象。

3) 格式

当前文字样式: "Standard"

当前文字高度: 2.5

指定第一角点: (指定矩形框的第一个角点)

指定对角点或 [高度(H)/对正(J)/行距(L)/旋转(R)/样式(S)/宽度(W)]:

在此提示下指定矩形框的另一个角点，则显示一个矩形框，文字按缺省的左上角对正方式排列，矩形框内有一箭头表示文字的扩展方向。当指定第二角点后，弹出如图 4.46 所示的“多行文字编辑器”对话框，从该对话框中可输入和编辑多行文字，并进行文字参数的多种设置。

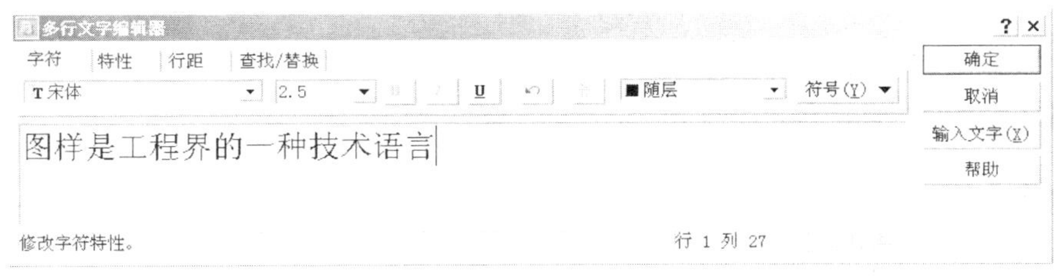

图 4.46

4) 对话框说明与操作

(1) “字符”选项卡(见图 4.46)：用于输入多行文字和修改多行文字中指定字符串的字符特性，如字体、字高、文字堆叠、颜色和插入特殊字符。修改多行文字的操作步骤为先选中字符串，然后单击相应的按钮。

(2) “特性”选项卡(见图 4.47)：用于修改多行文字整个对象的特性，包括样式、对正方式、宽度和旋转角度等。

(3) “行距”选项卡(见图 4.48)：用于修改多行文字的行间距。

(4) “查找/替换”选项卡(见图 4.49)：用于查找指定的字符串或用新字符串替代指定的字符串。

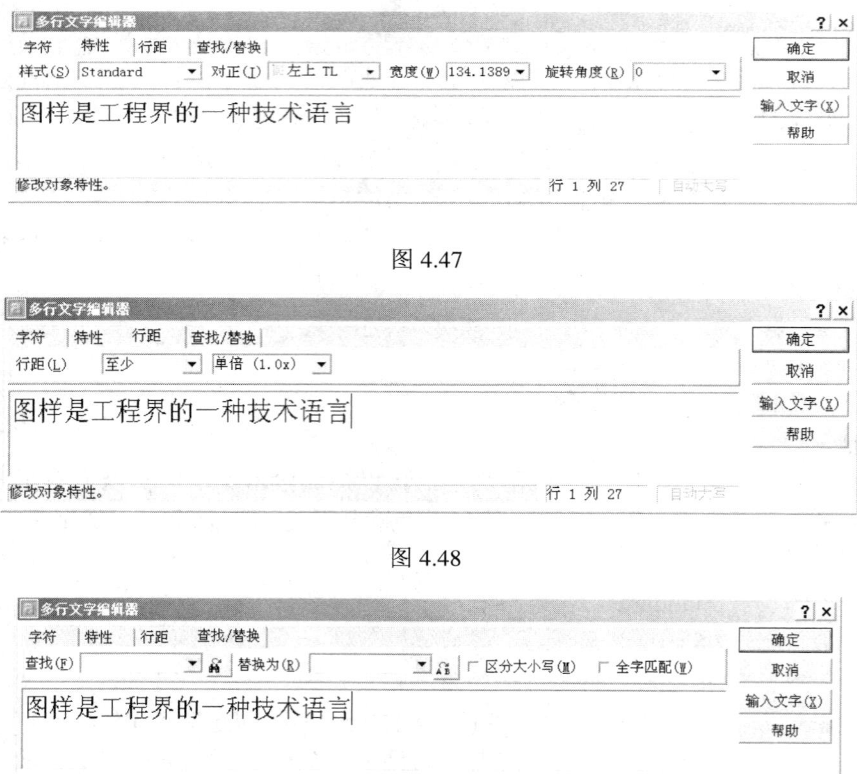

图 4.47

图 4.48

图 4.49

(5) “输入文字”按钮：用于将已有的纯文本文件或 .RTF 文件输入到编辑框中，而不必再逐字输入。

4.3.2 编辑文字

1. 命令

菜单：修改→文字。

图标：“修改”工具栏中的 A/。

2. 功能

修改已经绘制在图形中的文字内容。

3. 格式

选择注释对象或[放弃(U)]:

在此提示下选择想要修改的文字对象。如选取的文本是用 TEXT 命令创建的单行文本，则打开“编辑文字”对话框，在其中的“文字”文本框中显示出所选的文本内容，可直接对其进行修改，如图 4.50 所示。如选取的文本是用 MTEXT 命令创建的多行文本，选取后则打开“多行文字编辑器”对话框，可在该对话框中对其进行编辑，如图 4.51 所示。

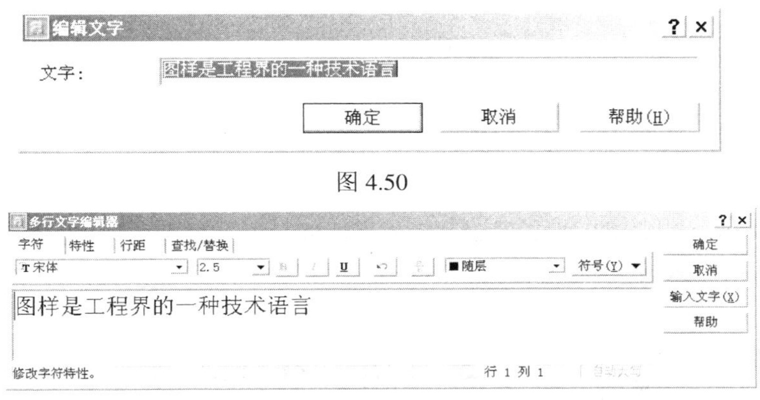

图 4.50

图 4.51

4.3.3　多行文字编辑器

1．命令

菜单：修改→对象特性。

图标：标准工具栏中的 。

2．功能

修改文字对象的各项特性。

3．格式

先选中需要编辑的文字对象，然后单击相应的工具栏图标或选择相应的菜单命令或输入命令后回车，AutoCAD 打开“特性“对话框，如图 4.52 所示，利用此对话框可方便地修改文字对象的内容、颜色、线型、位置、倾斜角度等属性。

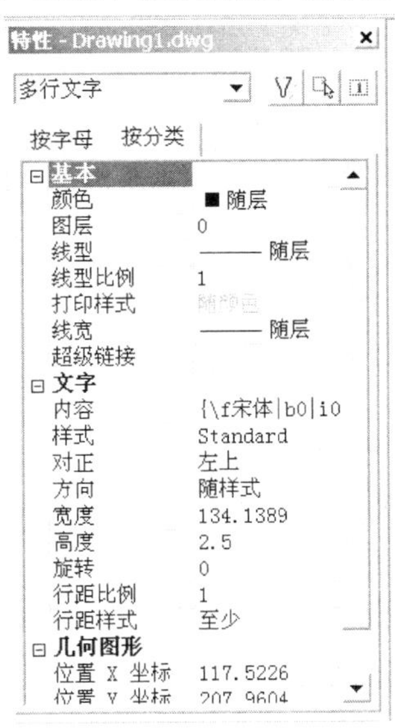

图 4.52

常见错误

混淆常用控制码的代表含义。

该你练了

(1) 建立名为“工程图”的工程制图用文字样式，字体采用仿宋体，常规字体样式，固定字高为 10 mm，宽度比例为 0.707。然后输入单行文字“图样是工程界的一种技术语言”(效果见图 4.53)。

图样是工程界的一种技术语言

图 4.53

(2) 建立一个名为“机械图”的工程制图用文字样式，字体采用仿宋体，常规字体样式，固定字高为 16 mm，宽度比例为 0.66。然后分别用单行文字和多行文字命令输入你的校名、班级和姓名。最后用编辑文字命令将你的姓名修改为你的一位同学的姓名。

(3) 输入下述文字和符号：

$$45^\circ \quad \phi 60 \quad 100\pm0.1$$

$$123\underline{456} \quad \text{Auto}\overline{\text{CAD}}$$

4.4 块

对于在绘图中反复出现的“图形”(它们往往是多个图形对象的组合)，不必再重复劳动，一遍又一遍地画，而只需将它们定义成一个块，在需要的位置插入它们。还可以给块定义属性，在插入时填写可变信息。

4.4.1 块定义

1. 命令

菜单：绘图→块→创建。

图标：“绘图”工具栏中的。

2. 功能

以对话框方式创建块，弹出“块定义”对话框，见图 4.54。

3. “块定义”对话框内各项的含义

● 名称：在名称输入框中指定块名，它可以是中文或字母、数字、下划线构成的字符串。

● 基点：在块插入时作为参考点。可以用两种方式指定基点：一是单击“拾取点”按钮，在图形窗口中给出一点；二是直接输入基点的 X、Y、Z 坐标值。

● 对象：指定定义在块中的对象。可用构造选择集的各种方式，将组成块的对象放入选择集。选择完毕，重新显示对话框，并在选项组下部显示：“已选择 x 个对象。”

● 保留：保留构成块的对象。

● 删除：定义块后，生成块的对象被删除。可用 OOPS 命令恢复构成块的对象。

注意：

① 用 BMAKE 命令定义的块称为内部块，它保存在当前图形中，且只能在当前图形中用块插入命令引用；

② 块可以嵌套定义，即块成员可以包括块插入。

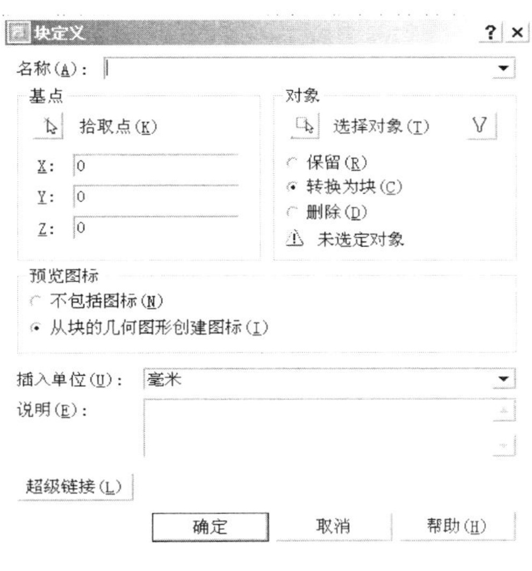

图 4.54

4. 块定义的操作步骤

下面以定义名为“粗糙度”的块(见图 4.55)为例，介绍块定义的具体操作步骤。

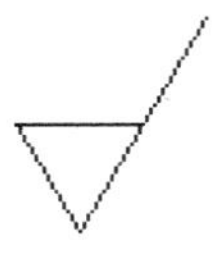

图 4.55

(1) 画出块定义所需的图形。

(2) 调用 BMAKE 命令，弹出“块定义”对话框。

(3) 输入块的名称“粗糙度”。

(4) 用“拾取点”按钮在图形中拾取基准点，也可以直接输入坐标值。

(5) 用“选择对象”按钮在图形中选择定义块的对象，对话框中显示块成员的数目。

(6) 若选中“保留”复选框，则块定义后保留原图形，否则原图形将被删除。

(7) 按“确定”按钮，完成块“粗糙度”的定义，它将保存在当前图形中。

4.4.2　块插入

1．命令

菜单：插入→块。

图标："绘图"工具栏中的。

2．功能

点击"插入"命令，选择"块"，弹出"插入"对话框(见图 4.56)，将块或另一个图形文件按指定位置插入到当前图中。插入时可改变图形的 X、Y 方向上的比例和旋转角度。

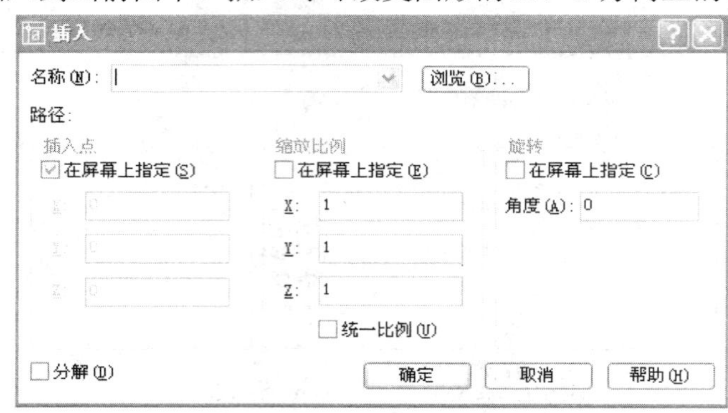

图 4.56

3．对话框操作说明

(1) 利用"名称"下拉列表框，可弹出当前图中已定义的块名表供选用。

(2) 利用"浏览..."按钮，弹出"选择文件"对话框，可选一图形文件插入到当前图形中，并在当前图形中生成一个内部块。

(3) 可在对话框中，用输入参数的方法指定插入点、缩放比例和旋转角度。若选中"在屏幕上指定"复选框，则可在命令行依次出现相应的提示：

指定插入点或 [比例(S)/X/Y/Z/旋转(R)/预览比例(PS)/PX/PY/PZ/预览旋转(PR)]:

输入 X 比例因子，指定对角点，或 [角点(C)/XYZ] <1>:

输入 Y 比例因子或<使用 X 比例因子>:

指定旋转角度 <0>:

其中：

角点(C)：确定一矩形两个角点的方式，对应给出 X、Y 方向的比例值。

XYZ：用于确定三维块插入，给出 X、Y、Z 三个方向的比例因子。比例因子若使用负值，可产生对原块定义镜像插入的效果。

(4) "分解"复选框：选中该复选框，则块插入后是分解为构成块的各成员对象；反之块插入后是一个对象。

4．块和图层、颜色、线型的关系

块插入后，插入体的信息(如插入点、比例、旋转角度等)记录在当前图层中，插入体的

各成员一般继承各自原有的图层、颜色、线型等特性。但若块成员画在“0”层上，且颜色或线型使用(随层)，则块插入后，该成员的颜色或线型采用插入时当前图层的颜色或线型，称为“0”层浮动；若创建块成员时，对颜色或线型使用(随块)，则块成员采用白色与连续线绘制，而在插入时则按当前层设置的颜色或线型画出。

5．单位块的使用

为了控制块插入时的形状大小，可定义单位块。如定义一个 1×1 的正方形为块，则插入时，X、Y 方向的比例值就直接对应所画矩形的长和宽。

【例 4.2】　运用块“梅花鹿”构成“梅花鹿一家”，如图 4.57 所示。

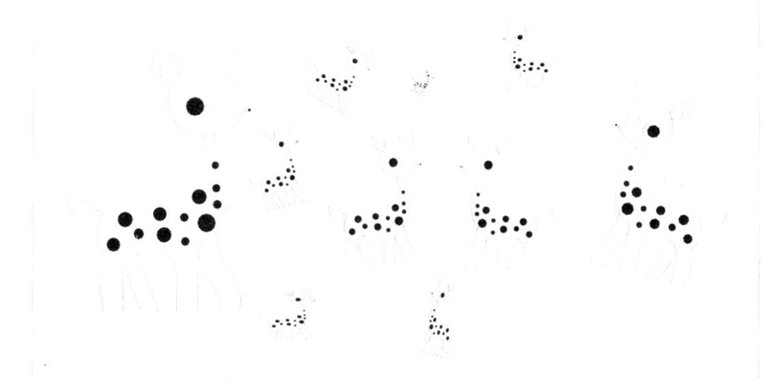

图 4.57

4.4.3　定义属性

1．命令

菜单：绘图→块→定义属性。

2．功能

通过“属性定义”对话框创建属性定义，见图 4.58。

图 4.58

3. 使用属性的操作步骤

以图 4.59 为例，布置一办公室，各办公桌应注明编号、姓名、年龄等说明，则可以使用带属性的块定义，然后在块插入时给属性赋值。

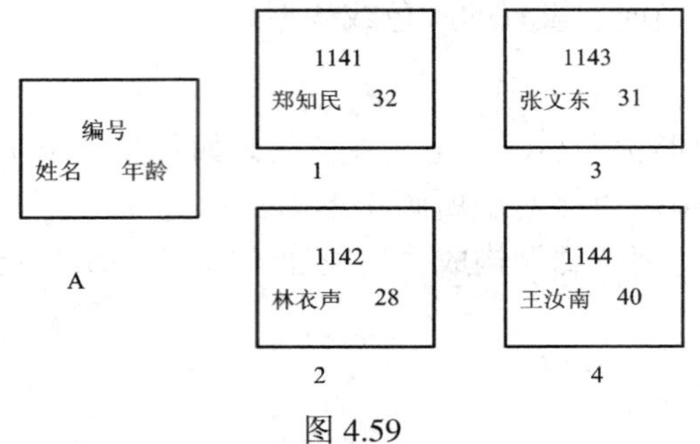

图 4.59

(1) 画出相关的图形。

(2) 调用 DDATTDEF 命令，打出“属性定义”对话框。

(3) 在“模式”选项组中，规定属性的特性，如属性值可显示为“可见”或“不可见”，属性值可以是“固定”或“非常数”等。

(4) 在“属性”选项组中，输入属性标记(如“编号”)、属性提示(若不指定则用属性标记)及属性值(指属性缺省值，可不指定)。

(5) 在“插入点”选项组中，指定字符串的插入点，可用“拾取点”按钮在图形中定位，或直接输入插入点的 X、Y、Z 坐标。

(6) 在“文字选项”选项组中，指定字符串的对正方式、文字样式、字高和字符串旋转角度。

(7) 点击“确定”按钮即定义了一个属性，此时在图形相应的位置会出现该属性的标记“编号”。

(8) 同理，重复步骤(2)～(7)可定义属性“姓名”和“年龄”。

(9) 调用 BMAKE 命令，把办公桌及三个属性定义为块“办公桌”，其基准点为 A(见图 4.59)。

4. 属性赋值的步骤

(1) 调用 DDINSERT 命令，指定插入块为“办公桌”。

(2) 在图 4.58 中，指定插入基准点为 1，指定插入的 X、Y 比例，旋转角度为 0，由于“办公桌”带有属性，系统将出现属性提示(“编号”、“姓名”和“年龄”)应依次赋值，在插入基准点 1 处插入“办公桌”。

(3) 同理，再调用 DDINSERT 命令，在插入基准点 2、3、4 处依次插入“办公桌”，即完成图 4.59。

4.4.4 块存盘

1. 命令

命令行：WBLOCK(或 W)。

2. 功能

将当前图形中的块或图形存为图形文件，以便其他图形文件引用(又称“外部块”)。

3. 操作及说明

输入块存盘命令后，屏幕上将弹出“写块”对话框(见图 4.60)。

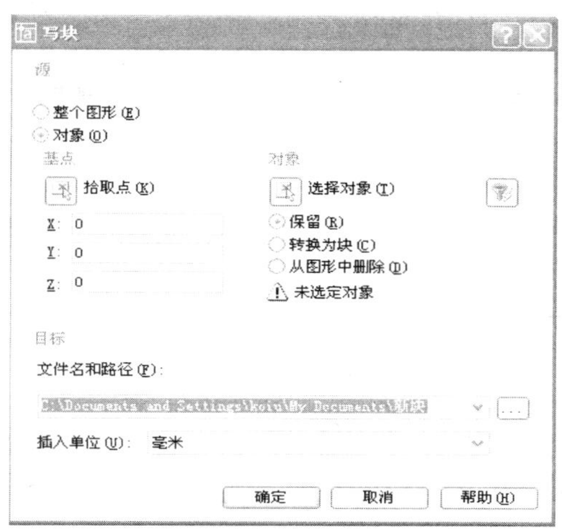

图 4.60

(1) “源”选项组：指定存盘对象的类型。

- 块：当前图形文件中已定义的块，可从下拉列表中选定。
- 整个图形：将当前图形文件存盘，相当于 SAVEAS 命令，但未被引用过的命名对象，如块、线型、图层、字样等不写入文件。
- 对象：将当前图形中指定的图形对象赋名存盘，相当于在定义图块的同时将其存盘。此时可在“基点”和“对象”选项组中指定块基点及组成块的对象和处理方法。

(2) “目标”选项组：指定存盘文件的有关内容。

- 文件名：存盘的文件名。文件名可以与被存盘块名相同，也可以不同。
- 位置：指定存盘文件的路径。
- 插入单位：图形的计量单位。

常见错误

(1) 定义块时忘记插入基点的设置。

(2) 块属性标签定义不明确，给插入块时带来麻烦。

该你练了

(1) 设计如图 4.61 所示的标题栏，其中属性 A、B、C、D 设计成变量。

<table>
<tr><td colspan="3" rowspan="2">零件名称</td><td>比例</td><td>属性C</td><td></td></tr>
<tr><td>材料</td><td>属性D</td><td></td></tr>
<tr><td>设计</td><td>属性A</td><td></td><td colspan="3" rowspan="2">设计单位</td></tr>
<tr><td>校核</td><td>属性B</td><td></td></tr>
</table>

图 4.61

(2) 绘制图 4.62 和图 4.63(尺寸自定义)，并标注所有粗糙度。

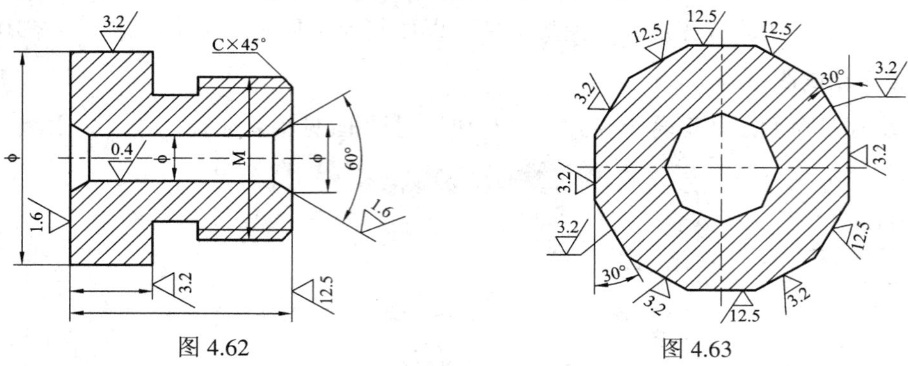

图 4.62　　　　图 4.63

(3) 绘制图 4.64 所示的图形。

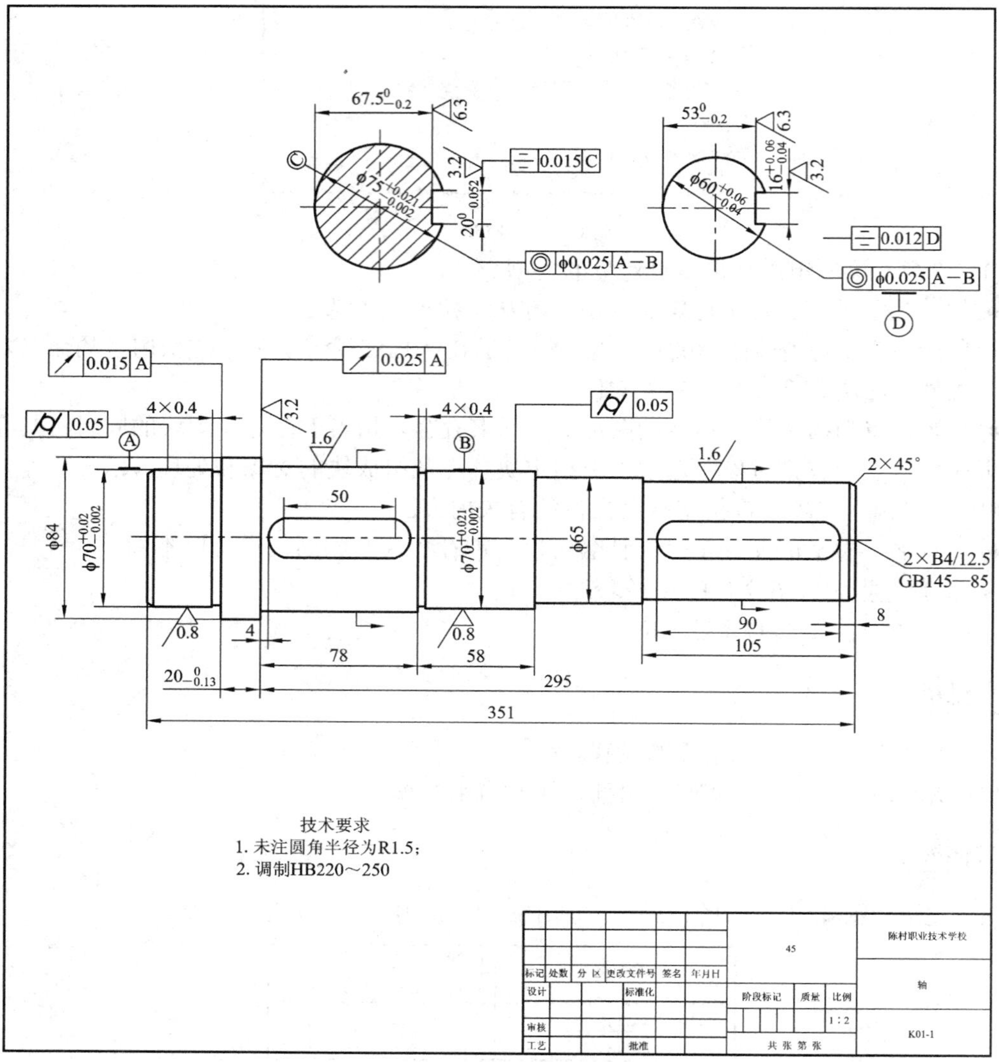

技术要求
1. 未注圆角半径为R1.5；
2. 调制HB220～250

标记	处数	分区	更改文件号	签名	年月日	45			陈村职业技术学校
设计		标准化				阶段标记	质量	比例	轴
								1∶2	
审核									K01-1
工艺		批准				共 张 第 张			

图 4.64

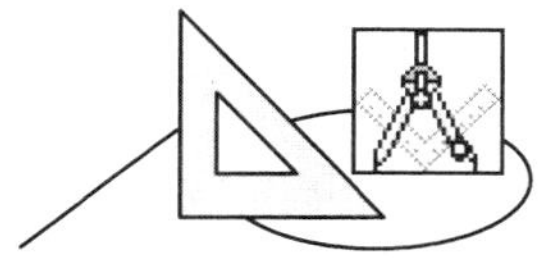

第5章 装 配 图

装配图是用来表示机器或部件的图样。它反映了机器或部件的整体结构、工作原理、零件之间的装配关系，是设计和绘制零件图的主要依据，也是产品装配、调试、安装、维修等环节中的主要技术文件。

本章主要介绍用 AutoCAD 画装配图的方法以及拆画零件图的方法。注意：装配图的内容、表达方法、规定画法、简化画法、尺寸注法、零件序号、明细栏、技术要求等知识点在《机械制图》等教材中已有阐述，这里不再重复，不过这些知识点很重要，请各位读者务必在掌握这些相关知识点、读懂装配图的前提下，再来学习本章内容。

5.1 装配图的画法

下面介绍用 AutoCAD 绘制装配图的常用方法。

5.1.1 插入图形文件拼画法

插入图形文件拼画法是利用多文档环境的编辑操作，打开多个图形文件，在图纸之间复制、粘贴对象，将组成机器或部件的各个零件的图形直接拷贝过来，移动图形到图幅内，利用对象捕捉准确地找到基准点拼画成装配图。此方法较为常用。

下面以图 5.1 所示滚轮架为例来说明用 AutoCAD 绘制滚轮架装配图的详细步骤。(光盘中附有录像教程)

1. 对所画对象进行剖析

在画装配图之前，最好对所画的对象有深入的了解，搞清楚机器或部件的用途、工作原理、零件之间的装配关系及相对位置等，然后才着手画图。

从装配图可以看出各零件的结构形状和装配位置关系。可以先从滚轮 1 两端装入两个衬套 2，靠零件端面定位，再将支承轴 4 装入衬套 2 内，然后将两个支架 5 装入支承轴 4 两端，用紧定螺钉 3 固定，最后用螺钉 8(带垫圈 7)整体固定在底座 6 上，也是靠支架下侧面和底座凸台侧面定位。

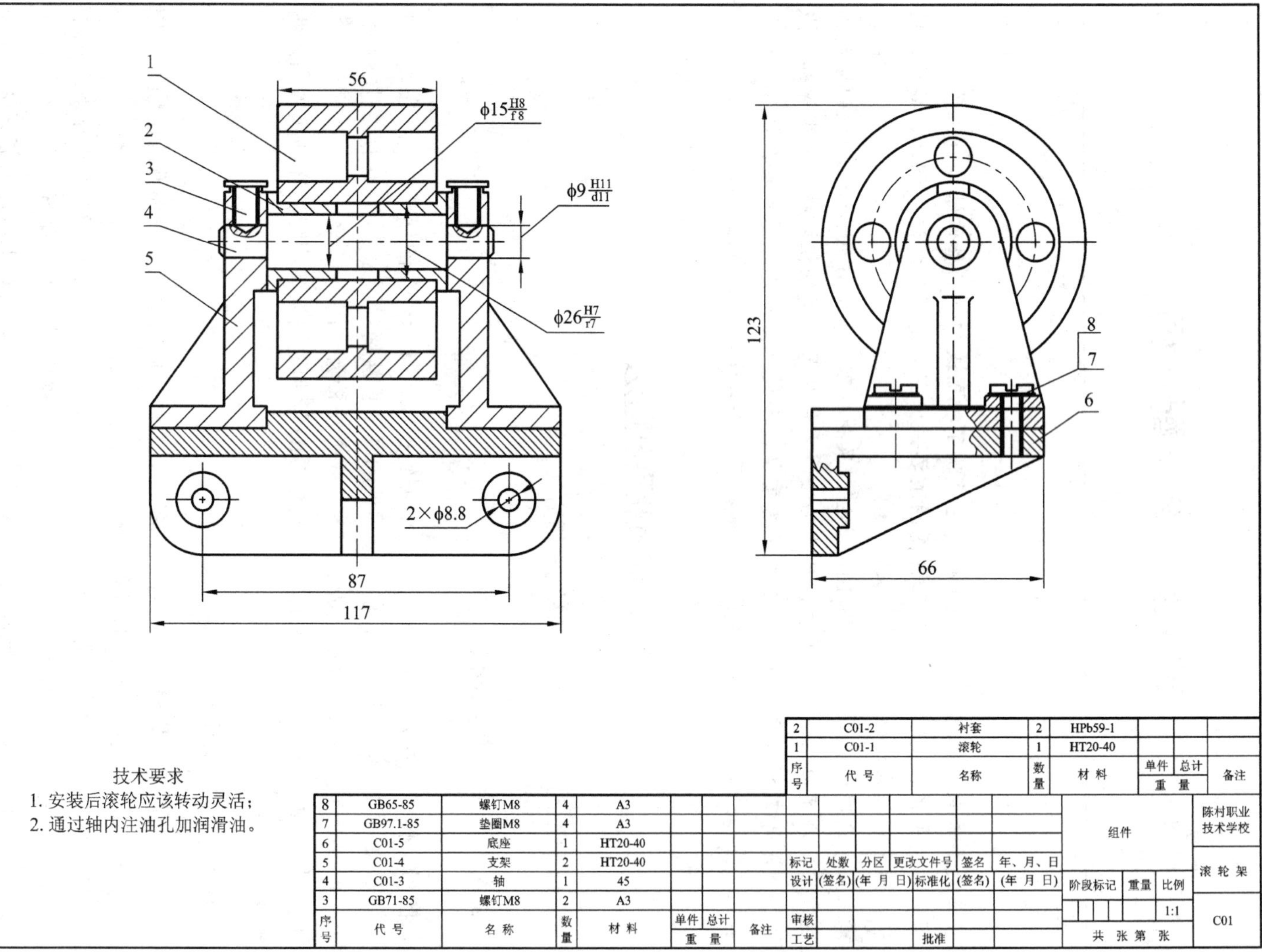

技术要求
1. 安装后滚轮应该转动灵活；
2. 通过轴内注油孔加润滑油。
56
87
117
123
66
2×φ8.8
φ15H8/f8
φ9H11/d11
φ26H7/r7
1
2
3
4
5
6
7
8
2 C01-2 衬套 2 HPb59-1
1 C01-1 滚轮 1 HT20-40
序号 代号 名称 数量 材料 单件重量 总计重量 备注
8 GB65-85 螺钉M8 4 A3
7 GB97.1-85 垫圈M8 4 A3
6 C01-5 底座 1 HT20-40
5 C01-4 支架 2 HT20-40
4 C01-3 轴 1 45
3 GB71-85 螺钉M8 2 A3
序号 代号 名称 数量 材料 单件重量 总计重量 备注
标记 处数 分区 更改文件号 签名 年、月、日
设计 (签名) (年 月 日) 标准化 (签名) (年 月 日)
审核
工艺
批准
组件
阶段标记 重量 比例
1:1
共 张 第 张
陈村职业技术学校
滚轮架
C01

图 5.1

2. 绘制装配图

本节给出的是用 AutoCAD 中文版绘制滚轮架装配图的详细方法和步骤。步骤如下：

1) 画好主要零件图

分别调出零件图样板(零件图样板在零件图部分已创建)，按 1∶1 画好滚轮 1、衬套 2、支承轴 4、支架 5、底座 6 的零件图，先不用标注尺寸。(配套光盘中配备有本实例的所有零件图。)

2) 制定装配图样板

根据所画对象的大小和复杂程度决定绘图的比例为 1∶1，图幅为 A3(420×297)。调用 A3 零件图样板，在标题栏上面绘制明细表，如图 5.2 所示，保存为图形样板 dwt 格式，直接保存在默认目录下，文件名可为 A3 组，以后每次画装配图均可调用此样板。

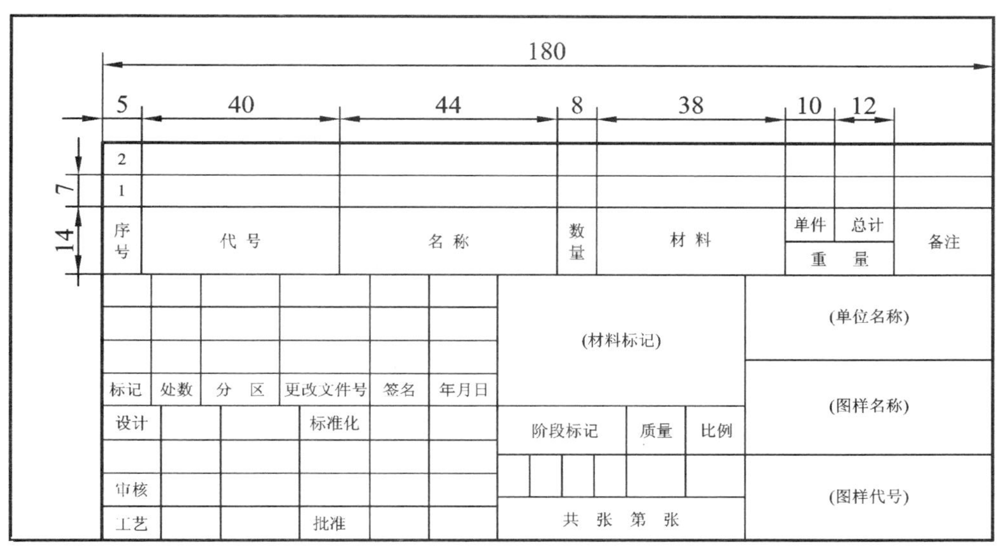

图 5.2

3) 拼画装配图

(1) 用新建命令调出装配图样板 A3 组。利用多文档环境的编辑操作，打开上面已经绘制好的零件图，在图纸之间用复制、粘贴命令把零件图全部拷贝到装配图的绘图区域，如图 5.3 所示。

(2) 把滚轮 1 零件图移进图幅内，调整好位置，保证三视图的“三等关系”。如图 5.4 所示。

(3) 把衬套 2 的零件图按装配关系复制到滚轮 1 的两个视图上。主视图定位基准是衬套零件的端面与滚轮的左侧端面的对齐线，利用移动加捕捉命令移到左边合适的位置，再以中心线为基准镜像右侧衬套。左视图定位基准为圆心，并擦除遮挡线，如图 5.5 所示。

(4) 把支承轴 4 零件图按装配关系移到合适位置，主视图的定位基准是中心线基准，并且支承轴 4 两台阶与衬套 2 两个端面对齐，擦除遮挡线。左视图对应绘制。如图 5.6 所示。

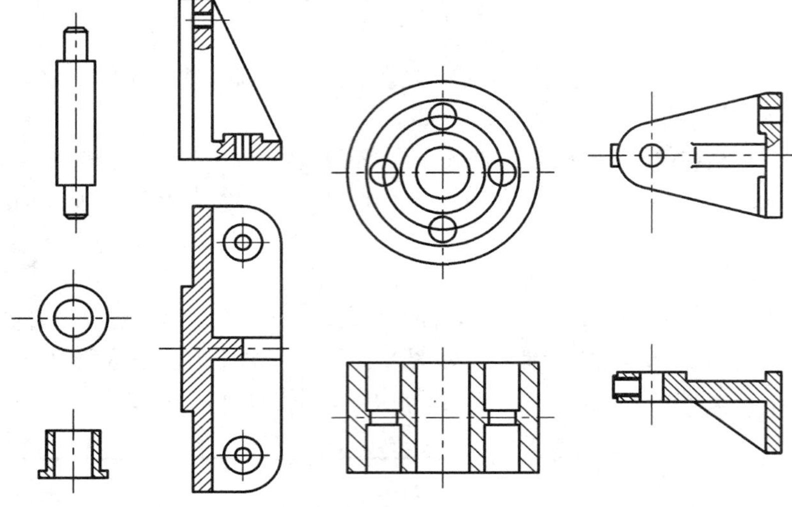

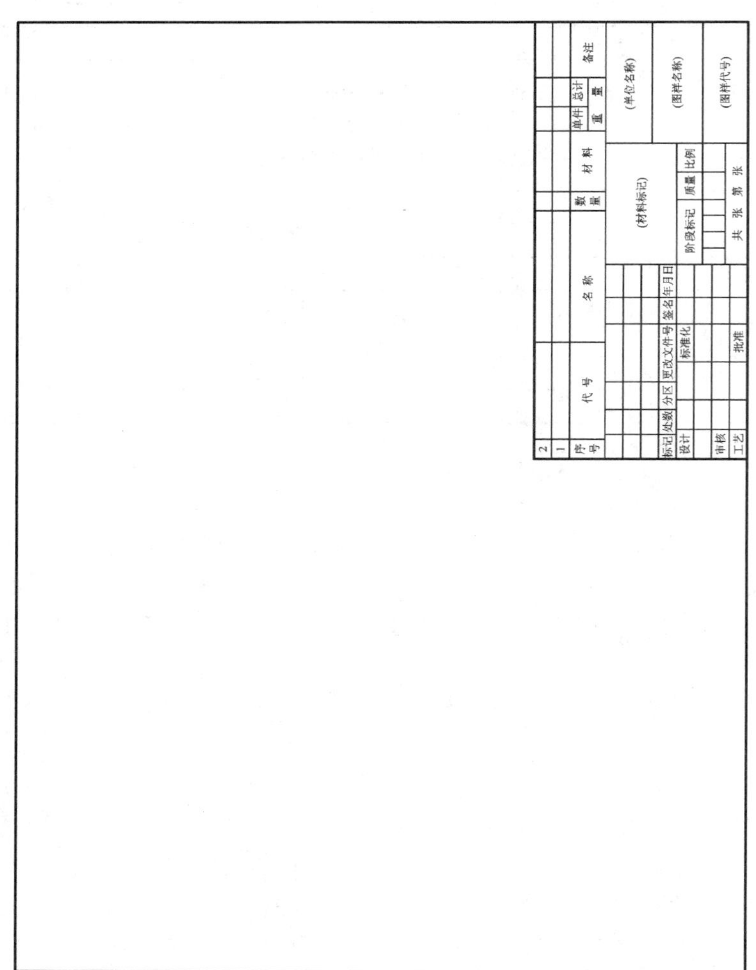
2
1
序号
代号
名称
数量
材料
单件重量
总计重量
备注
(单位名称)
(材料标记)
(图样名称)
(图样代号)
标记
处数
分区
更改文件号
签名
年月日
设计
标准化
阶段标记
质量
比例
审核
工艺
批准
共　张　第　张

图 5.3

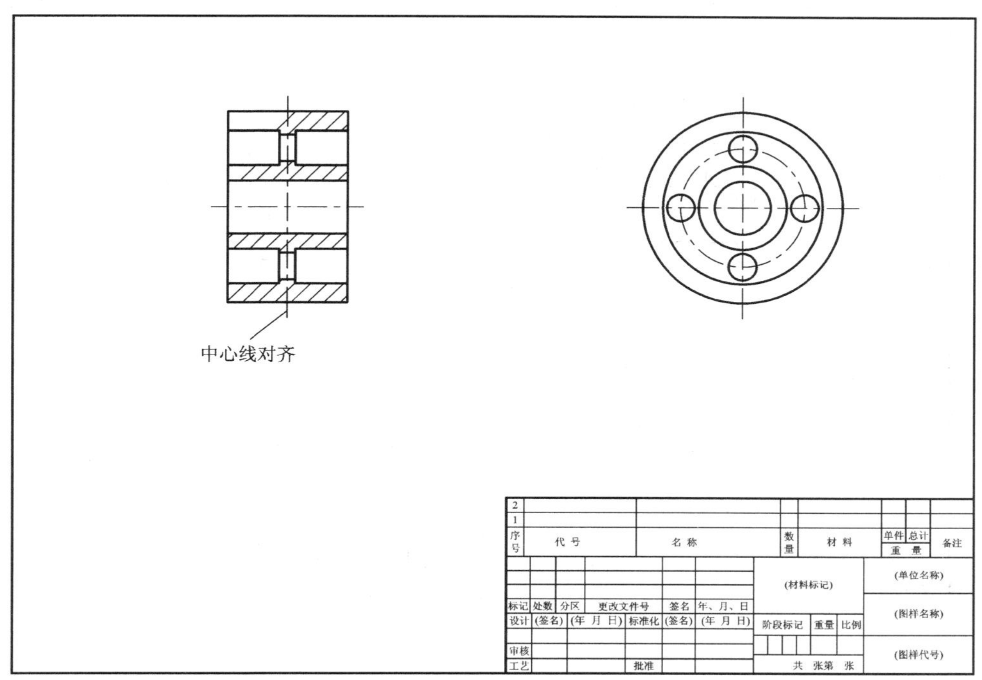
中心线对齐
2
1
序号
代号
名称
数量
材料
单件 总计
重量
备注
(材料标记)
(单位名称)
标记 处数 分区 更改文件号 签名 年、月、日
设计 (签名) (年 月 日) 标准化 (签名) (年 月 日)
阶段标记 重量 比例
(图样名称)
审核
工艺 批准
共 张第 张
(图样代号)

图 5.4

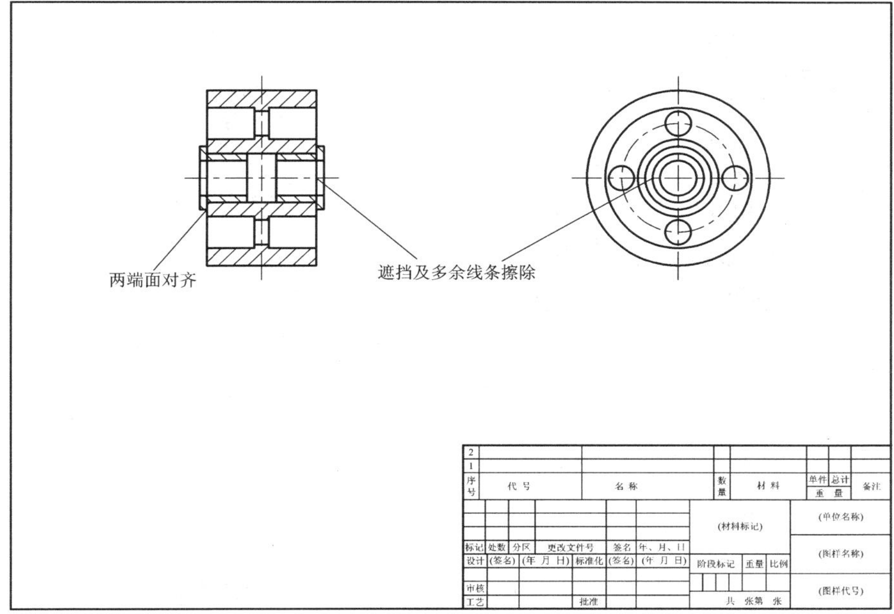
两端面对齐
遮挡及多余线条擦除
2
1
序号
代号
名称
数量
材料
单件 总计
重量
备注
(材料标记)
(单位名称)
标记 处数 分区 更改文件号 签名 年、月、日
设计 (签名) (年 月 日) 标准化 (签名) (年 月 日)
阶段标记 重量 比例
(图样名称)
审核
工艺 批准
共 张第 张
(图样代号)

图 5.5

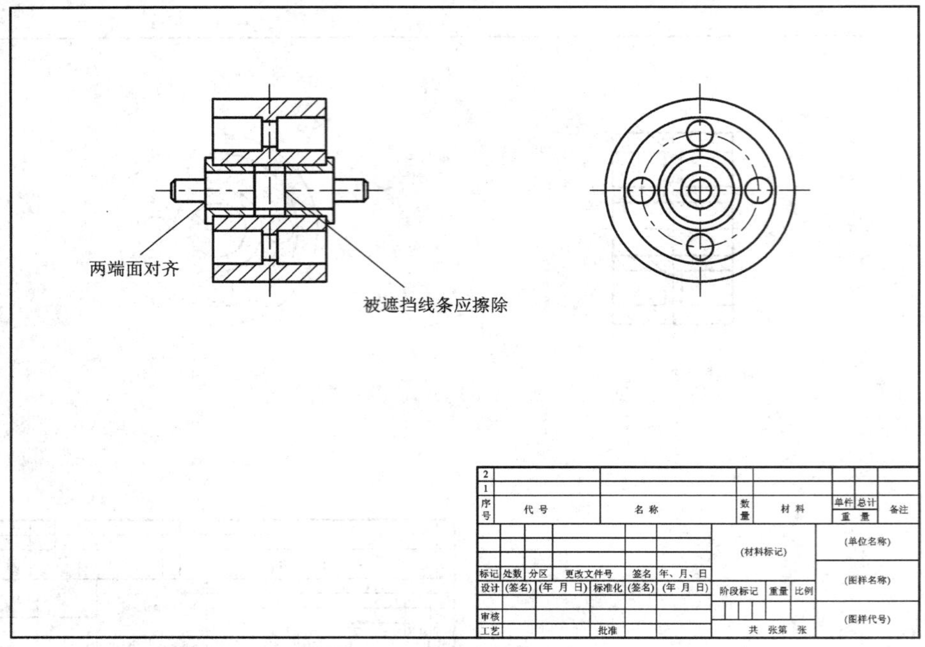

图 5.6

(5) 把支架 5 零件图按对应装配关系移到合适位置，定位基准是中心线基准，并且支架 5 端面两台阶与衬套 2 两个外端面对齐，擦除遮挡线，如图 5.7 所示。

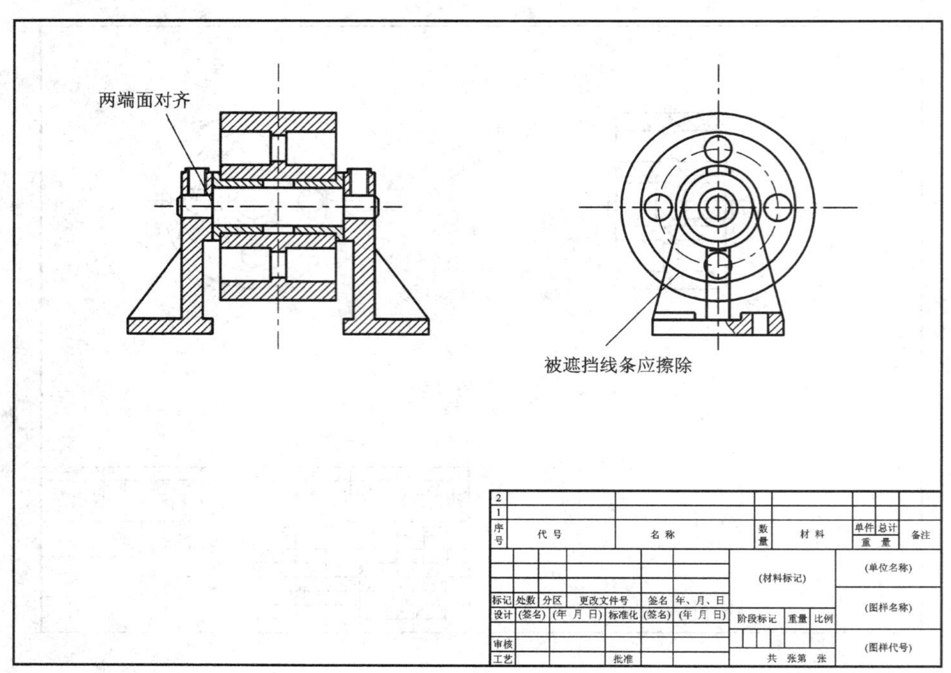

图 5.7

(6) 把底座 6 按对应的装配关系移到合适位置，并擦除遮挡线，如图 5.8 所示。

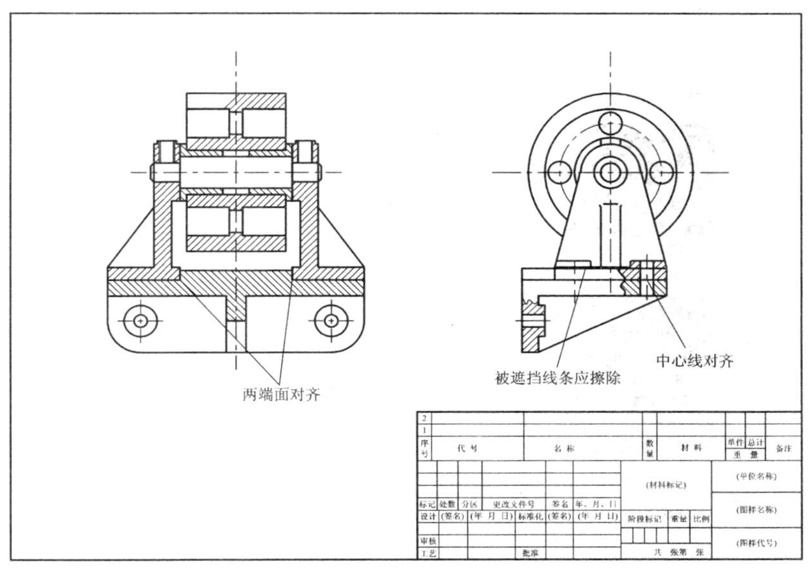

图 5.8

4) 以图块形式插入标准紧固件(紧定螺钉 3、螺钉 8 和垫圈 7)

(1) 根据机械设计手册的要求和自己的需求创建常用标准件图块库，再从图块库里把紧定螺钉 3、螺钉 8 及垫圈 7 以图块形式插入。

(2) 安装清华天河 PCCAD 以配合 AutoCAD 使用。清华天河 PCCAD 的参数化图库里有现成的常用标准件图形库，可以直接根据标准件的规格调用。现在以插入螺钉 3 为例，具体操作步骤如下：

① 执行菜单命令“PCCAD2006”→“参数化国标图库…”(如图 5.9 所示)，出现如图 5.10 所示的对话框。

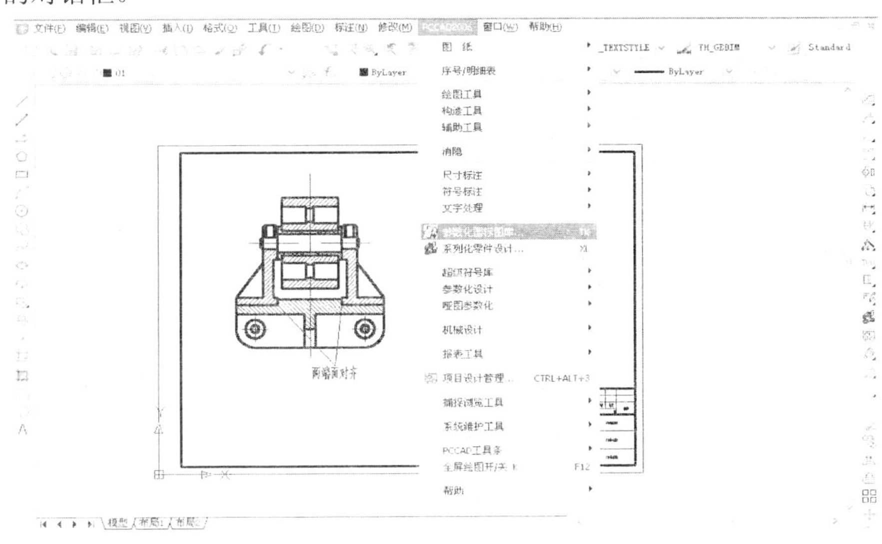

图 5.9

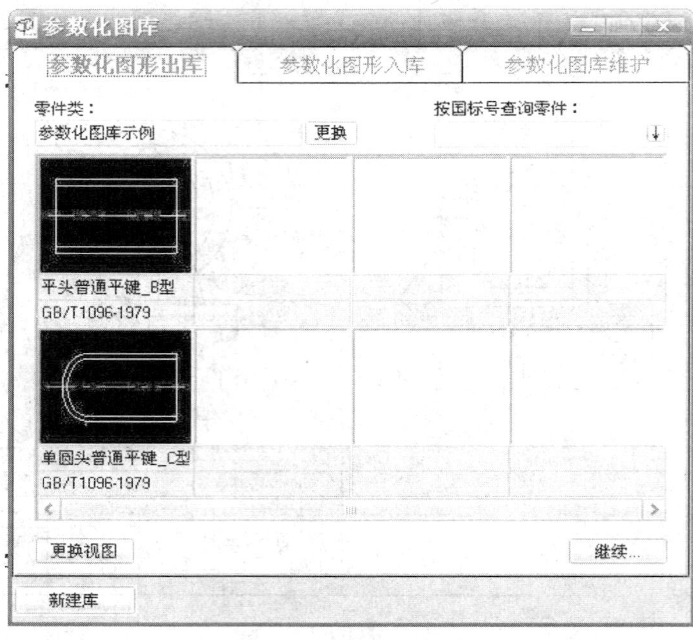

图 5.10

② 点击“更换”，对话框转变为如图 5.11 所示。

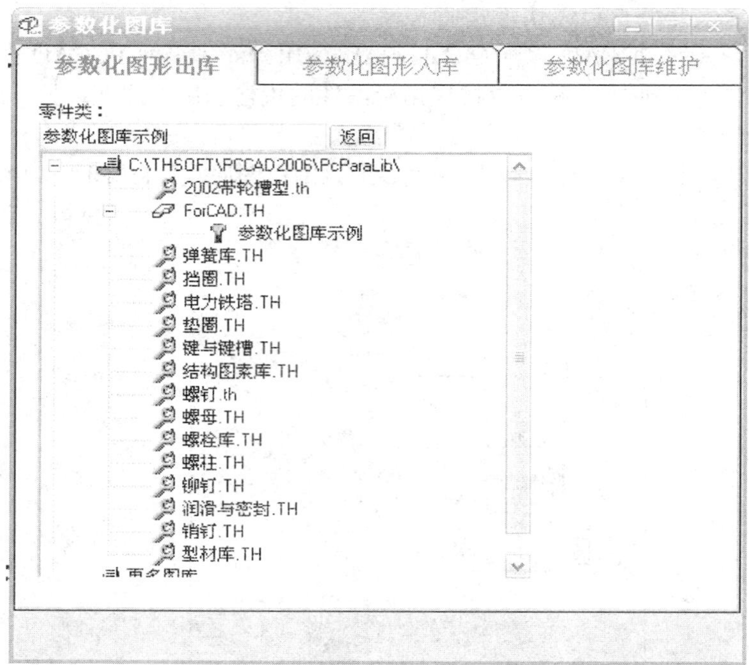

图 5.11

③ 单击“螺钉.th”，对话框转变为如图 5.12 所示。

④ 单击“开槽、十字槽螺钉”，对话框转变为如图 5.13 所示。

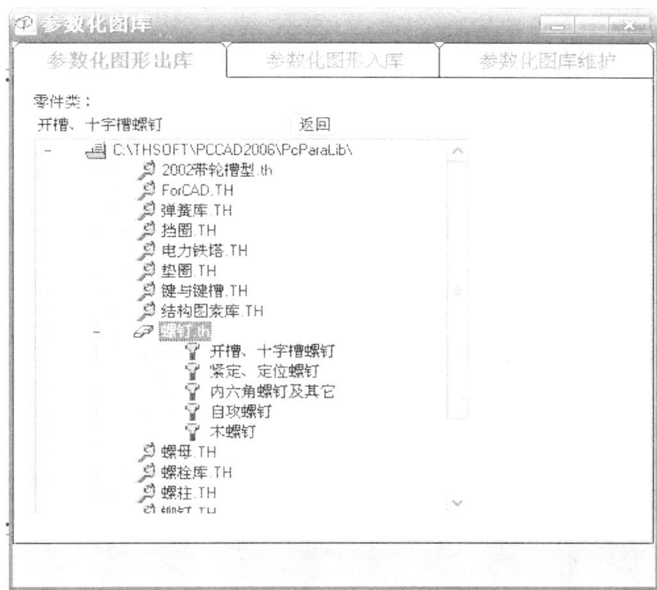

图 5.12

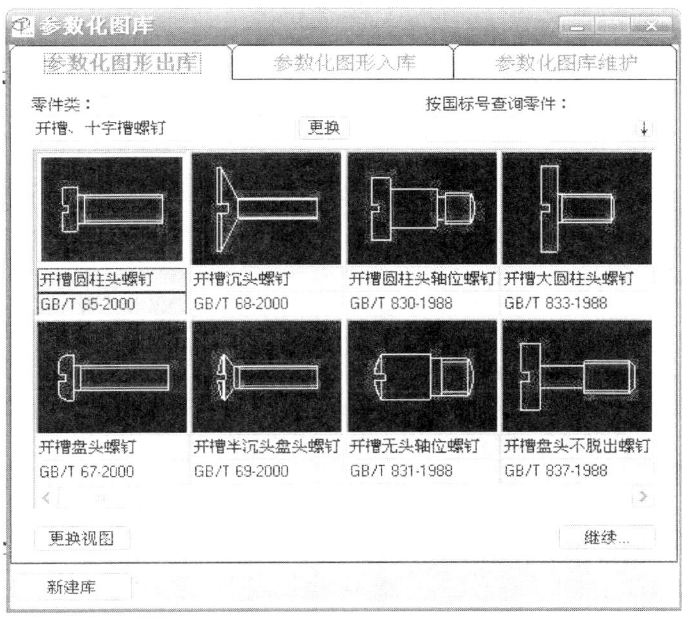

图 5.13

⑤ 在“按国标号查询零件”处找到 GB/T 71—1985 并双击，对话框转变为如图 5.14 所示。

⑥ 第一个就是我们要找的螺钉 3，点击“继续”，出现如图 5.15 所示的对话框，选择我们所需要的规格 M5，设定长度为 12，点击“生成”，就可以把螺钉 3 调入图幅中，利用对象捕捉移到合适的位置再进行编辑。

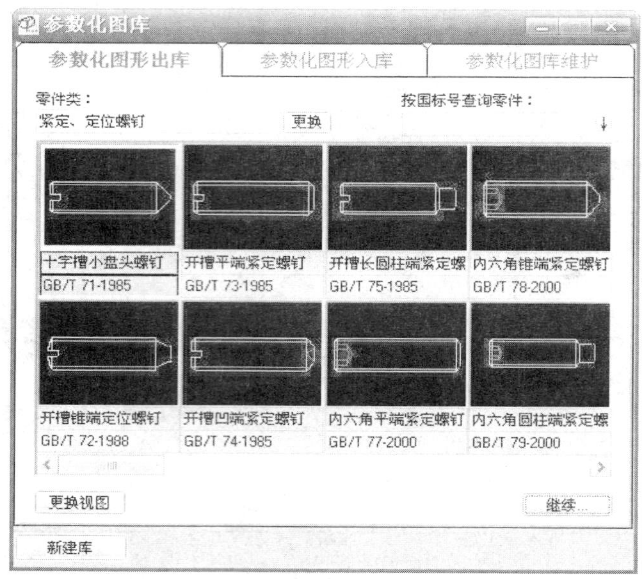

图 5.14

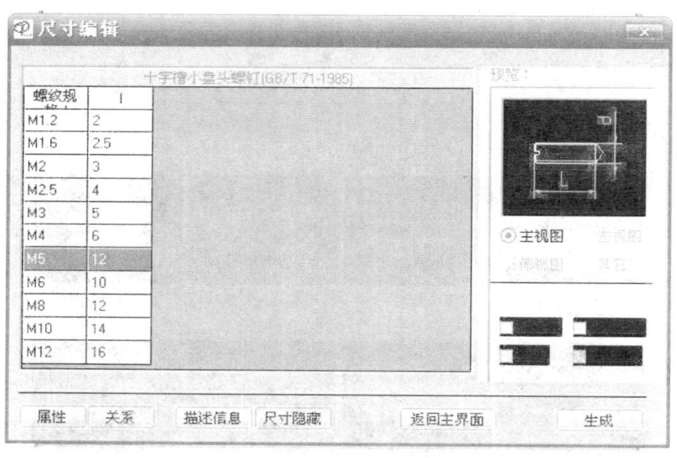

图 5.15

(3) 紧定螺钉 3、螺钉 8 及垫圈 7，插入后如图 5.16 所示。

这里需要说明的是，如果标准件作为图块调入时，因为标准件是图块，所以不能单独清除其中的某些线条，除非把图块炸开。一般做法是用“分解”命令将插入的图块分解后，再用“删除”及“修剪”等命令清除图面上的多余线条。细部结构(如紧定螺钉连接处局部剖切处)应仔细画好。

5) 装配图尺寸标注和零件序号标注

根据装配图尺寸标注和零件序号标注的要求，标注装配图尺寸和零件序号。

标注装配尺寸 $\phi15\dfrac{H8}{58}$、$\phi9\dfrac{H11}{d11}$、$\phi26\dfrac{H7}{r7}$，标注连接尺寸 $2\times\phi8.8$，标注安装尺寸 87，标注外形尺寸 117、123、66，按逆时针标注零件序号，如图 5.17 所示。

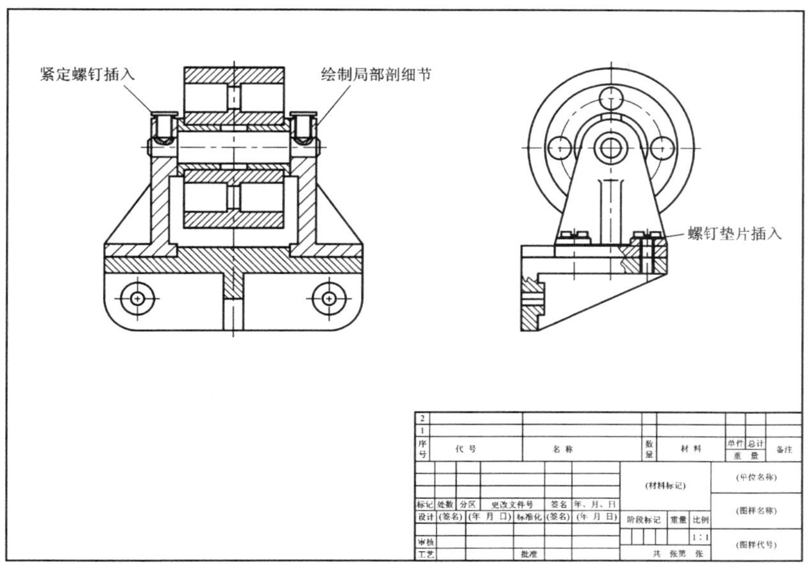

图 5.16

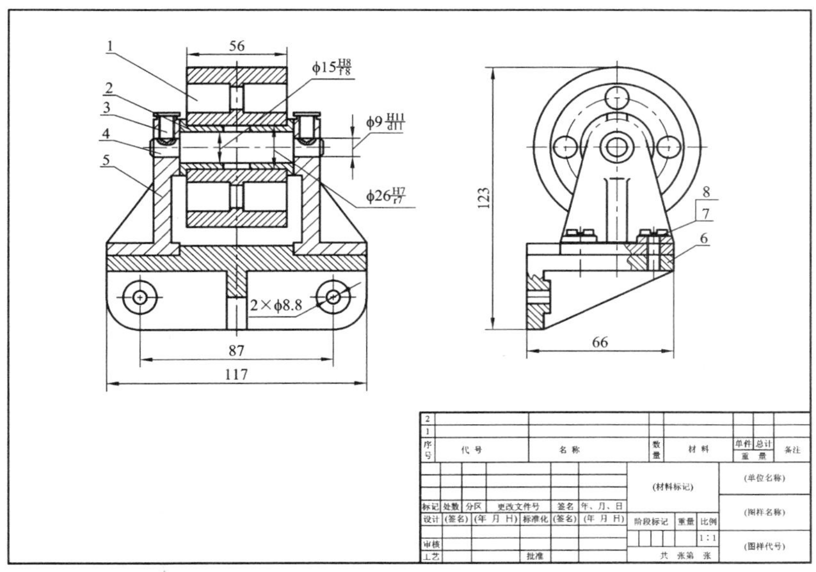

图 5.17

AutoCAD 没有专门标注装配图配合尺寸的功能，所以在标注装配图的配合尺寸时应该使用 AutoCAD 的多行文字编辑器，使用“堆叠”编辑方法来标注配合尺寸 $\phi26\dfrac{H7}{r7}$ 等。

AutoCAD 也没有专门的标注装配图零件序号的功能，建议使用“引线”命令来标注装配图零件序号。

6) 填写装配图明细栏、标题栏及技术要求

根据装配图填写明细表、标题栏和技术要求的要求，填写装配图明细栏、标题栏及技术要求，如图 5.18、图 5.19 和图 5.20 所示。

注：代号是装配图和零件图编号或标准件的标准编号。

2	C01-2	衬套	2	HPb59-1			
1	C01-1	滚轮	1	HT20-40			
序号	代 号	名称	数量	材 料	单件	总计	备注
					重 量		

						组件			陈村职业技术学校
标记	处数	分区	更改文件号	签名	年、月、日				滚 轮 架
设计	(签名)	(年 月 日)	标准化	(签名)	(年 月 日)	阶段标记	重量	比例	
								1:1	C01
审核									
工艺			批准			共 张 第 张			

图 5.18

8	GB65—85	螺钉M8	4	A3			
7	GB97.1—85	垫圈M8	4	A3			
6	C01-5	底座	1	HT20-40			
5	C01-4	支架	2	HT20-40			
4	C01-3	轴	1	45			
3	GB71—85	螺钉M8	2	A3			
序号	代号	名称	数量	材 料	单件	总计	备注
					重 量		

图 5.19

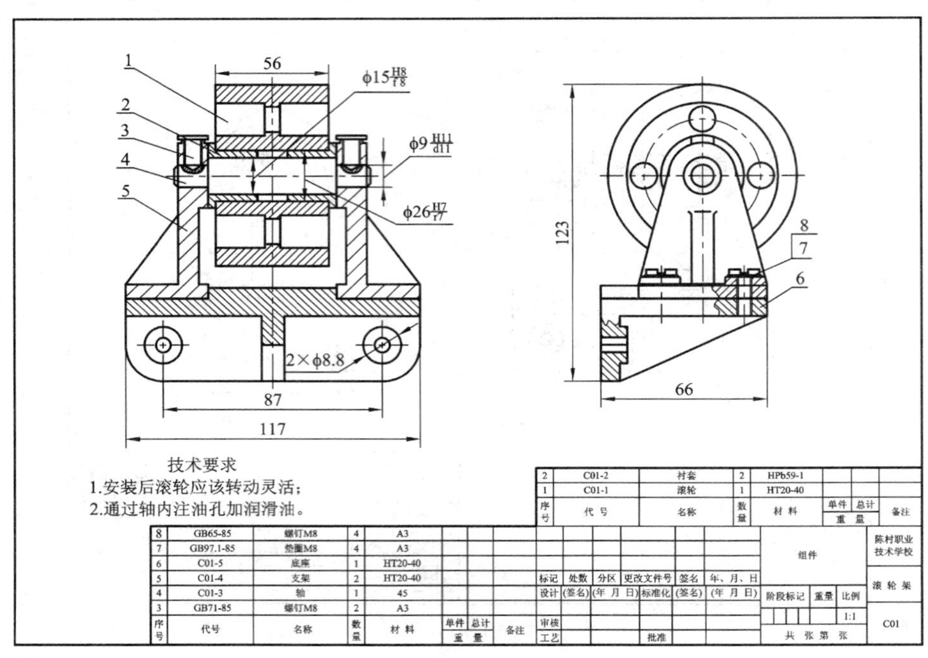

图 5.20

7) 零件图整理

分别打开前面画好的零件图，设定好比例，标注尺寸，并调整好位置，填写好标题栏和技术要求。这样，一套完整的图纸就画好了。

8) 存盘和打印输出

存盘是一开始画图时就应操作的步骤，这样系统会自动保存一个备份文件。当然最好的做法是在画图过程中能每隔一会儿就按一下保存命令，这样就不会因意外而前功尽弃。打印时记得要调用设置好的打印样式。

5.1.2　直接绘图法

直接绘图法是运用绘图、编辑、设置和层控制等各种功能，按照装配图的画图步骤将装配图绘制出来。一般较简单的装配图应用此方法。

5.1.3　图形块插入法

图形块插入法是将组成机器或部件的各个零件的图形先做成图块，选择合适的基点，再按零件间的相对位置将图块逐个插入，将块打散，利用删除、打断、延伸及修剪等编辑命令对图形进行修改，拼画成装配图。

5.1.4　用设计中心插入图形、图形块法

在绘制装配图时，可以通过 AutoCAD 的“设计中心”从本地网络或 Internet 上将需要的图形拖放到当前图形中进行定位和组织图形或插入块等。在“设计中心”窗口界面中，“文件夹”选项卡用于显示“设计中心”资源，可以将内容设置为本地计算机桌面或本地计算机资源信息，也可以是网上邻居的信息；“联机设计中心”选项卡用于在 Internet 上实现信息的共享。在绘制装配图时利用“设计中心”可以共享很多资源，从而提高绘图的速度和质量。下面举例说明 AutoCAD 的设计中心在绘制装配图过程中的应用。

已知千斤顶各个零件的装配示意图和零件图(图中由于排版关系采用的是简化标题栏，请读者绘制时还是调用标准标题栏进行绘制)，先抄画零件图，再根据装配示意图绘制千斤顶的装配图。千斤顶的装配示意图如图 5.21 所示，各零件图如图 5.22～图 5.25 所示。

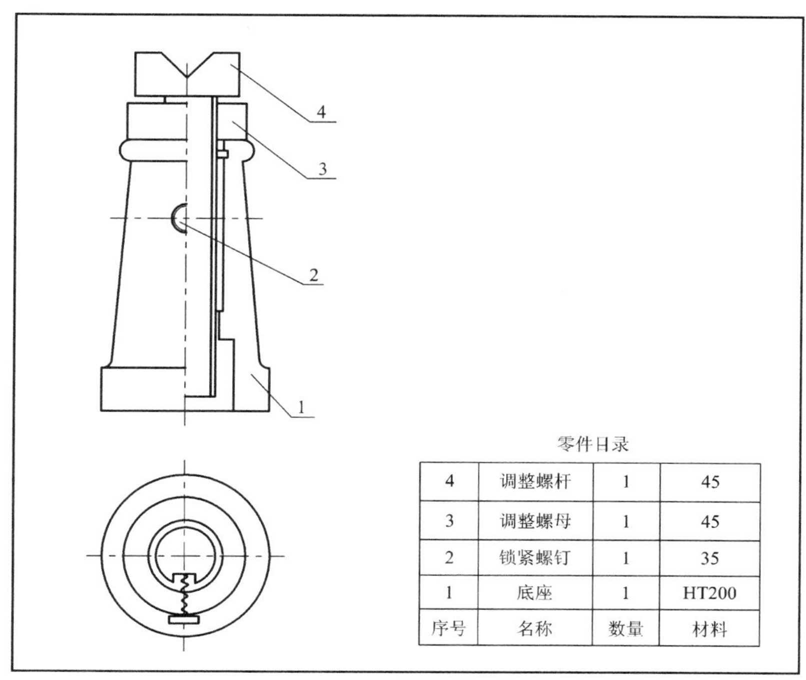

零件目录

4	调整螺杆	1	45
3	调整螺母	1	45
2	锁紧螺钉	1	35
1	底座	1	HT200
序号	名称	数量	材料

图 5.21

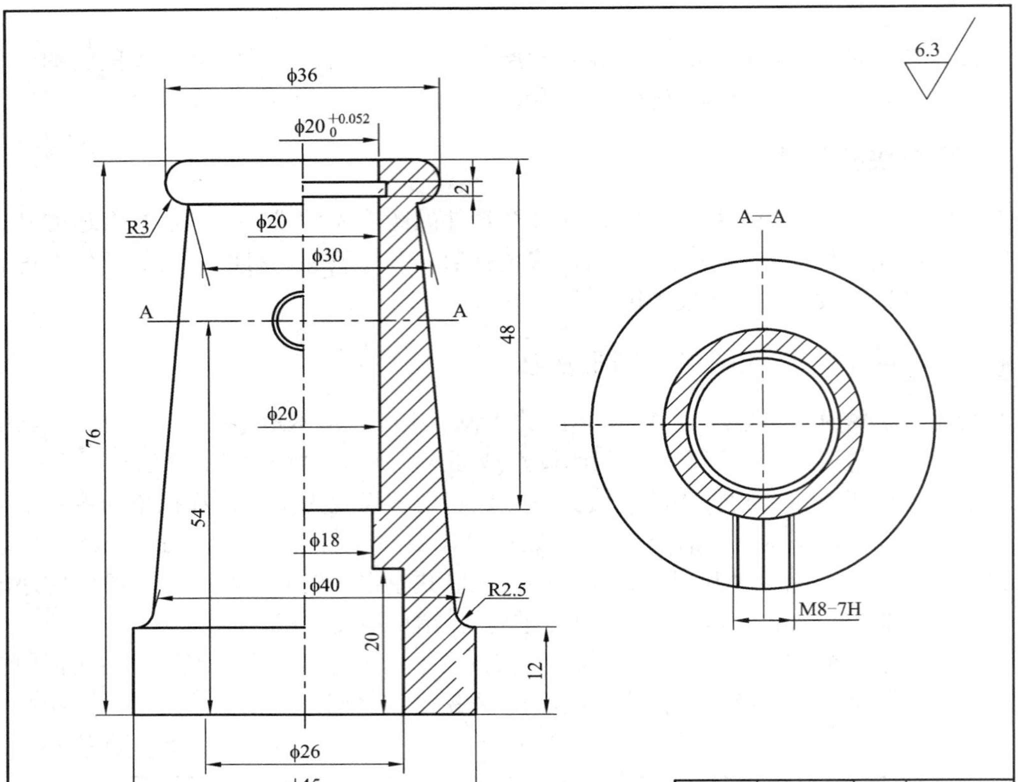

序号	名称	数量	材料
序号	底座	1	HT200

图 5.22

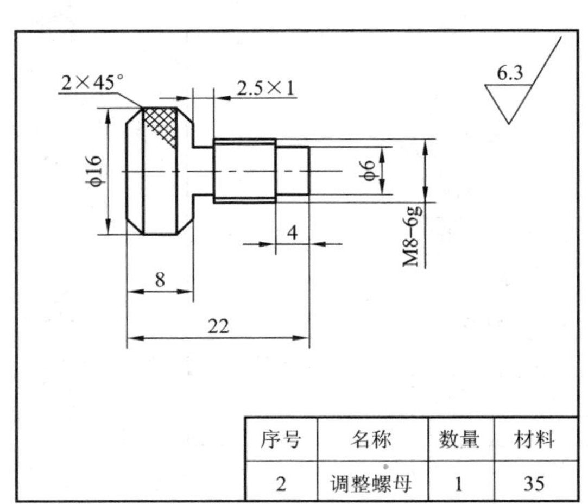

序号	名称	数量	材料
2	调整螺母	1	35

图 5.23

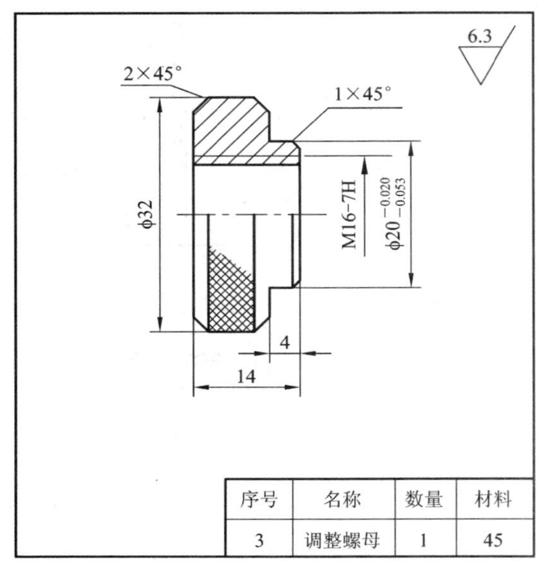

序号	名称	数量	材料
3	调整螺母	1	45

图 5.24

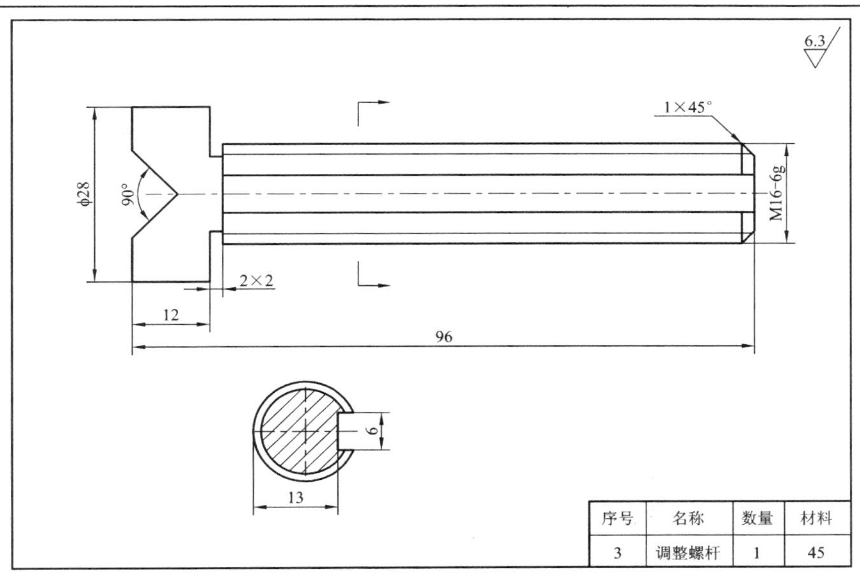

序号	名称	数量	材料
3	调整螺杆	1	45

图 5.25

调用 A4 样板按 1∶1 的比例抄画零件图，保存在名为“千斤顶”的文件夹中，各零件图形名称分别为底座、调整螺母、锁紧螺钉和调整螺杆。

用新建命令调用 A4 组样板，单击标准工具栏按钮 (或“工具”→“设计中心”)，打开“设计中心”对话框。在左边的文件夹列表中找到千斤顶文件夹并单击，在对话框的显示框中可看到在千斤顶文件夹中的图形，如图 5.26 所示。用鼠标左键把底座图形拖到当前绘图区，插入点可以任取，X 与 Y 比例因子均取“1”，旋转角度为“0”，即可把“底座”图形以块的形式插入到当前图形中。然后用“分解”命令把插入的“底座”图形分解。用与以上同样的方法把调整螺母、锁紧螺钉和调整螺杆插入到当前图形中。每插入一个零件后，都要作适当的编辑和修改，修改完后，再拼画成装配图，拼画方法与前述方法一样。最后整理视图，标注尺寸，对零件进行编号，填写标题栏等，最终的绘图结果如图 5.27 所示。

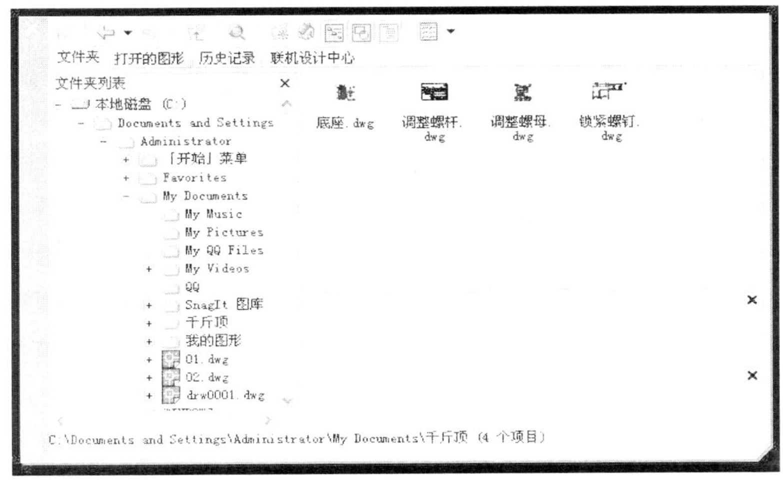

图 5.26

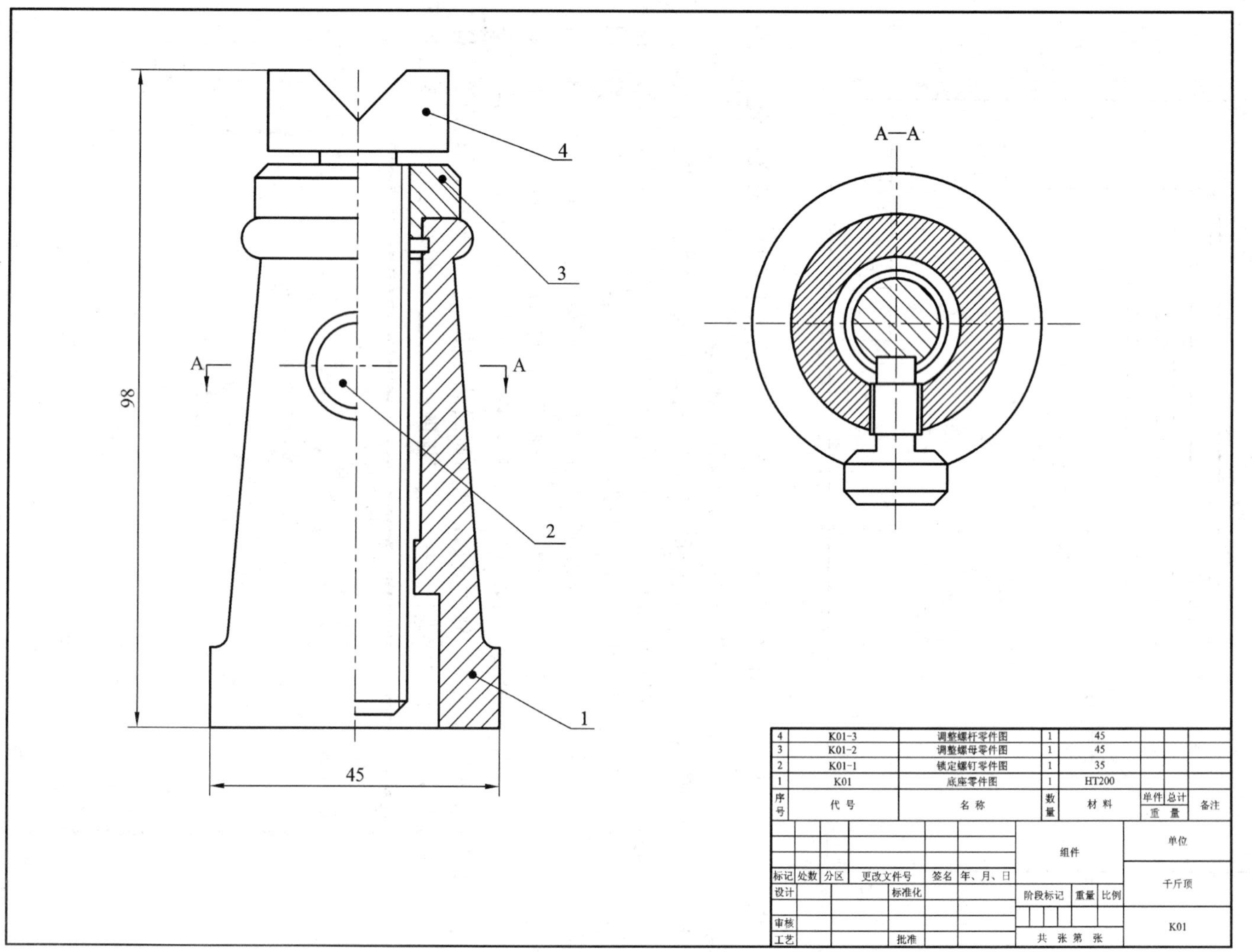
A—A
4
3
2
1
A
A
98
45
4　K01-3　调整螺杆零件图　1　45
3　K01-2　调整螺母零件图　1　45
2　K01-1　锁定螺钉零件图　1　35
1　K01　底座零件图　1　HT200
序号　代号　名称　数量　材料　单件重量　总计重量　备注
单位
组件
千斤顶
K01
标记　处数　分区　更改文件号　签名　年、月、日
设计　标准化　阶段标记　重量　比例
审核
工艺　批准　共　张　第　张

图 5.27

另外，使用 AutoCAD 的“设计中心”窗口还可以将用户创建的块、外部参照、图层、光栅图像、线型、布局、文字样式、标注样式及自定义内容等加入到当前图中，如图 5.28 所示。以下对此予以详细介绍。

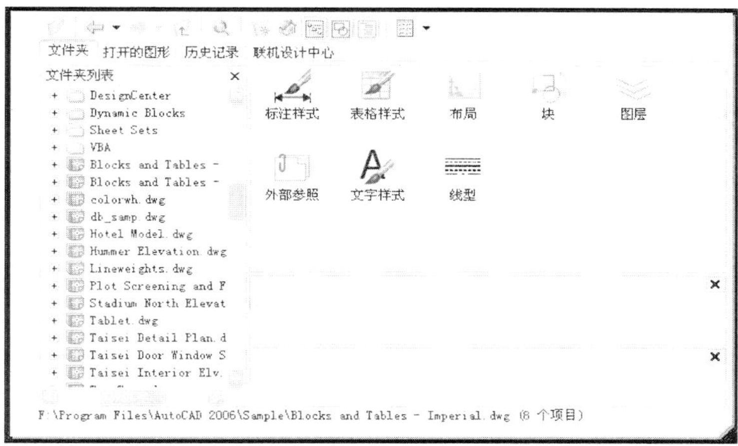

图 5.28

(1) 添加图层、线型、文字样式及标注样式。

从“控制板”中将图层线型、文字样式及标注样式拖放到当前图中，或者双击所要选定的内容，这样它们就成为当前图形的一部分，就好像它们是在当前图中生成的一样。通过这种方法用户可以将自己或别人以前设置的各种样式设置为当前图形的样式。

(2) 添加块。

通过把一个块的图标从“控制板”中拖放到当前图形的绘图区，可以把一个块插入到当前图形中。但是，在使用其他命令的过程中，不能向图形中添加块。另外，每次只能从“控制板”插入一个块。

注意：如果双击一个块而且它存在嵌套块，那么将丢失其层次特性。

在 AutoCAD 设计中心可以使用两种方法插入块。

一种方法是通过“自动缩放”，比较图形和块使用的单位，根据两者之间的比例来缩放块。可从“控制板”或“查找”对话框中将一个块拖放到一个图形的相应位置，这时通过对象捕捉方式指定插入位置是非常方便的。块将以默认的比例和旋转角度插入。

注意：通过自动缩放的方法拖放时，块中的尺寸值将不再是实际的尺寸值。

另一种方法是使用“插入”对话框指定选定块的插入点、缩放比例和旋转角度。在块图标上双击，或者在“控制板”或“查找”对话框中的块定义处右击，并从快捷菜单中选择“插入块”命令，都可调出“插入”对话框。

(3) 添加光栅图像。

通过 AutoCAD 的设计中心，可以把数码照片、在绘图程序中抓取的 BMP 图像或一个公司的标记等光栅图像的图标从“控制板”拖放到绘图区，而后输入插入点、缩放比例及旋转角度值，从而把它们复制到当前图形中。也可以在图像图标上双击或右击并从快捷菜单中选择“附着图像”命令，弹出“图像”对话框。在该对话框中可以指定插入点、缩放比例和旋转角度等。

(4) 添加外部参照。

在“控制板”或“查找”对话框中要附加或覆盖的外部参照上右击，从快捷菜单中选择“附着外部参照”命令，将弹出“外部参照”对话框。在该对话框的“参照类型”选项组中选择“附着型”或“覆盖型”选项，并且输入插入点、缩放比例和旋转角度，或选中“在屏幕上指定”复选框，然后用鼠标指定插入位置。

常见错误

(1) 相邻的两个零件剖面线一致。

(2) 将剖面线和尺寸标注打散。

(3) 尺寸标注不全。

(4) 标题栏、明细表的填写和零件序号标注不符合国标规定。

(5) 细部结构没有表示清楚。

(6) 被遮挡线条擦除不完全。

该你练了

(1) 抄画机用虎钳零件图，并拼画成装配图。(注：图形见配套光盘中“第 5.1 节第 1 题”CAD 文件，共 10 个。)

(2) 根据图 5.29～图 5.35 所给出的定位器示意图和零件图(图中由于排版关系采用的是简化标题栏，请读者绘图时还是调用标准标题栏进行绘制)，先抄画零件图，再根据定位器示意图拼画定位器装配图，并整理好零件图(选择适当的图幅和比例)。

工作原理：定位器工作时，定位轴 1 左端插入被定位零件中。拉动把手 6 和弹簧 4 控制定位轴 1 的插入和拉出。

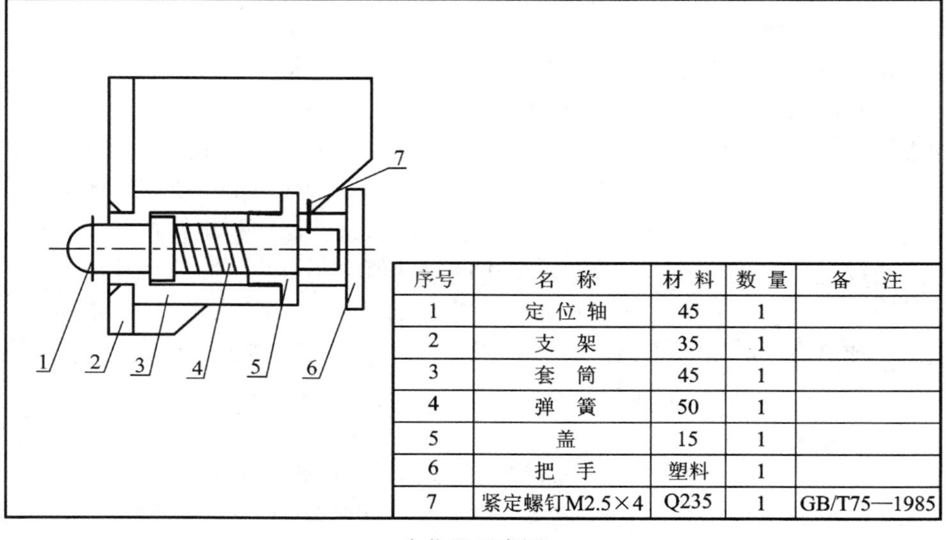

序号	名　称	材 料	数 量	备　注
1	定 位 轴	45	1	
2	支　架	35	1	
3	套　筒	45	1	
4	弹　簧	50	1	
5	盖	15	1	
6	把　手	塑料	1	
7	紧定螺钉M2.5×4	Q235	1	GB/T75—1985

定位器示意图

图 5.29

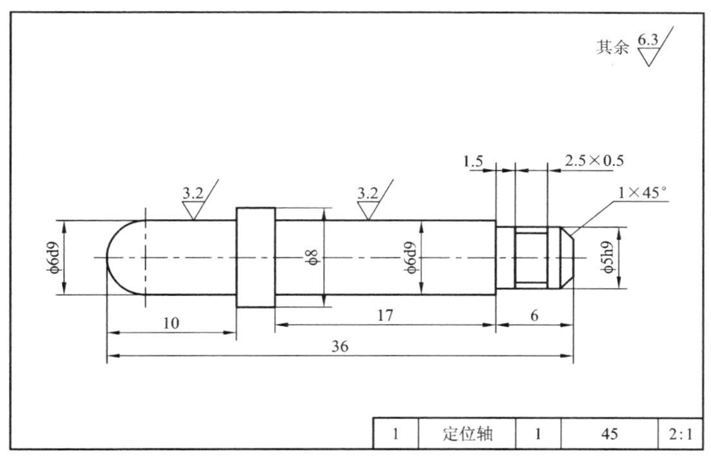

定位轴零件图

图 5.30

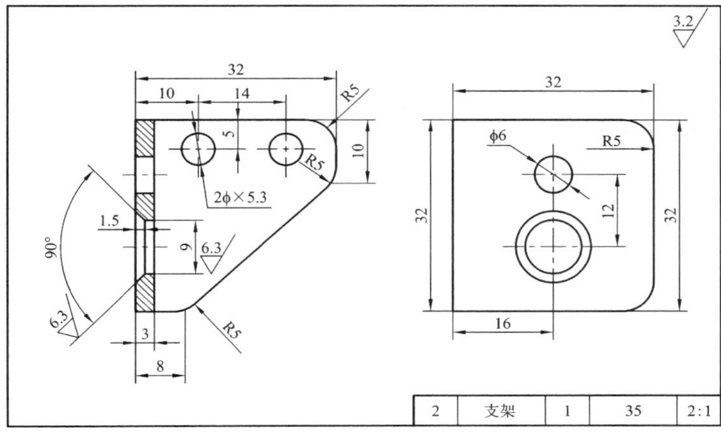

支架零件图

图 5.31

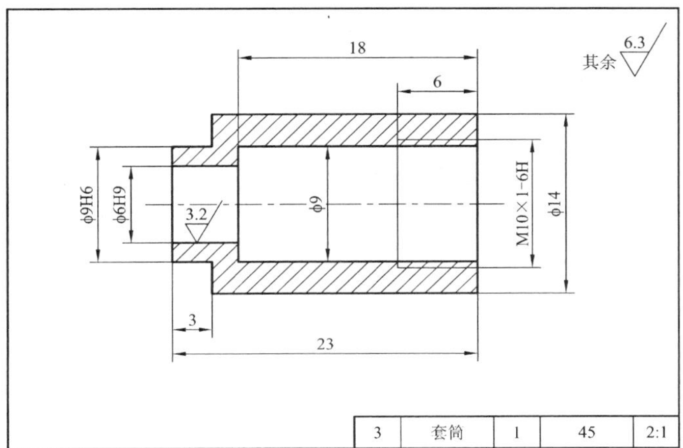

套筒零件图

图 5.32

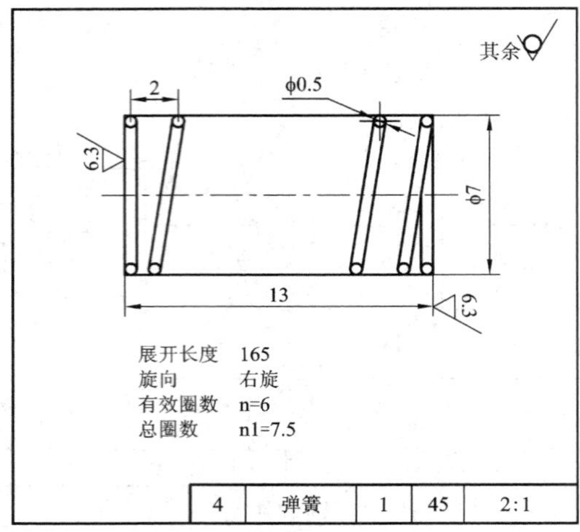

弹簧零件图

图 5.33

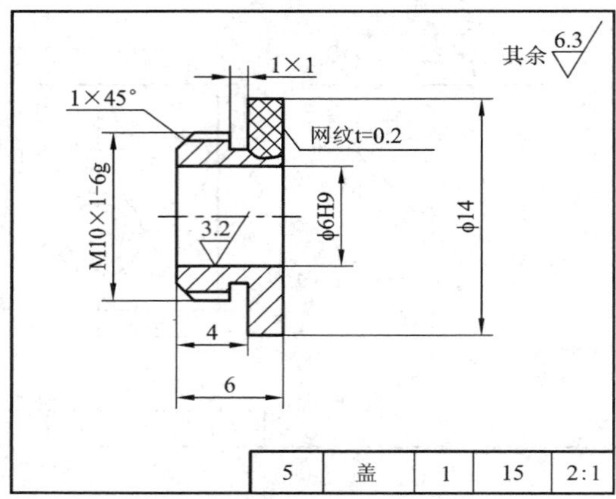

盖零件图

图 5.34

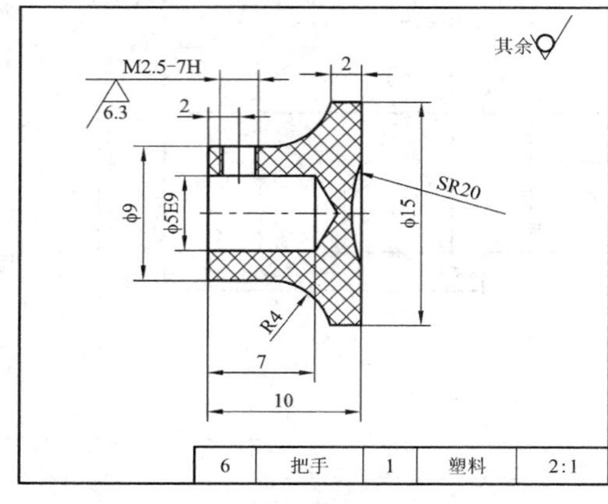

把手零件图

图 5.35

5.2 由装配图拆画零件图

一般在设计过程中是先画出装配图，然后根据装配图所提供的结构形式和尺寸拆画出零件图。因此由装配图拆画零件图是设计工作中的一个重要环节。

5.2.1 由装配图拆画零件图的步骤

由装配图拆画零件图的一般步骤为：

(1) 按照装配图的要求，看懂部件的工作原理、装配关系及零件的结构形状。

(2) 根据零件图视图表达要求，确定所绘制零件的视图表达方案。

(3) 根据零件图的内容及画图要求，绘制出零件图。

5.2.2 拆画零件图应注意的问题

拆画零件图是在看懂装配图的基础上进行的。装配图不表达单个零件的形状，拆画零件图时要将零件的结构补充表达完整。因此，拆画零件图的过程也是零件设计的过程。应注意以下问题：

(1) 零件的视图表达方案是根据零件的形状结构确定的，不能盲目照抄装配图。如图5.36 所示的固定板的视图是从装配图分离出来的，直接作为绘制固定板零件图视图表达是可以的。但从表达零件的形状、整体结构等方面来考虑，采用图 5.37 所示的表达方案更好些。

(2) 在装配图中允许省略不画的零件工艺结构，如倒角、圆角、退刀槽等，在零件图中应该全部绘制出来。

(3) 零件之间有配合要求的表面，基本尺寸必须相同，并注出公差代号和极限偏差数值。

(4) 零件图的尺寸除在装配图中已标注出的以外，其余尺寸都在装配图上按比例直接量取。有关螺纹、倒角、圆角、退刀槽、键槽等，应查标准，按规定标出。

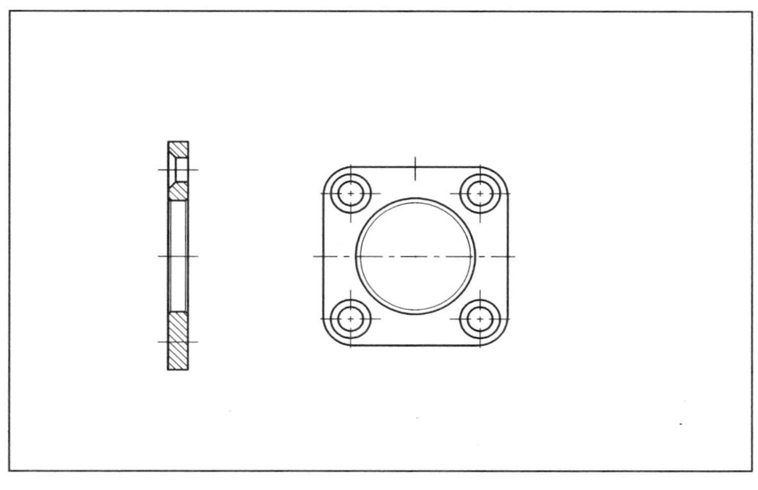

图 5.36

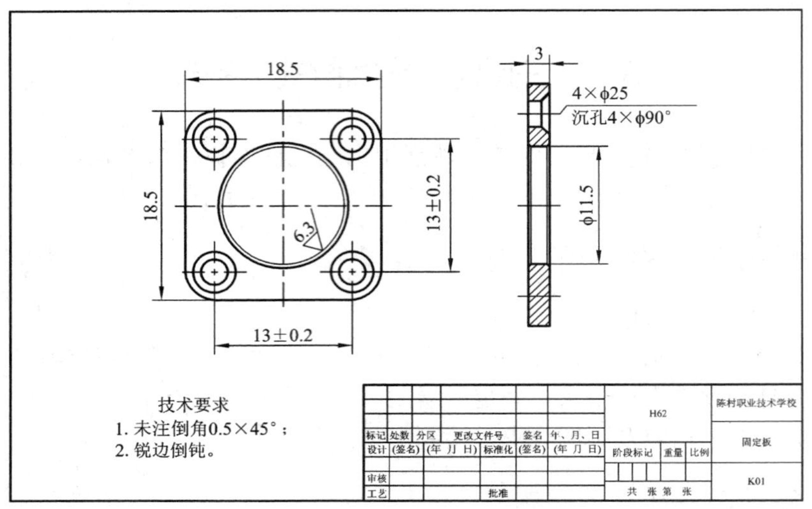

图 5.37

(5) 根据零件各表面的作用和工作要求，注出表面粗糙度代号。

(6) 根据零件在部件中的作用和加工条件，确定零件图的其他要求。

5.2.3 实例分析

下面以图 5.38 所示挂轮架心轴组件装配图(局部)拆画心轴零件图为例， 说明由装配图拆画零件图的方法。

1. 读懂装配图

图 5.38 所示的挂轮架心轴组件，是机床传动系统的一个构件，其作用是连接 O1、O2 轴。选取 Z1、Z2 齿轮的不同数组合，可达到不同的速比。由于 Z1、Z2 齿轮的不同齿数，将导致产生不同的中心距。为此，中间心轴的轴心位置 O' 必须可以移动调整。另外，可以根据 O2 轴的转向要求，选取 1 组或 2 组挂轮架心轴组件。

由于心轴移动调整好后，需将心轴紧固，因此心轴上需作出螺钉孔及扳手的卡位。

该构件工作时齿轮 Z'转动，心轴不转动，为此，需控制好齿轮宽度和轴段长度配合尺寸关系。

2. 完整分离零件

将零件从装配图中完整分离出来是拆画零件图的关键。从装配图分离零件时，一般可依据以下方法进行：

(1) 从零件的序号和明细表中找到要分离零件的序号和名称，然后根据序号指引线所指的部位，就可找到该零件在装配图中的位置。

(2) 根据同一零件在剖面线的方向一致、间距相同的规定，将要分离的零件从有关视图中区分开来。

(3) 根据视图间的联系规律和基本体的投影特性，从装配图中分离属于该零件图形的部分，从而将零件分离出来。

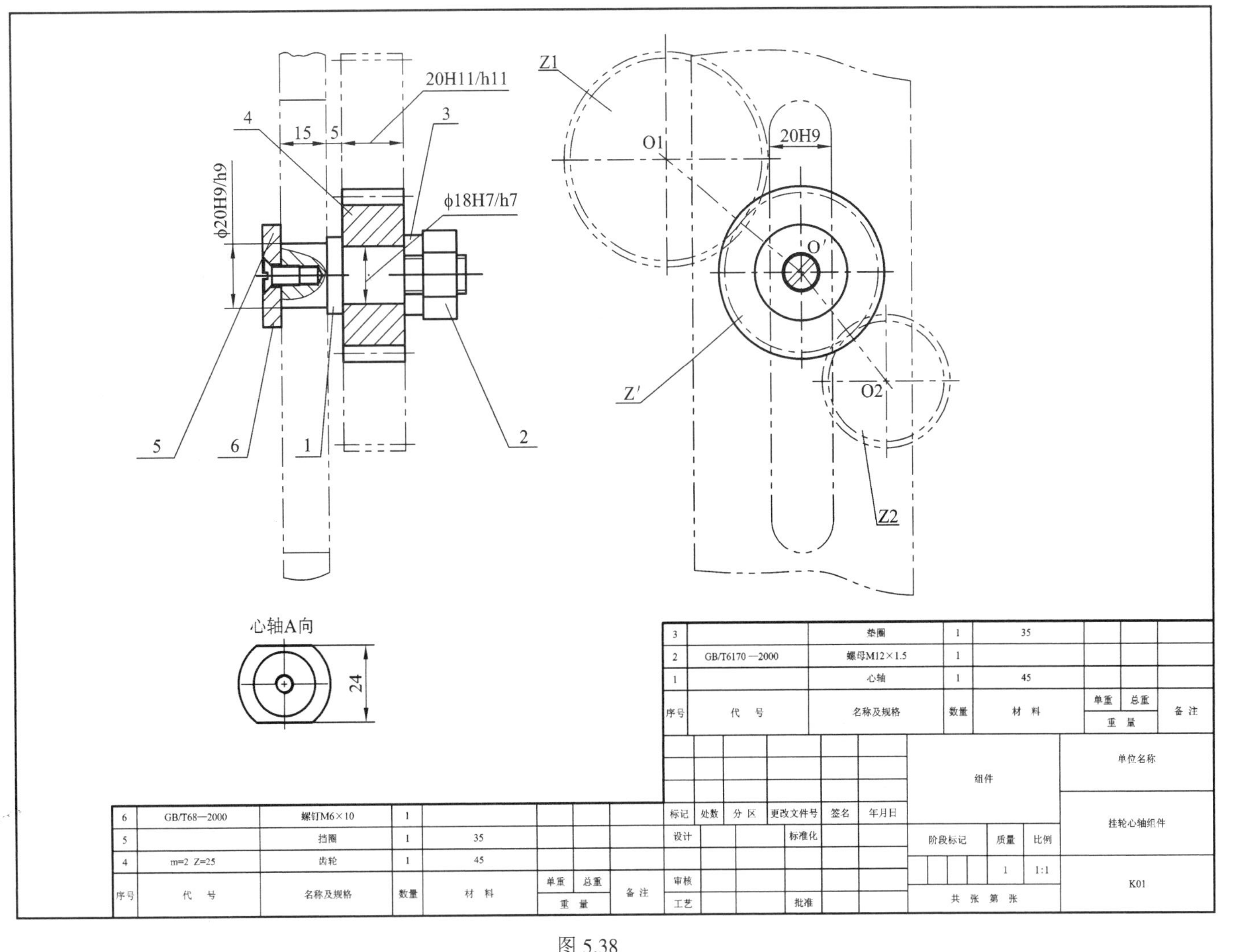
20H11/h11
ϕ18H7/h7
ϕ20H9/h9
20H9
15
5
1
2
3
4
5
6
O1
O2
O'
Z1
Z2
Z'
心轴A向
24
3 垫圈 1 35
2 GB/T6170—2000 螺母M12×1.5 1
1 心轴 1 45
序号 代号 名称及规格 数量 材料 单重 总重 重量 备注
标记 处数 分区 更改文件号 签名 年月日
设计 标准化
审核
工艺 批准
组件
阶段标记 质量 比例
1 1:1
共 张 第 张
单位名称
挂轮心轴组件
K01
6 GB/T68—2000 螺钉M6×10 1
5 挡圈 1 35
4 m=2 Z=25 齿轮 1 45
序号 代号 名称及规格 数量 材料 单重 总重 重量 备注

图5.38

(4) 从零件的明细表中找到零件的材料，可知道零件的加工制造方法。

具体操作如下：

首先打开图5.38.dwg图形文件，删除多余的图形。

命令：ERASE(删除)

选择对象：ALL(全部)

选择对象：REMOVE(扣除方式)

删除对象：(选取要保留的对象)

删除完后，再适当修剪和延伸，添补上该零件在装配图上被其他零件遮住的投影，得到如图5.39所示心轴从挂轮架心轴组件装配图分离出来的图例。

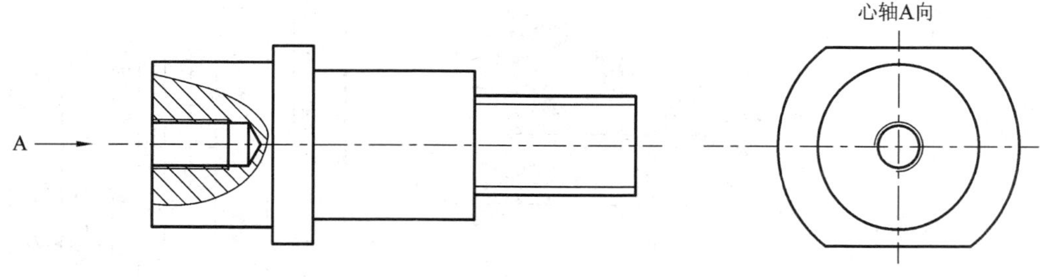

图 5.39

3. 确定表达方案，画零件图

因为装配图的视图表达方案着重表达的是零件间的装配关系和工作原理及主要零件的主体形状，所以确定零件的表达方案时，一方面要考虑分离出来的一组视图对于表达该零件是否合适，另一方面要考虑对于该零件是否表达清楚，比如是否还有结构的形状没有确定，是否需要加添倒角、圆角、退刀槽等零件在装配图上被省略的工艺结构等。若分离出来的一组视图对于表达该零件合适和清楚，则可直接采用；否则应对原方案作适当的调整和补充，甚至重新确定表达方案。

(1) 图5.39所示分离出来的心轴的一组视图符合该零件工件位置、加工位置并能反映表达形状特征，表达该零件合适和清楚，可直接采用。考虑到视图应优先选取基本视图，并按投影位置放置，把心轴A向视图改为左视图，如图5.40所示。

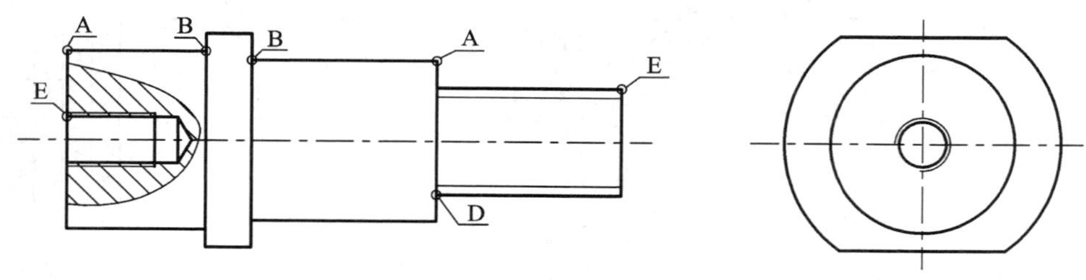

图 5.40

(2) 轴端A处考虑便于零件装拆需要做出倒角，与直径D相应的倒角C的推荐值见表5-1。

表 5-1

D	>3～10	>10～18	>18～30	>30～50	>50～80	>80～120	>120～180	>180
C	0.5	0.8	1	1.5	2	2.5	3	4

注：倒角一般采用 45°。

(3) 轴颈与轮孔相配处 B 内角倒圆 R1、外角倒角 C 的推荐值见表 5-2。

表 5-2

R1	0.3	0.4	0.5	1	1.5	2	2.5	3
C	0.5	0.8	1	1.5	2	2.5	3	4

(4) 在装配图中，不穿通的螺钉孔可不画出钻孔的深度，仅按有效螺纹部分的深度画出，在零件图中应详细画完整。螺孔各部位尺寸关系如图 5.41 所示。

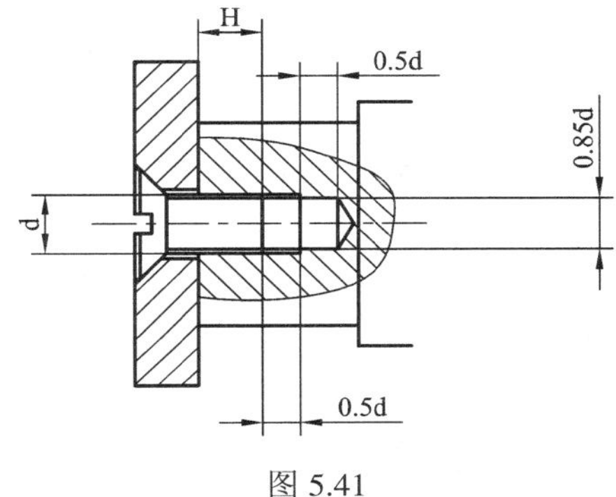

图 5.41

轴上 E、D 处应加工出退刀槽、倒角，退刀槽、倒角与大径 d、螺距 p 尺寸关系如图 5.42 及表 5-3 所示。

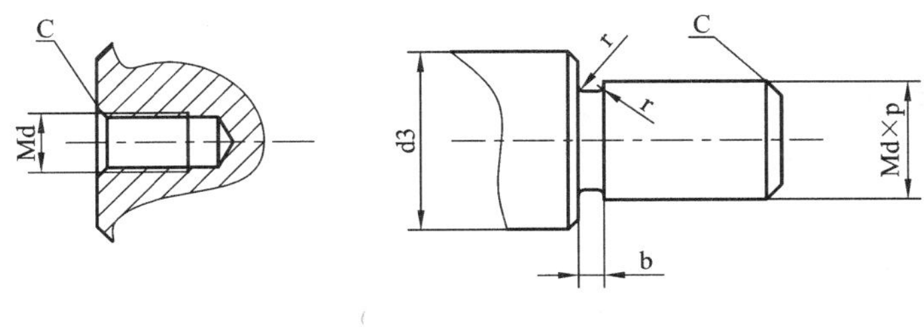

图 5.42

表 5-3

d	3	4	5	6	8	10	12	16	20	24	30	36	42	48
p(粗牙)	0.5	0.7	0.8	1	1.25	1.5	1.75	2	2.5	3	3.5	4	4.5	5
b	1	1	1.5	1.5	1.5	2.5	2.5	3.5	3.5	4.5	4.5	5.5	6	6.5
d3	d-0.8	d-1.1	d-1.3	d-1.6	d-2	d-2.0	d-2.3	d-3	d-3.6	d-4.4	d-5.0	d-5.7	d-6.4	d-7
c	0.5	0.6	0.8	1	1.2	1.5	2	2	2.5	2.5	3	3	4	4
r	0.5p													

将以上工艺结构画完整后，心轴的零件图如图 5.43 所示。

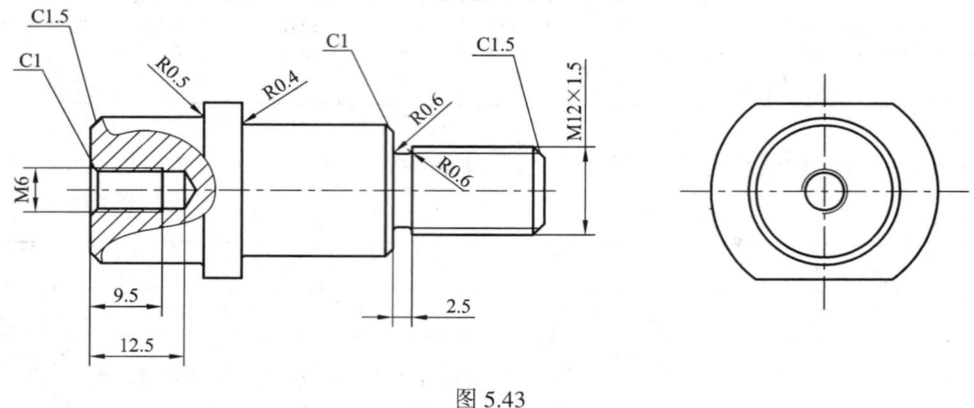

图 5.43

4. 尺寸标注

在零件图上正确地标注尺寸是拆画零件图的一项重要内容。零件图尺寸数值可以通过以下几方面获取：

(1) 装配图中与零件有关的尺寸可抄注。如图 5.38 中的ϕ20h9、5、ϕ18h9、20H11、24 等。

(2) 有的尺寸要通过计算来精确确定。如拆画齿轮时轮齿的分度圆和齿顶圆直径等。

(3) 对于标准结构尺寸，如沉孔、键槽、倒角、退刀槽等需查阅相应标准来确定，如图 5.43 所示。

(4) 对于其他的未知尺寸，可直接从装配图中量取，量取的尺寸在标注时应注意圆整和比例转换，如图 5.44 所示。

5. 技术要求标注

零件各部位的配合要求可从装配图中来确定。如图 5.38 中的ϕ20h9、ϕ18h9、20H11 等。

零件各表面粗糙度应根据该表面的作用和要求来确定。接触面与有配合要求的表面的表面粗糙度数值应较小，自由表面的粗糙度数值应较大。与公差等级相适应的表面粗糙度 Ra 值见表 5-4。

表 5-4

公差等级	IT6	IT7	IT8	IT9	IT10	≥IT11
Ra 值	>0.8～1.6	>1.6	>1.6～3.2	>3.2～6.3	>6.3～12.5	>12.5～25

一般情况下，轴表面粗糙度应比孔表面粗糙度 Ra 值小一级。孔、轴的相邻端面的表面粗糙度应比孔、轴表面粗糙度 Ra 值高一级。

同时，根据零件的作用，还可加注其他必要的技术要求和说明。

完成后的心轴零件图如图 5.44 所示。

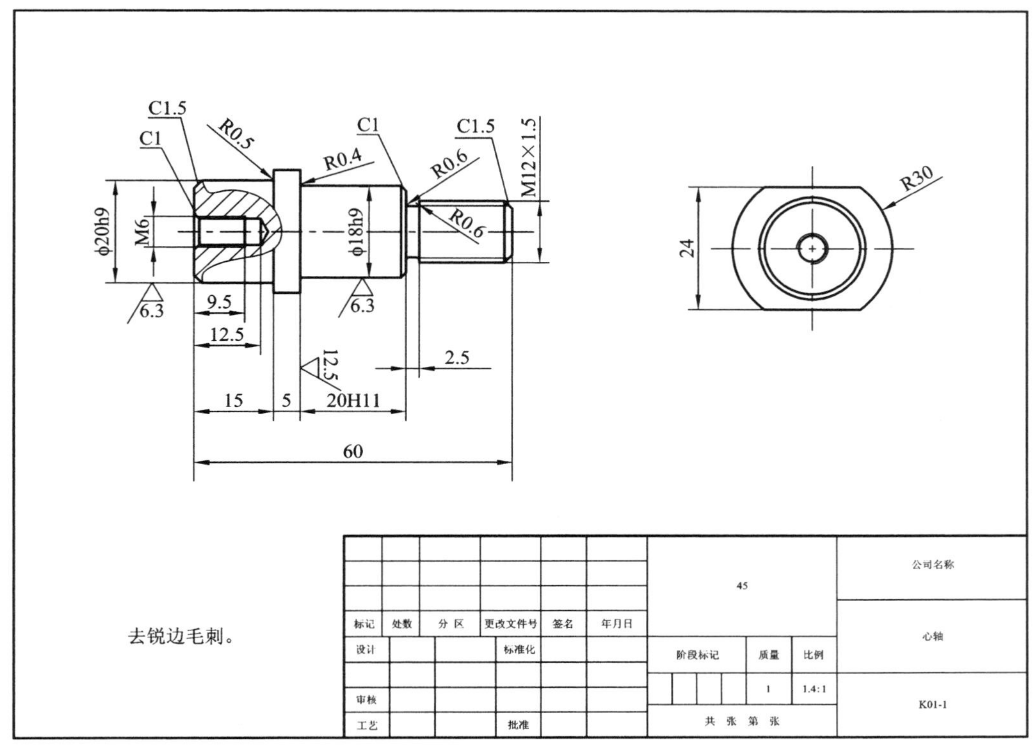

图 5.44

常见错误 

(1) 分离零件不完整。

(2) 零件的结构表达不完整。

(3) 尺寸标注不全。

该你练了

(1) 根据给出的镜子托架装配图(图 5.45)拆画零件 3(托架)零件图。

具体要求：

① 绘图前先打开配套光盘中“第 5.2 节配备练习”之图形文件“镜子托架装配图.dwg”，该图已做了必要的设置，可直接在该装配图上进行编辑以形成零件图，也可以全部删除重新作图；

② 选取合适的视图；

③ 标注尺寸，包括已给出的公差代号。

(2) 由给出的支架装配图(图 5.46)拆画零件 1(架体)零件图。

具体要求：

① 绘图前先打开配套光盘中“第 5.2 节配备练习”之图形文件“支架装配图.dwg”，

该图形文件已做了必要的设置，可直接在该装配图上进行删改以形成零件图，也可以全部删除重新作图，但所给的定位点 O 的位置都不能变动；

② 选取合适的视图；

③ 标注尺寸(如装配图标注有公差配合代号，则零件图应填上相应的公差代号)，不标注表面粗糙度代号和形位公差代号，也不填写技术要求。

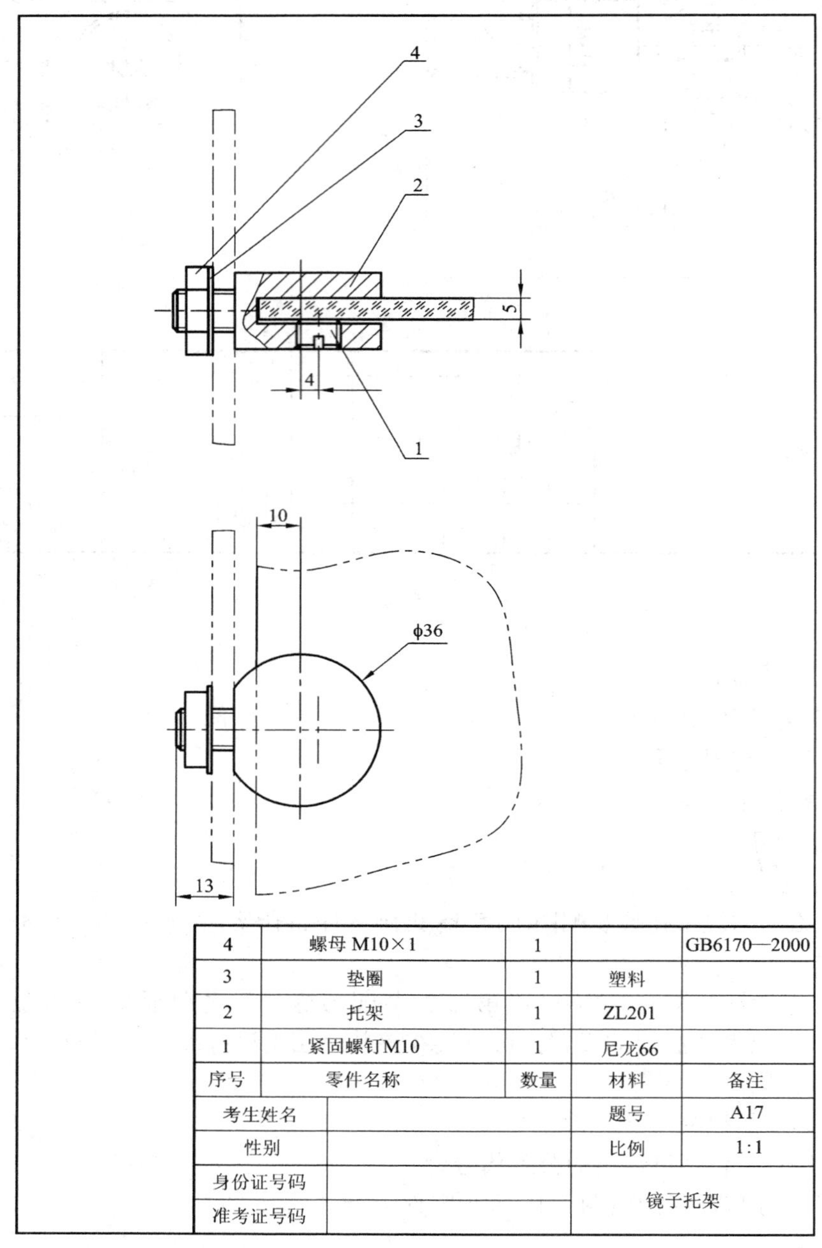

图 5.45

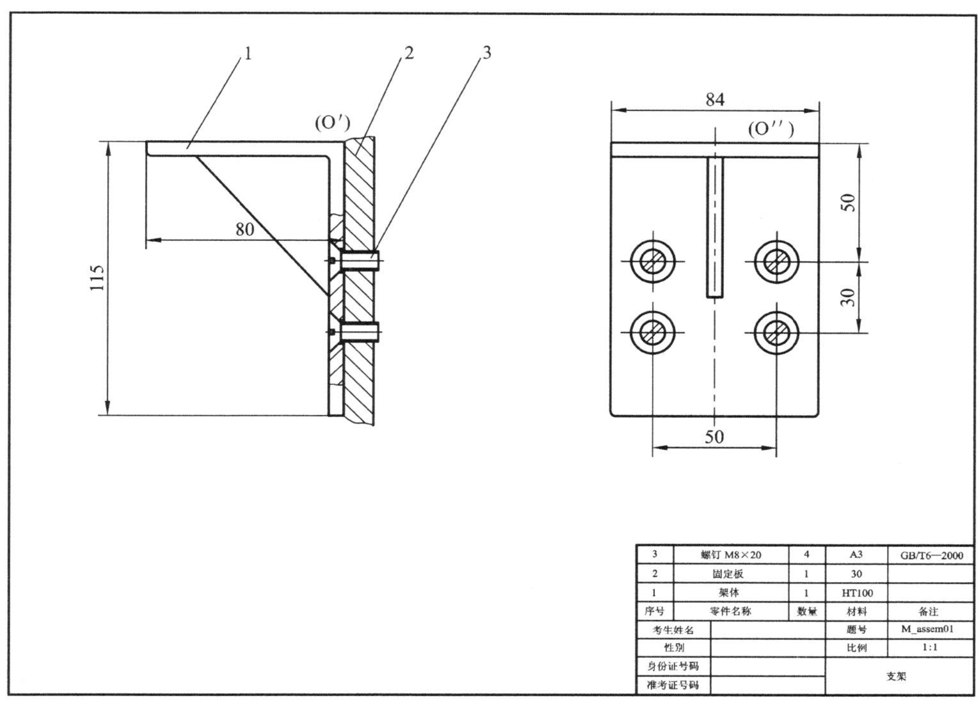

图 5.46

(3) 根据给出的微型千斤顶装配图(图 5.47)拆画零件 1(座体)零件图。

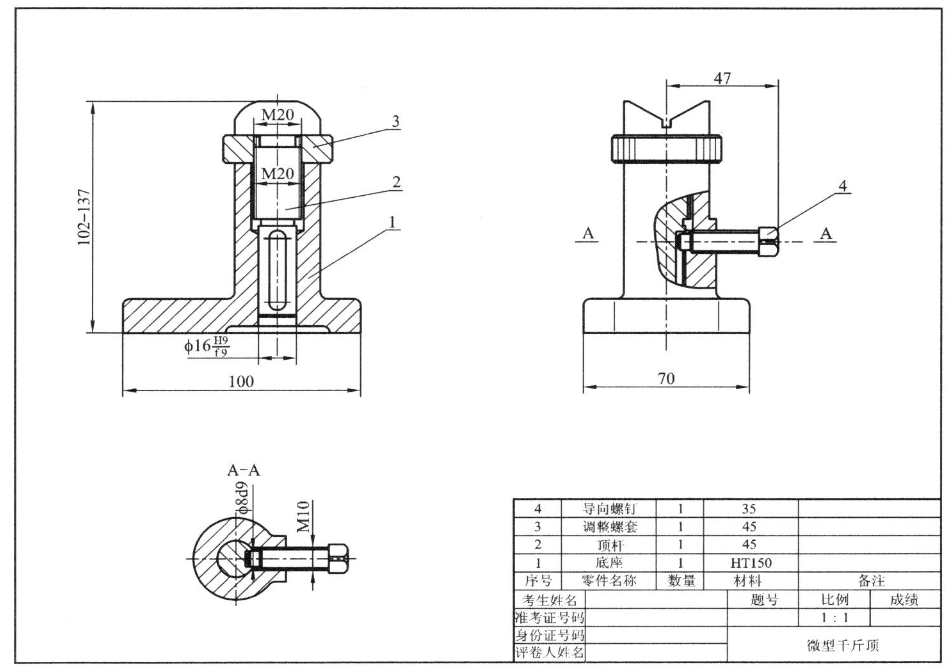

图 5.47

具体要求：

① 绘图前先打开配套光盘中“第 5.2 节配备练习”之图形文件“微型千斤顶装配图.dwg”，该图已做了必要的设置，可直接在该装配图上进行编辑以形成零件图，也可以全部删除重新作图；

② 选取合适的视图；

③ 标注尺寸，包括已给出的公差代号(不标注表面粗糙度代号和形位公差代号，也不填写技术要求)。

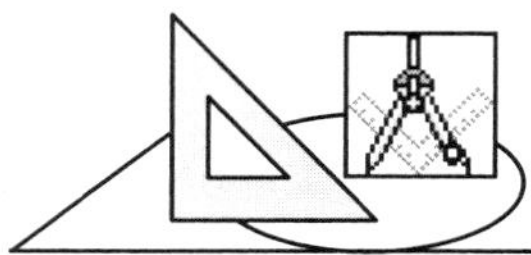

第 6 章　三 维 建 模

三维图形相比二维图形具有不可代替的优势，如下：

(1) 三维图形可以生成常用的二维图形，也能生成透视图。

(2) 三维图形(实体模型)可以分析模型的质量，如质心、体积和惯性矩等。

(3) 三维图形在生产中可用于多维数控加工、立体成型等行业。

(4) 三维图形经过渲染后可以更加清楚地展现设计思想和结果。

(5) 三维图形与二维图形相比更加接近人们所生活的现实世界。

6.1　三维图形基础

6.1.1　视图与视口

1．视图

工程上常用 6 个方向的投影得到 6 个标准二维视图：主视图、左视图、俯视图、后视图、右视图、仰视图，AutoCAD 软件也采用这 6 个视图来表达物体的二维图形。而对于轴测图，AutoCAD 则采用西南轴测图、东南轴测图、东北轴测图和西北轴测图来表达物体的立体图形。

(1) 视图的选用方法：视图→三维视图，见图 6.1。

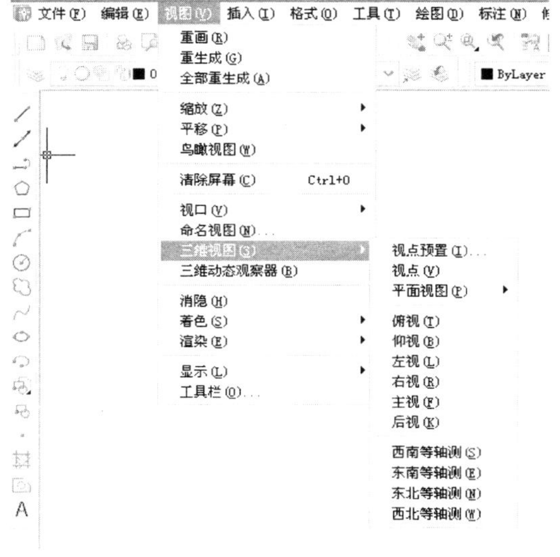

图 6.1

(2) 视图的工具栏，见图 6.2。

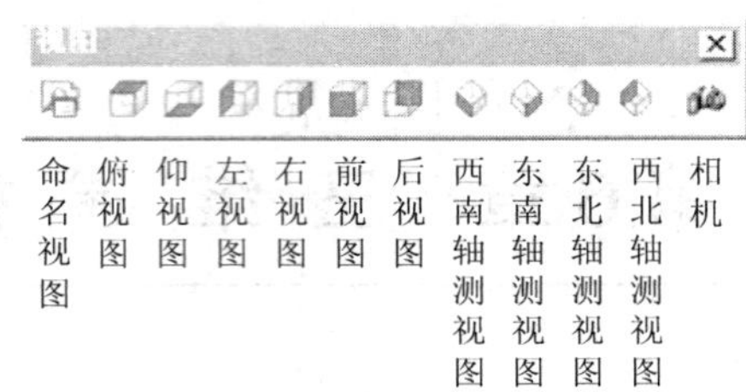

图 6.2

2．视口

同一时刻要想看到三维图形的其他几个视图，可以把绘图区划分为几个小窗口，每个小窗口采用不同的视图，这种小窗口就称为视口。视口创建以后，单击其中的一个视口，就可以将它激活，被激活的窗口边框变粗，同一时刻，只能有一个窗口被激活。

(1) 创建视口的方法：视图→视口，见图 6.3。

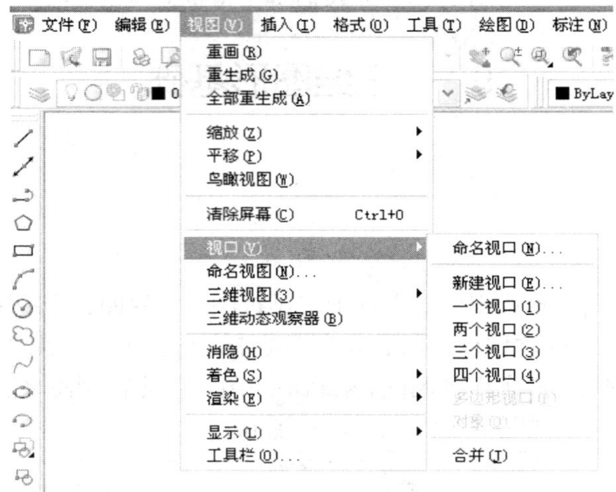

图 6.3

(2) 视口的工具栏，见图 6.4。

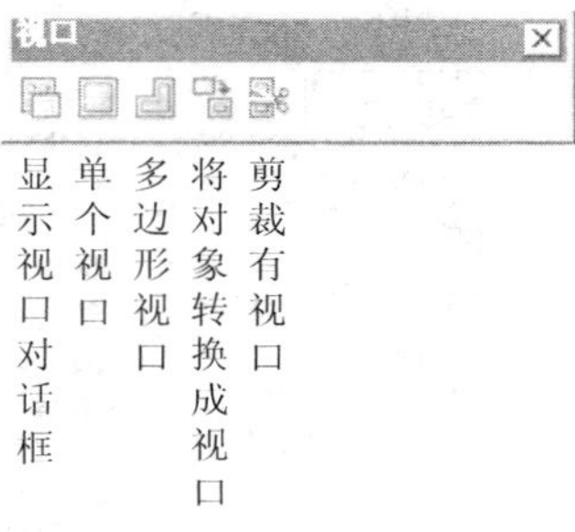

图 6.4

(3) 视口的对话框，见图 6.5。

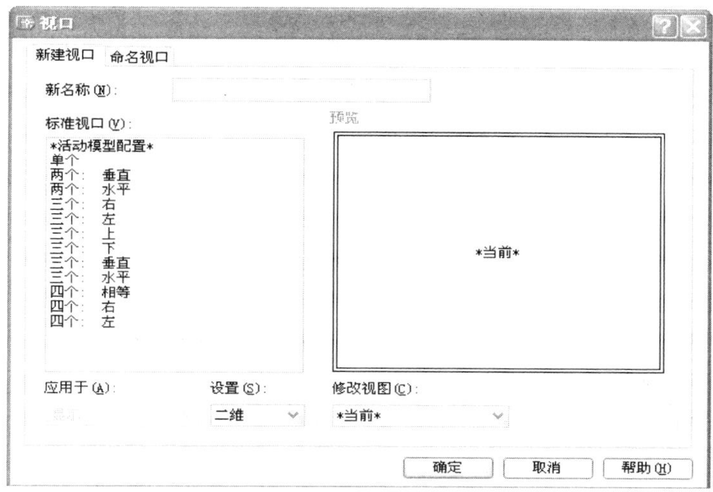

图 6.5

(4) 四个视口的示例，见图 6.6(激活的视口为左视口，边框被加粗)。

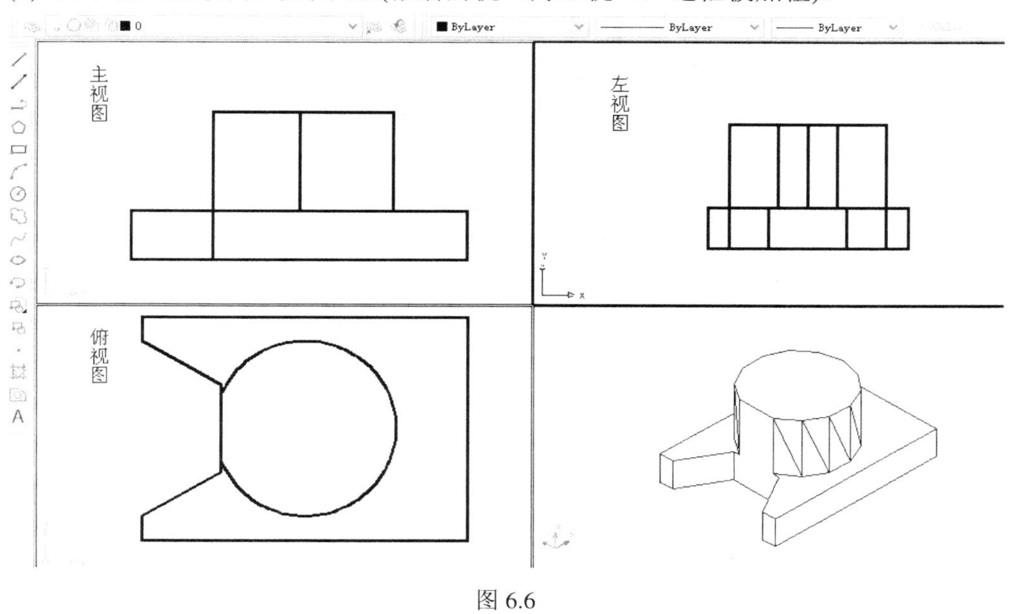

图 6.6

6.1.2 创建实体

实体工具栏如图 6.7 所示。

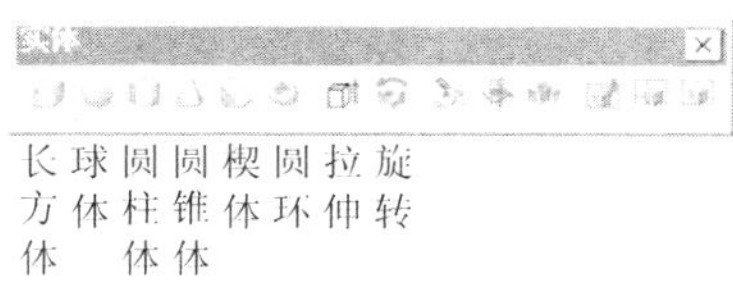

图 6.7

创建实体的方法有很多，如拉伸、旋转等。当采用拉伸法和旋转法来创建实体时，拉伸或旋转对象必须是闭合的多段线、多边形、圆、椭圆、样条曲线、圆环或面域。拉伸的路径可以是直线、圆、圆弧、椭圆、椭圆弧、多段线或样条曲线，路径既不能与轮廓共面，也不能有高曲率的区域。也可以通过指定高度(厚度)值和斜角来创建台体。

1. 通过 extrude 拉伸来创建实体

1) 添加厚度法

命令：_extrude　　//也可以单击“实体”工具栏中的按钮

当前线框密度：ISOLINES=4

选择对象：找到()个　　//点选要拉伸的对象

指定拉伸高度或[路径(P)]：()　　//在这里输入厚度

指定拉伸的倾斜角度<0>:

【例 6.1】 创建如图 6.8 所示的组合体。

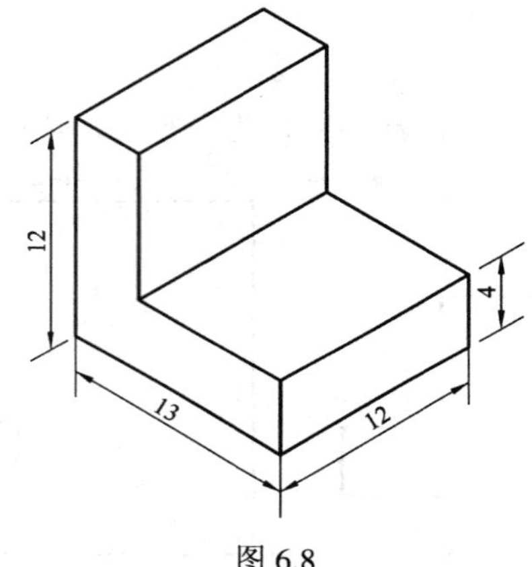

图 6.8

步骤提示：

(1) 选择左视图，采用多线段命令绘制左视图的图形，如图 6.9 所示。

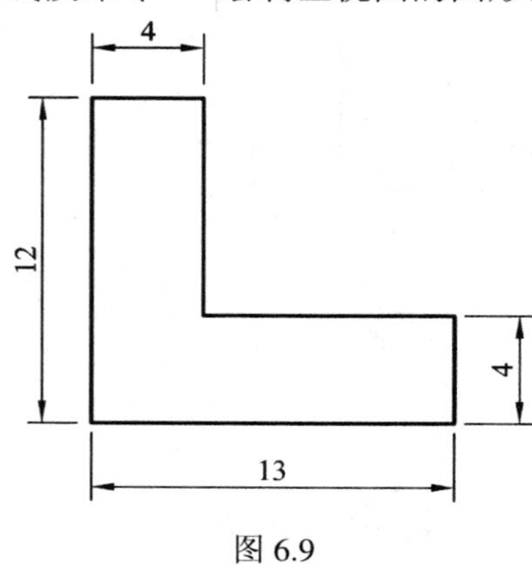

图 6.9

(2) 拉伸创建实体。

命令：extrude　　//也可以单击“实体”工具栏中的按钮

当前线框密度：ISOLINES=4

选择对象：找到 1 个　　//点选要拉伸的对象
指定拉伸高度或[路径(P)]：13　　//在这里输入组合体的厚度 13
指定拉伸的倾斜角度<0>:
2) 路径法
命令：_extrude　　//也可以单击“实体”工具栏中的　按钮
当前线框密度：ISOLINES=4
选择对象：找到( )个　　//点选要拉伸的对象
指定拉伸高度或[路径(P)]：P
选择拉伸路径或[倾斜角]:

【例 6.2】　创建如图 6.10 所示的组合体。

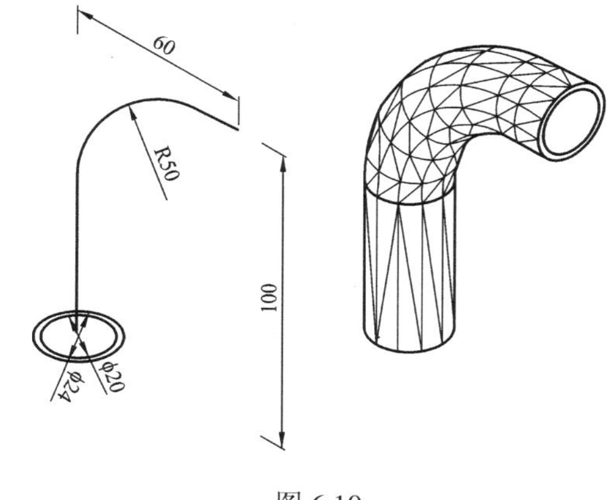

图 6.10

步骤提示：
(1) 选择俯视图，绘制圆 ϕ20 和圆 ϕ24。
(2) 选择主视图，采用多线段命令　绘制拉伸路径。
(3) 拉伸创建实体。
命令：_extrude　　//也可以单击“实体”工具栏中的　按钮
当前线框密度：ISOLINES=4
选择对象：找到 2 个　　//点选圆 ϕ20 和圆 ϕ24
指定拉伸高度或[路径(P)]：P　　//点选拉伸的路径
指定拉伸的倾斜角度<0>:

2. 通过 revolve 旋转来创建实体

命令：_revolve　　//也可以单击“实体”工具栏中的　按钮
当前线框密度：ISOLINES=4
选择对象：找到()个
指定旋转轴的起点或定义轴依照[对象(O)/X 轴(X)/Y 轴(Y)]:
指定轴端点:
指定旋转角度<360>()

【例 6.3】　创建如图 6.11 所示的组合体。

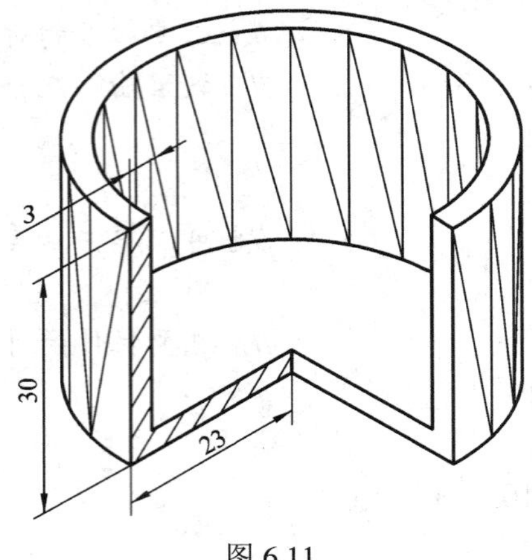

图 6.11

步骤提示：

(1) 选择左视图，采用多线段命令 绘制阴影部分的图形。

(2) 拉伸创建实体。

命令：_revolve　　//也可以单击“实体”工具栏中的 按钮

当前线框密度：ISOLINES=4

选择对象：找到 1 个

指定旋转轴的起点或定义轴依照[对象(O)/X 轴(X)/Y 轴(Y)]:

指定轴端点:

指定旋转角度<360> 270

3．基本几何体的创建

1) 长方体的创建

命令：_box　　//也可以单击“实体”工具栏中的 按钮

指定长方体的角点或[中心点(CE)]<0，0，0>:　　//在屏幕上的任意位置确定长方体//的一个顶点

指定角点或[立方体(C)/长度(L)]：@100，80，60

结果如图 6.12 所示。

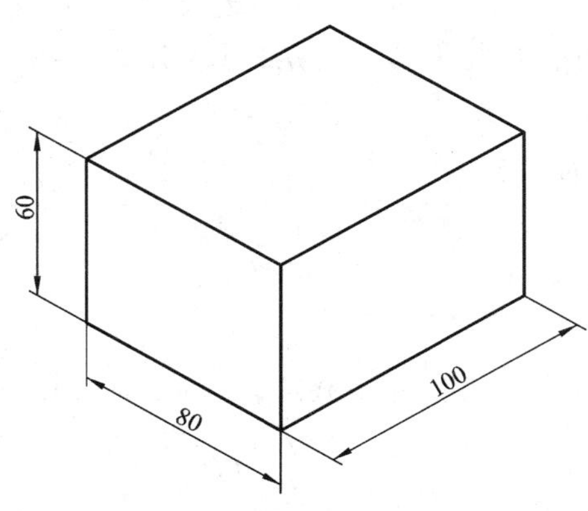

图 6.12

2) 圆柱体的创建

命令：_cylinder　　//也可以单击“实体”工具栏中的按钮

当前线框密度：ISOLINES=4

指定圆柱体底面的中心点或[椭圆(E)]<0，0，0>：　//在屏幕上的任意位置确定圆柱体//的圆心

指定圆柱体底面的半径或[直径(D)]：40

指定圆柱体高度或[另一个圆心(C)]：80

结果如图 6.13 所示。

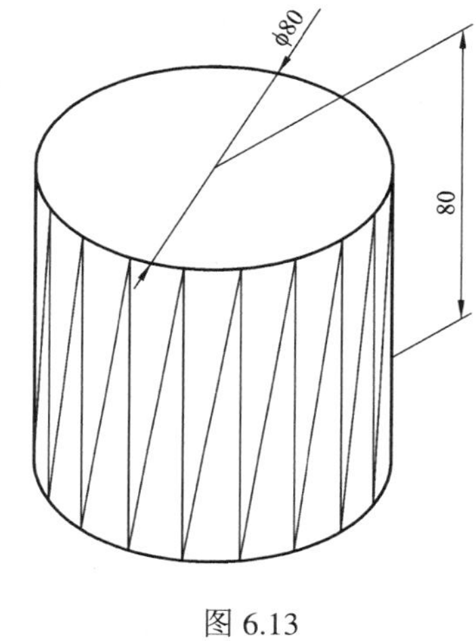

图 6.13

3) 球体的创建

命令：_sphere　　//也可以单击“实体”工具栏中的按钮

当前线框密度：ISOLINES=4

指定球体球心<0，0，0>：　　//在屏幕上的任意位置确定球体的一个顶点

指定球体半径或[直径(D)]：60

结果如图 6.14 所示。

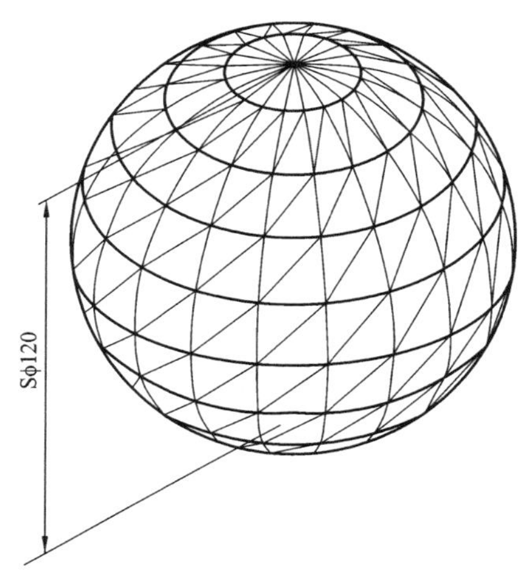

图 6.14

4) 圆环体的创建

命令：_torus　　　　　　　　　　　　//也可以单击“实体”工具栏中的 按钮

当前线框密度：ISOLINES=4

指定圆环体中心<0，0，0>:　　　　　　　//在屏幕上的任意位置确定圆环的中心点

指定圆环体半径或[直径(D)]：120

指定圆管半径或[直径(D)]：20

结果如图 6.15 所示。

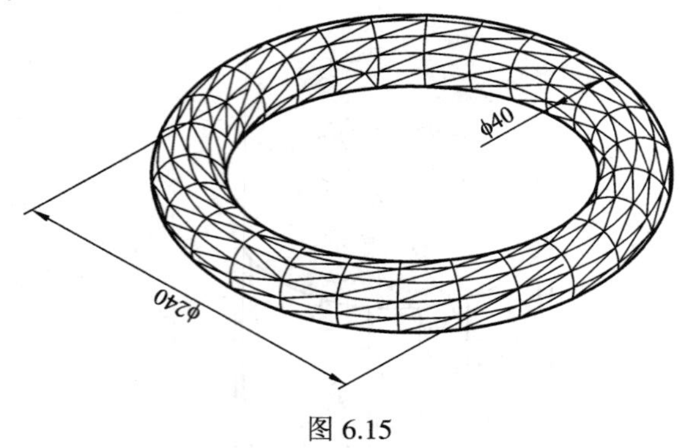

图 6.15

5) 圆锥体的创建

命令：_cone　　　　　　　　　　　　//也可以单击“实体”工具栏中的 按钮

当前线框密度：ISOLINES=4

指定圆锥体底面的中心点或[椭圆(E)]<0，0，0>:　//在屏幕上的任意位置确定圆锥体
　　　　　　　　　　　　　　　　　　　　　　//下底面的圆心点

指定圆锥体底面的半径或[直径(D)]：10

指定圆锥体高度或[顶点(A)]：30

结果如图 6.16 所示。

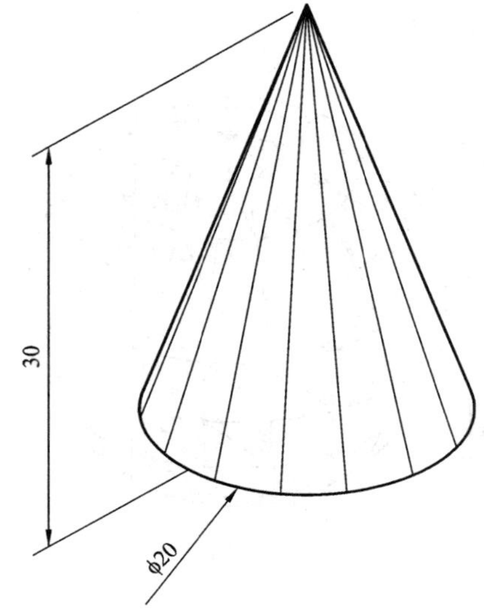

图 6.16

6) 楔体的创建

命令：_wedge　　　　　　　　　　　　//也可以单击“实体”工具栏中的 按钮

指定楔体的第一个角点或[中心点(CE)] <0，0，0>:

指定角点或[立方体(C)/长度(L)]：L

指定长度：30

指定宽度：20

指定高度：10

结果如图 6.17 所示。

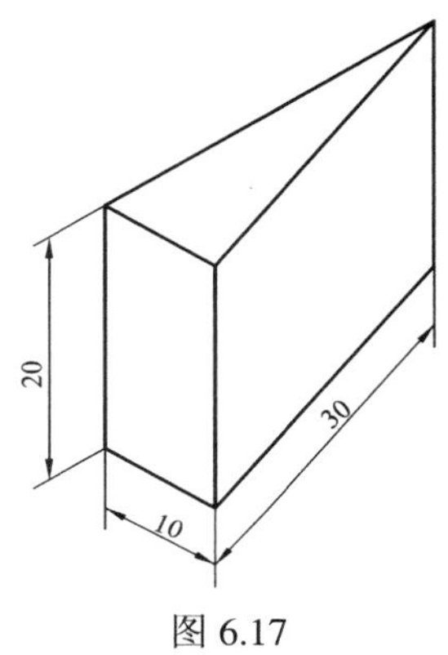

图 6.17

常见错误 

(1) 用来做实体拉伸的平面视图容易选择错误，导致所做成的立体图方向不对。(可以通过实体旋转或直接把实体剪切后粘贴到适当的视图中。)

(2) 实体坐标定位不准确。(要加强空间想象能力的培养。)

该你练了

请运用所学到知识完成图 6.18 和图 6.19。

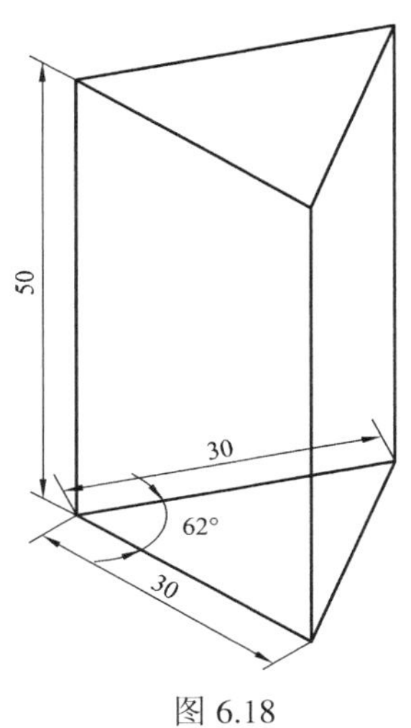

图 6.18

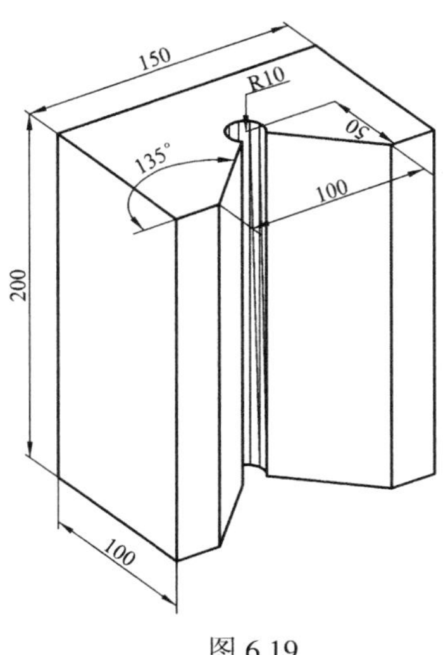

图 6.19

6.2　三维图形的编辑命令

在 6.1 节我们学习了创建三维图形的基本知识，但对于形状结构复杂的物体，我们还要通过对实体进行形体分析，应用叠加或切割等编辑命令绘制出物体。

6.2.1　实体编辑工具栏

实体编辑工具栏如图 6.20 所示。

图 6.20

6.2.2　三维图形编辑命令的应用

要将多个基本几何体组合成复杂的物体，除了拉伸和旋转等实体创建命令外，还需要运用布尔运算操作(并集、差集、交集)，可以将简单的几何体组合成复杂的实体。

1. 布尔运算

1) 并集

命令：_union　　　　//也可以单击“实体编辑”工具栏中的按钮

选择对象：找到 1 个

选择对象：找到 1 个，总计 2 个

【例 6.4】　利用并集方法创建组合体。

(1) 分别绘制长方体和圆柱体，位置及尺寸如图 6.21 所示。

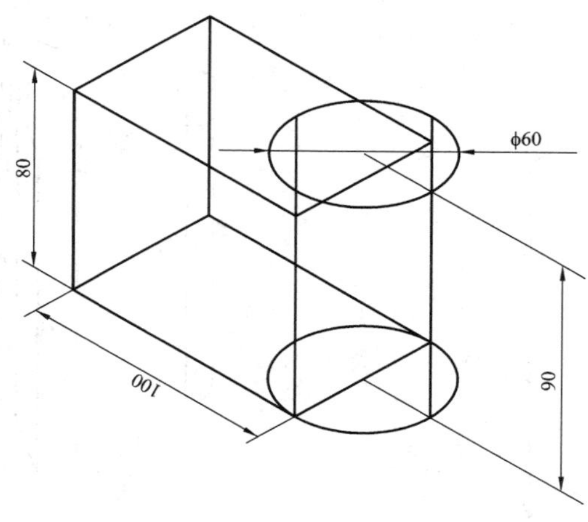

图 6.21

(2) 具体方法：

命令：_union　　　　//也可以单击“实体编辑”工具栏中的 按钮

选择对象：找到 1 个　　　　//选择长方体

选择对象：找到 1 个，总计 2 个　　　　//选择圆柱体

选择对象：

结果如图 6.22 所示。

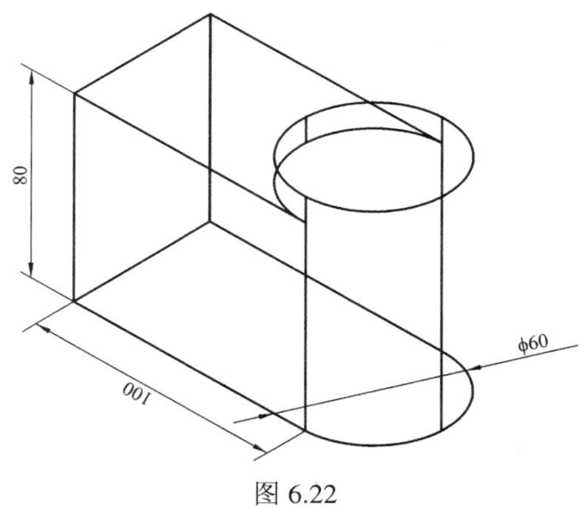

图 6.22

2) 差集

命令：_subtract　　　　//也可以单击“实体编辑”工具栏中的 按钮

选择对象：找到 1 个

选择对象：

选择要减去的实体或面域

选择对象：找到 1 个

选择对象：

【例 6.5】　利用差集方法创建组合体。

(1) 分别绘制长方体和圆柱，位置及尺寸如图 6.21 所示。

(2) 具体方法：

命令：_ subtract　　　　//也可以单击“实体编辑”工具栏中的 按钮

选择对象：找到 1 个　　　　//选择长方体

选择对象：

选择要减去的实体或面域

选择对象：找到 1 个　　　　//选择圆柱体

选择对象：

结果如图 6.23 所示。

3) 交集

命令：_intersect　　　　//也可以单击“实体编辑”工具栏中的 按钮

选择对象：找到 1 个

选择对象：找到 1 个，总计 2 个

选择对象：

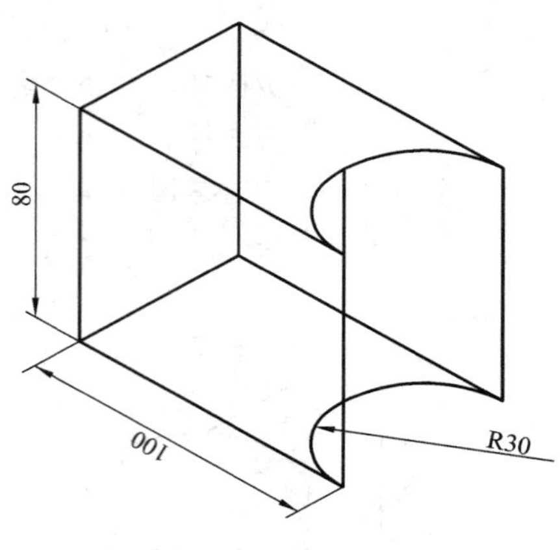

图 6.23

【例 6.6】 利用交集方法创建组合体。

(1) 分别绘制长方体和圆柱，位置及尺寸如图 6.21 所示。

(2) 具体方法：

命令：_intersect　　//也可以单击"实体编辑"工具栏中的 按钮
选择对象：找到 1 个　　//选择长方体
选择对象：找到 1 个，总计 2 个　　//选择圆柱体
选择对象：
命令：hide

结果如图 6.24 所示。

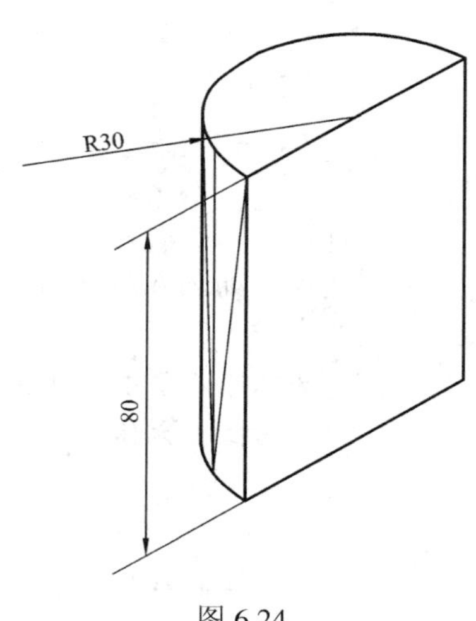

图 6.24

2. 抽壳

命令：_solidedit　　//也可以单击"实体编辑"工具栏中的 按钮
实体编辑自动检查：SOLIDCHECK=1
输入实体编辑选项[面(F)/边(E)/体(B)/放弃(U)/退出(X)/]<退出>：_body
输入体编辑选项[压印(I)/分割实体(P)/抽壳(S)/清除(L)/检查(C)/放弃(U)/退出(X)]
　　<退出>：_shell

选择三维实体:
删除面或[放弃(U)/添加(A)/全部(ALL)]: 找到一个面，已删除 1 个
删除面或[放弃(U)/添加(A)/全部(ALL)]:
输入抽壳偏移距离:
已开始实体校验。
已完成实体校验。
输入体编辑选项[压印(I)/分割实体(P)/抽壳(S)/清除(L)/检查(C)/放弃(U)/退出(X)]<退出>:
选择对象: 找到 1 个
选择对象: 找到 1 个，总计 2 个
选择对象:

【例 6.7】 利用抽壳方法创建组合体。

(1) 分别绘制长方体和圆柱，位置及尺寸如图 6.21 所示。

(2) 具体方法:

命令: _solidedit
实体编辑自动检查: SOLIDCHECK=1
输入实体编辑选项[面(F)/边(E)/体(B)/放弃(U)/退出(X)]<退出>: _body
输入体编辑选项[压印(I)/分割实体(P)/抽壳(S)/清除(L)/检查(C)/放弃(U)/退出(X)]<退出>: _shell
选择三维实体:
删除面或[放弃(U)/添加(A)/全部(ALL)]:
输入抽壳偏移距离: 5
已开始实体校验。
已完成实体校验。
输入体编辑选项[压印(I)/分割实体(P)/抽壳(S)/清除(L)/检查(C)/放弃(U)/退出(X)]<退出>:

结果如图 6.25 所示。

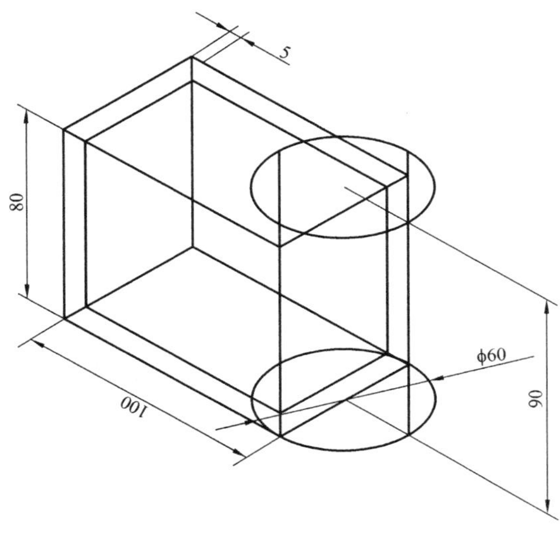

图 6.25

(3) 利用差集方法创建如图 6.26 所示的组合体。

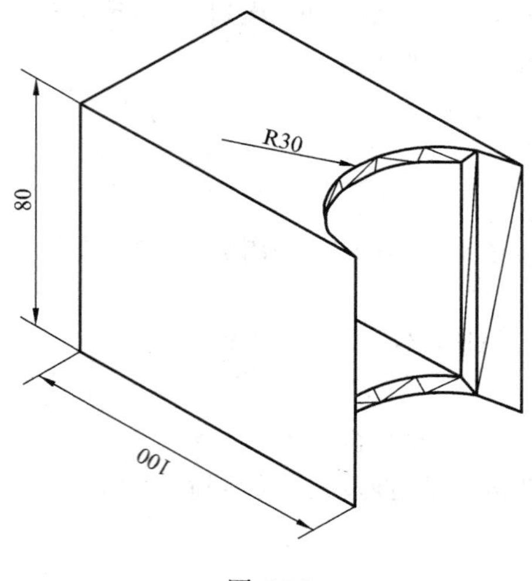

图 6.26

6.2.3　二维编辑命令在三维中的应用

在二维中常用的命令有 MOVE、COPY、SCALE、EXTEND、TRIM、FILLET、CHAMFER、STRETCH、ARRAY、MIRROR、ROTATE、OFFSET 和 LENGTH 等。在三维中使用这些命令时，不同的命令有其各自的特点：

(1) 下列命令可以在任意空间中操作：MOVE、COPY、SCALE、EXTEND、TRIM、FILLET、CHAMFER、BREAK、STRETCH、LENGTH 等。

(2) 下列命令有操作空间限制，只能在当前 UCS 的特定平面内操作：ARRAY、MIRROR、ROTATE、OFFSET 等。

6.2.4　三维模型创建及编辑命令的综合运用实例

【例 6.8】　生成平面图形，为旋转成实体做准备。

命令：_-view 输入选项

[?/分类(C)/图层状态(A)/正交(O)/删除(D)/恢复(R)/保存(S)/UCS(U)/窗口(W)]：_front

正在重生成模型。

命令：_pline

指定起点：

当前线宽为 0.0000

指定下一个点或[圆弧(A)/半宽(H)/长度(L)/放弃(U)/宽度(W)]：<正交 开> 50

指定下一点或[圆弧(A)/闭合(C)/半宽(H)/长度(L)/放弃(U)/宽度(W)]：40

指定下一点或[圆弧(A)/闭合(C)/半宽(H)/长度(L)/放弃(U)/宽度(W)]：30

指定下一点或[圆弧(A)/闭合(C)/半宽(H)/长度(L)/放弃(U)/宽度(W)]：10

指定下一点或[圆弧(A)/闭合(C)/半宽(H)/长度(L)/放弃(U)/宽度(W)]：c

结果如图 6.27 所示。

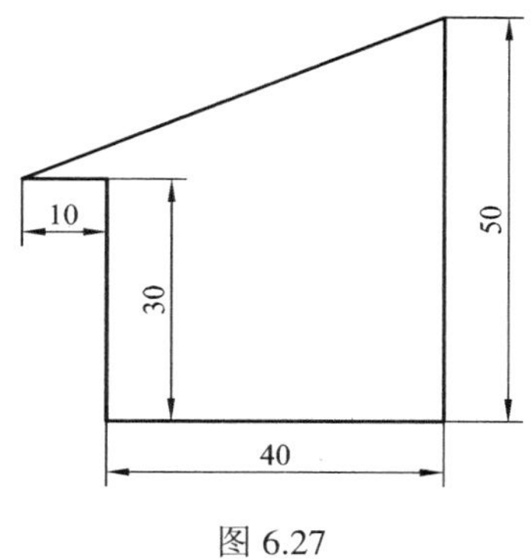

图 6.27

【例 6.9】　旋转成实体。

命令：_revolve

当前线框密度：ISOLINES=4

选择对象：找到 1 个

选择对象：

指定旋转轴的起点或

定义轴依照[对象(O)/X 轴(X)/Y 轴(Y)]:

指定轴端点:

指定旋转角度<360>:

命令：_-view 输入选项

[?/分类(C)/图层状态(A)/正交(O)/删除(D)/恢复(R)/保存(S)/UCS(U)/窗口(W)]：_swiso

正在重生成模型。

结果如图 6.28 所示。

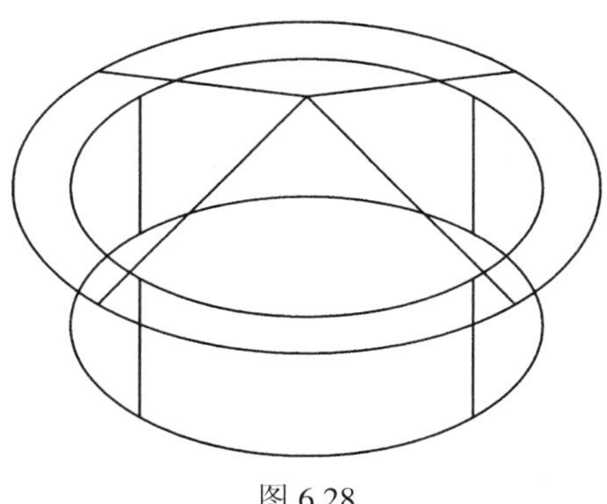

图 6.28

【例 6.10】　在俯视图绘制小圆。

命令：_-view 输入选项

[?/分类(C)/图层状态(A)/正交(O)/删除(D)/恢复(R)/保存(S)/UCS(U)/窗口(W)]：_top

正在重生成模型。

命令：_circle 指定圆的圆心或[三点(3P)/两点(2P)/相切、相切、半径(T)]:

指定圆的半径或[直径(D)]：30

命令：_line 指定第一点:

指定下一点或[放弃(U)]:

指定下一点或[放弃(U)]:

命令: _circle

指定圆的圆心或[三点(3P)/两点(2P)/相切、相切、半径(T)]:

指定圆的半径或[直径(D)]<30.0000>: 8

命令: _circle

指定圆的圆心或[三点(3P)/两点(2P)/相切、相切、半径(T)]:

指定圆的半径或[直径(D)]<8.0000>: 15

命令: _array

选择对象: 找到 1 个

选择对象:

指定阵列中心点:

结果如图 6.29 所示。

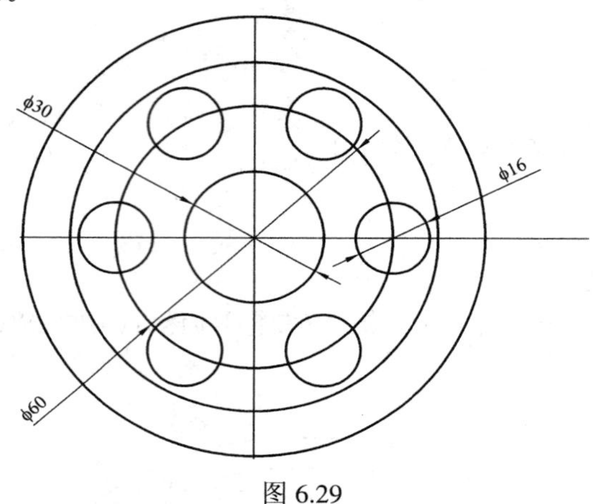

图 6.29

【例 6.11】 删除辅助线及辅助圆，拉伸小圆ϕ30 和ϕ16，高度为 60，方向向上。

命令: _extrude

当前线框密度: ISOLINES=4

选择对象: 找到 1 个

选择对象: 找到 1 个，总计 2 个

选择对象: 找到 1 个，总计 3 个

选择对象: 找到 1 个，总计 4 个

选择对象: 找到 1 个，总计 5 个

选择对象: 找到 1 个，总计 6 个

选择对象: 找到 1 个，总计 7 个

选择对象:

指定拉伸高度或[路径(P)]: 60

指定拉伸的倾斜角度<0>:

命令: _hide 正在重生成模型。

结果如图 6.30 所示。

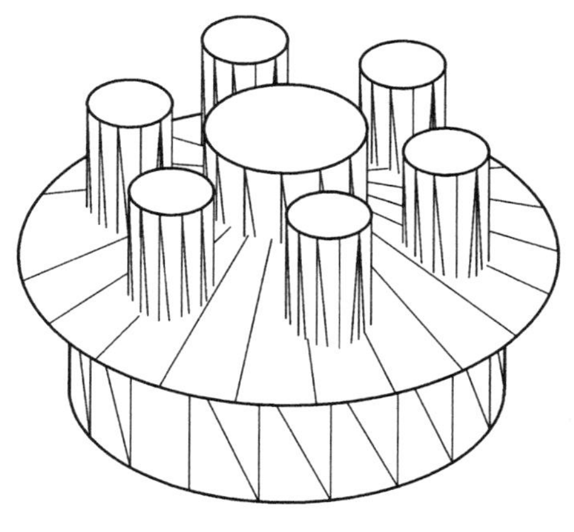

图 6.30

【例 6.12】 运用差集的方法创建零件的通孔。

命令: _subtract 选择要从中减去的实体或面域...
选择对象: 找到 1 个
选择对象:
选择要减去的实体或面域 ...
选择对象: 找到 1 个
选择对象: 找到 1 个，总计 2 个
选择对象: 找到 1 个，总计 3 个
选择对象: 指定对角点: 找到 1 个，总计 4 个
选择对象: 找到 1 个，总计 5 个
选择对象: 找到 1 个，总计 6 个
选择对象: 找到 1 个，总计 7 个
选择对象:
命令: _hide 正在重生成模型。

结果如图 6.31 所示。

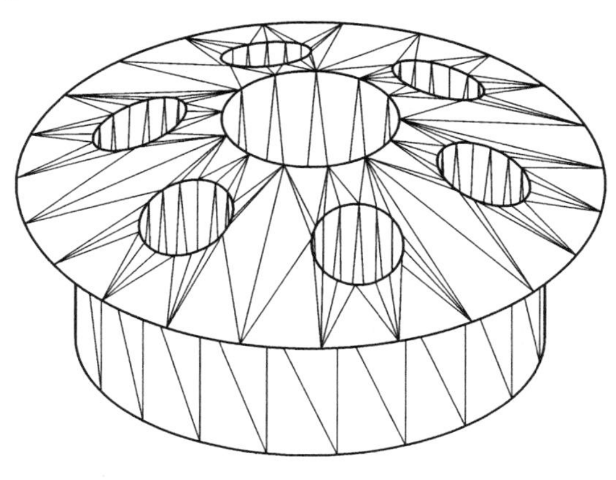

图 6.31

常见错误 

(1) 实体没有并集就进行差集，导致有些部分没被切割。(有多个部分组合时应该考虑哪些部分先并集再差集。)

(2) 拉伸的区域或旋转的区域没有连成多段线或做成面域，造成无法建立实体。(合并线段或做面域，注意不能出现出头的多余线段。)

该你练了

请运用所学到知识完成图 6.32 和图 6.33。

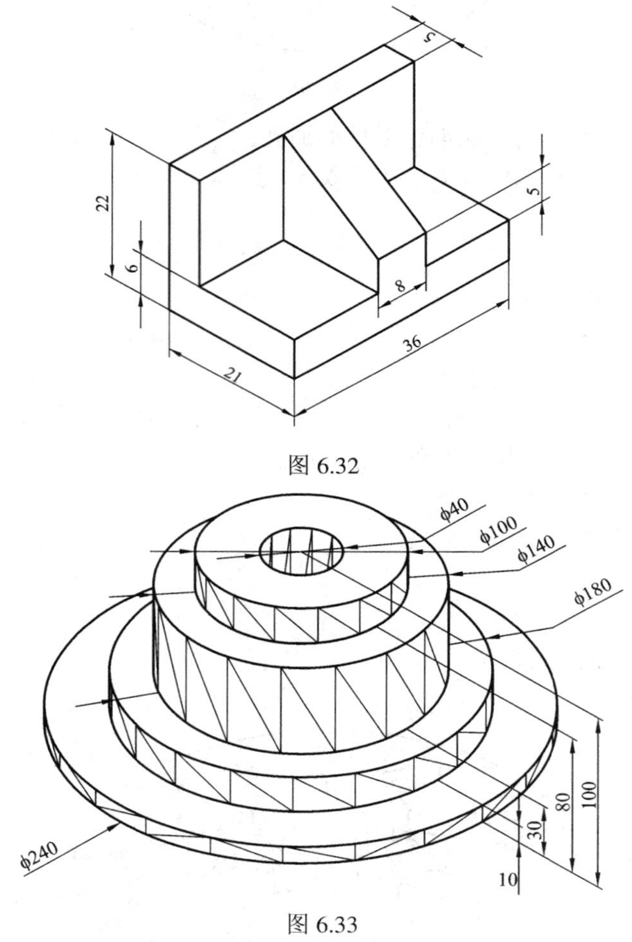

图 6.32

图 6.33

6.3　三维图形的显示方式

本节主要介绍观察三维模型的方法和模型的消隐与着色。

设置观察视点通常用 DDVPOINT 命令和 VPOINT 命令。DDVPOINT 命令使用两个角度确定观察方向矢量。VPOINT 命令有 3 种设置视点的方式，即指定视点、旋转和罗盘与三轴架，其中指定视点方式使用坐标确定观察方向，后两种方式在原理上与 DDVPOINT 命令相同。

三维动态观察器有强大的功能，可以从各个方向动态观察三维模型，也可以自动旋转观察方向，形成动画效果。三维动态观察器可以模拟相机效果，提供了前向、后向剪裁平面，使用户可以观察到模型的内部结构。消隐与着色功能使模型具有立体感和真实感，更逼近真实世界。

除了平行投影模式外，AutoCAD 还提供了透视模式，透视图可以产生更加真实的感觉。在透视模式下不能进行编辑操作，许多平行模式下的命令也不能使用。PLAN 命令用于快速创建 XY 平面视图，可以基于当前的 UCS、命令的 UCS 或者 WCS 建立平面视图。

6.3.1　三维图形的显示工具栏

(1) 视图工具栏，见图 6.34。

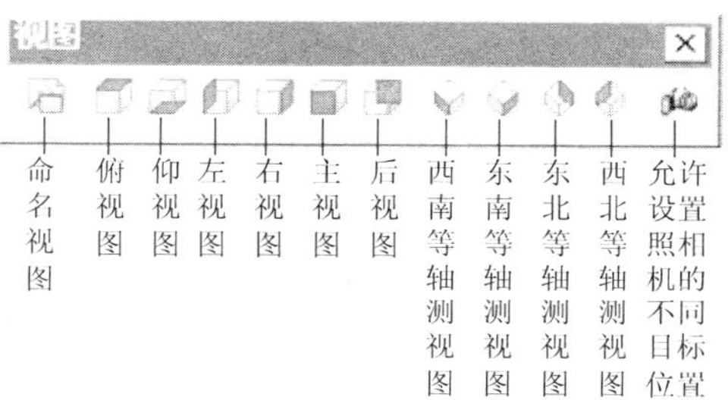

图 6.34

(2) 三维动态观察器工具栏，见图 6.35。

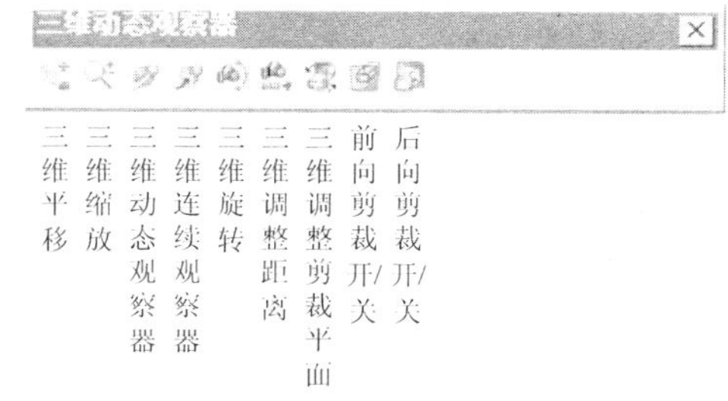

图 6.35

(3) 着色工具栏，见图 6.36。

图 6.36

6.3.2　三维图的显示方式

1．视图

AutoCAD 提供了 10 个标准的视图，如主视图、俯视图、左视图等，并可以在同一窗口分成多个视口同时显示出来，使得用户可以从不同的方向观察图形。图 6.33 就是一个零件在不同视图下的图形。

【例 6.13】

命令：_-vports

输入选项[保存(S)/恢复(R)/删除(D)/合并(J)/单一(SI)/?/2/3/4]<3>：_4

命令：_-view 输入选项

[?/分类(C)/图层状态(A)/正交(O)/删除(D)/恢复(R)/保存(S)/UCS(U)/窗口(W)]：_front

正在重生成模型。

命令：_-view 输入选项[?/分类(C)/图层状态(A)/正交(O)/删除(D)/恢复(R)/保存(S)/UCS(U)/窗口(W)]：_left

正在重生成模型。

命令：_-view 输入选项[?/分类(C)/图层状态(A)/正交(O)/删除(D)/恢复(R)/保存(S)/UCS(U)/窗口(W)]：_top

正在重生成模型。

命令：_-view 输入选项[?/分类(C)/图层状态(A)/正交(O)/删除(D)/恢复(R)/保存(S)/UCS(U)/窗口(W)]：_swiso

正在重生成模型。

结果如图 6.37 所示。

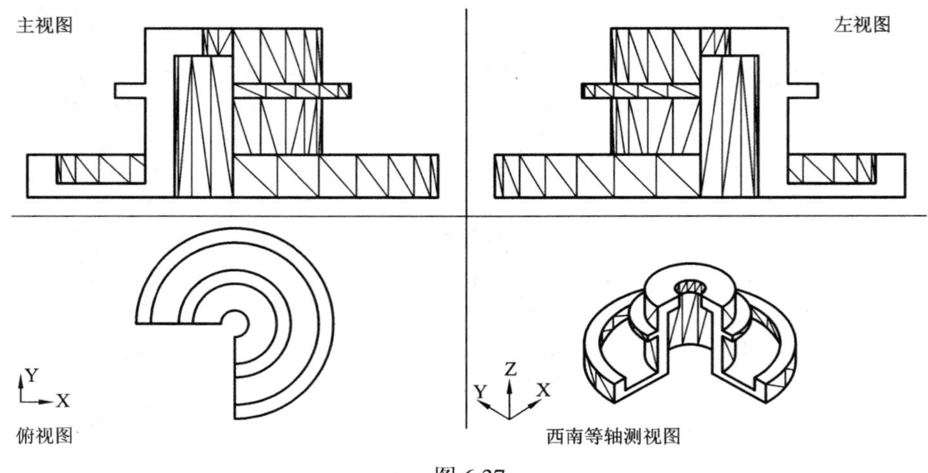

图 6.37

2．三维动态观察器

1) 三维平移

命令：'_3dpan

按 Esc 或 Enter 键退出，或者单击鼠标右键显示快捷菜单。

2) 三维缩放

命令：'_3dzoom

按 Esc 或 Enter 键退出，或者单击鼠标右键显示快捷菜单。

3) 三维动态观察器

用户可以通过鼠标连续调整观察方向，得到不同观察方向的三维视图。

命令：'_3dorbit

按 Esc 或 Enter 键退出，或者单击鼠标右键显示快捷菜单。

4) 三维连续观察器

启动该命令后，在绘图区内任意地方按下鼠标左键并沿某个方向拖动鼠标，对象沿该方向转动，释放左键后，对象会朝这个方向继续转动，转动的速度取决于用户拖动光标的速度。然后在绘图区任意位置单击鼠标左键，对象转动就会停止，此时用户可以沿其他方向拖动光标来改变对象的旋转方向。

命令：'_3dcorbit

按 Esc 或 Enter 键退出，或者单击鼠标右键显示快捷菜单。

5) 三维旋转

三维旋转用于模拟安装在三脚架云台上的相机效果。例如，先将相机镜头对准目标，然后转动相机，相机向左转动，取景框中的对象将从中央移向右边；如果将镜头上抬，取景框中的对象将向下移。

命令：'_3dswivel

按 Esc 或 Enter 键退出，或者单击鼠标右键显示快捷菜单。

6) 三维调整距离

三维调整距离用来模拟相机与观察对象之间距离的调整。当用照相机照相时，目标离镜头越远，所成的像越小；反之，成像越大。

命令：'_3ddistance

按 Esc 或 Enter 键退出，或者单击鼠标右键显示快捷菜单。

7) 三维调整剪裁平面

三维调整剪裁平面是指用户使用一个平面切开观察对象，隐藏该平面前面或后面部分，以便观察三维对象的内部结构。隐藏平面前面部分的称为前向剪裁平面，隐藏平面后面部分的称为后向剪裁平面。

命令：'_3dclip 正在重生成模型

3. 着色

1) 二维线框

用表示边界的直线段和曲线段显示对象，在二维线框视图中坐标系图标 Z 轴没有箭头。

【例 6.14】

命令: _shademode 当前模式: 二维线框

输入选项

[二维线框(2D)/三维线框(3D)/消隐(H)/平面着色(F)/体着色(G)/带边框平面着色(L)/带边框体着色(O)]<二维线框>: _2

结果如图 6.38 所示。

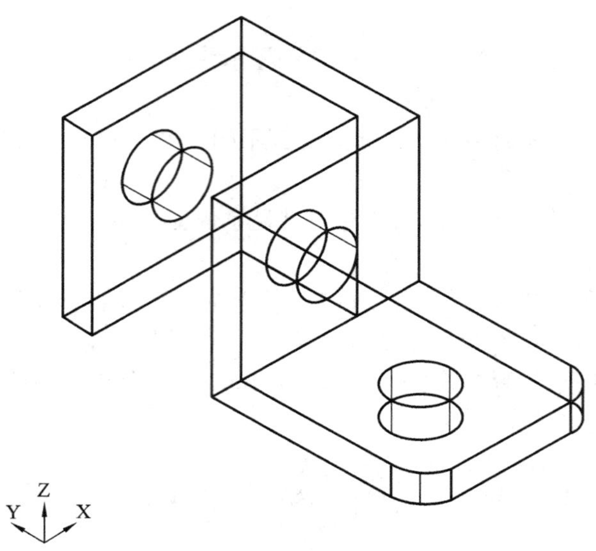

图 6.38

2) 三维线框

用表示边界的直线段和曲线段显示对象，同时显示一个着色的三维坐标系图标。

【例 6.15】

命令：_shademode 当前模式：三维线框

输入选项

[二维线框(2D)/三维线框(3D)/消隐(H)/平面着色(F)/体着色(G)/带边框平面着色(L)/带边框体着色(O)]<三维线框>：_3

结果如图 6.39 所示。

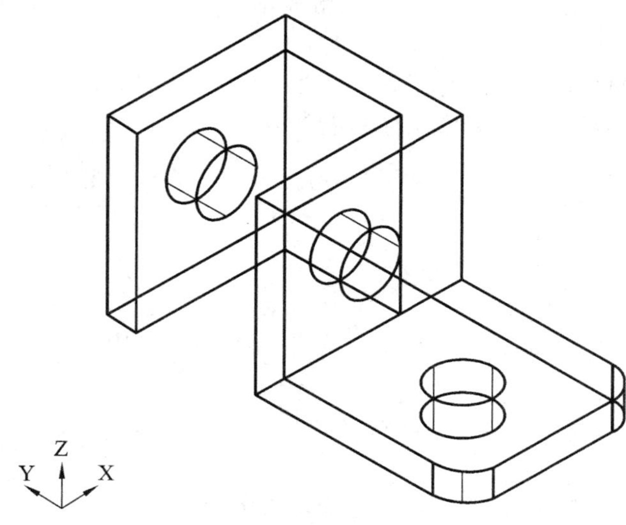

图 6.39

3) 消隐

用三维线框显示对象，消隐被遮挡的线条。

【例6.16】

命令：_shademode 当前模式：三维线框

输入选项

[二维线框(2D)/三维线框(3D)/消隐(H)/平面着色(F)/体着色(G)/带边框平面着色(L)/带边框体着色(O)]<三维线框>：_h

结果如图6.40所示。

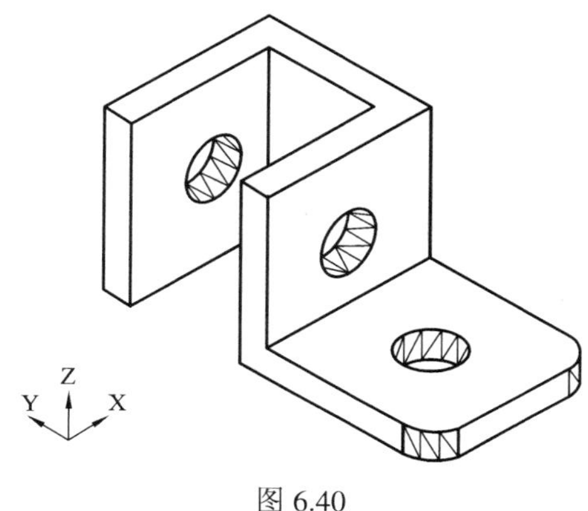

图6.40

4) 平面着色

用许多着色的小平面拟合曲面，因此着色对象的曲面不太光滑。

【例6.17】

命令：_shademode 当前模式：消隐

输入选项

[二维线框(2D)/三维线框(3D)/消隐(H)/平面着色(F)/体着色(G)/带边框平面着色(L)/带边框体着色(O)]<消隐>：_f

结果如图6.41所示。

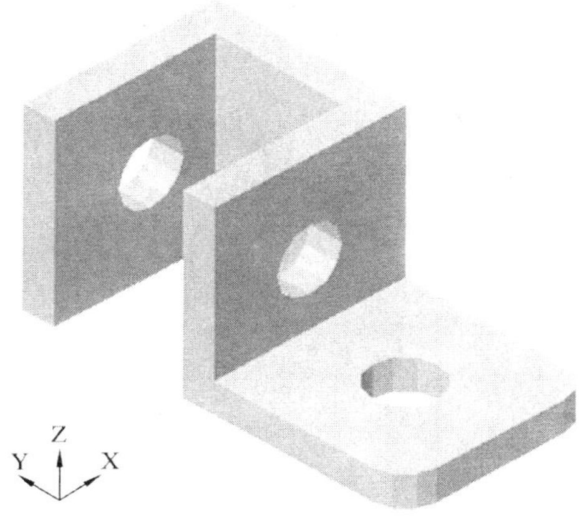

图6.41

5) 体着色

仍然用许多着色的小平面拟合曲面，但是在小平面的相交处采用圆弧过渡，因此与平面着色相比，着色后对象的表面十分光滑。

【例 6.18】

命令：_shademode 当前模式：平面着色

输入选项[二维线框(2D)/三维线框(3D)/消隐(H)/平面着色(F)/体着色(G)/带边框平面着色(L)/带边框体着色(O)]<平面着色>：_g

结果如图 6.42 所示。

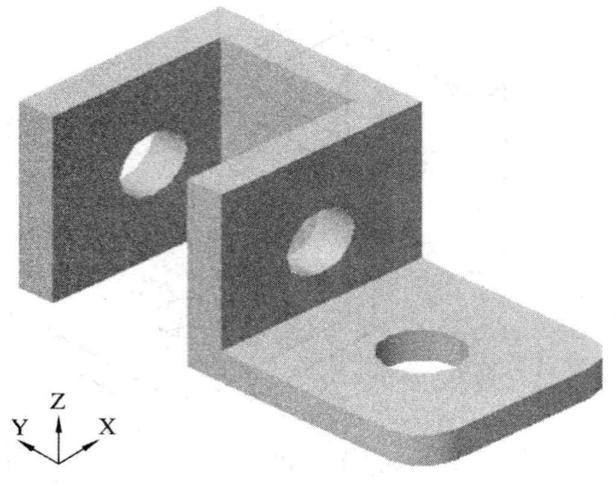

图 6.42

6) 带边框的平面着色

显示平面着色效果的同时高亮显示对象的线框。

【例 6.19】

命令：_shademode 当前模式：体着色

输入选项[二维线框(2D)/三维线框(3D)/消隐(H)/平面着色(F)/体着色(G)/带边框平面着色(L)/带边框体着色(O)]<体着色>：_l

结果如图 6.43 所示。

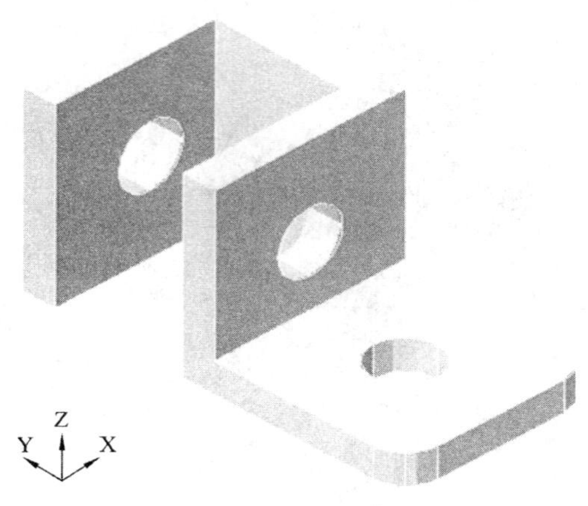

图 6.43

7) 带边框的体着色

显示体着色效果的同时高亮显示对象的线框。

【例 6.20】

命令: _shademode 当前模式: 带边框平面着色

输入选项[二维线框(2D)/三维线框(3D)/消隐(H)/平面着色(F)/体着色(G)/带边框平面着色(L)/带边框体着色(O)]<带边框平面着色>: _o

结果如图 6.44 所示。

图 6.44

4. 透视图

在日常生活中见到的照片就是透视图，AutoCAD 采用照相机原理来建立透视图，用它来表达三维模型，会有更为真实的感觉。

【例 6.21】

命令: dview

选择对象或<使用 DVIEWBLOCK>: 找到 1 个

选择对象或<使用 DVIEWBLOCK>:

输入选项[相机(CA)/目标(TA)/距离(D)/点(PO)/平移(PA)/缩放(Z)/扭曲(TW)/剪裁(CL)/隐藏(H)/关(O)/放弃(U)]: d

指定新的相机目标距离<1.7321>: 1500

输入选项[相机(CA)/目标(TA)/距离(D)/点(PO)/平移(PA)/缩放(Z)/扭曲(TW)/剪裁(CL)/隐藏(H)/关(O)/放弃(U)]:

正在重生成模型。

结果如图 6.45 所示。

5. 快速切换到 XY 平面视图

为了作图的需要，用户常常会变换用户坐标系，但是变换坐标系后的视图并不是 XY 平面视图，这时可以采用 UCS、PLAN 命令转换到我们所需要绘图的 XY 平面视图。

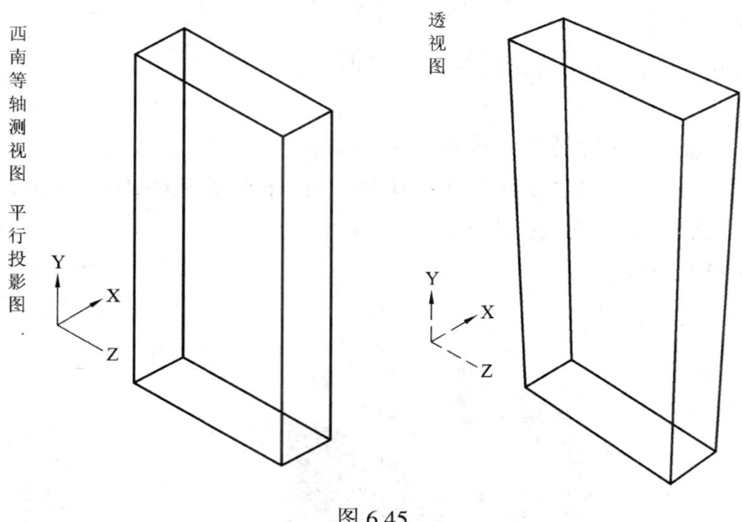

图 6.45

【例 6.22】

命令：ucs

当前 UCS 名称：*没有名称*

输入选项[新建(N)/移动(M)/正交(G)/上一个(P)/恢复(R)/保存(S)/删除(D)/应用(A)/?/世界(W)]<世界>：n

指定新 UCS 的原点或[Z 轴(ZA)/三点(3)/对象(OB)/面(F)/视图(V)/X/Y/Z]<0，0，0>：3

指定新原点<0，0，0>：

在正 X 轴范围上指定点<1.0000，0.0000，0.0000>：

在 UCS XY 平面的正 Y 轴范围上指定点<-1.0000，0.0000，0.0000>：

命令：plan

输入选项[当前 UCS(C)/UCS(U)/世界(W)]<当前 UCS>：

正在重生成模型。

结果如图 6.46、图 6.47 所示。

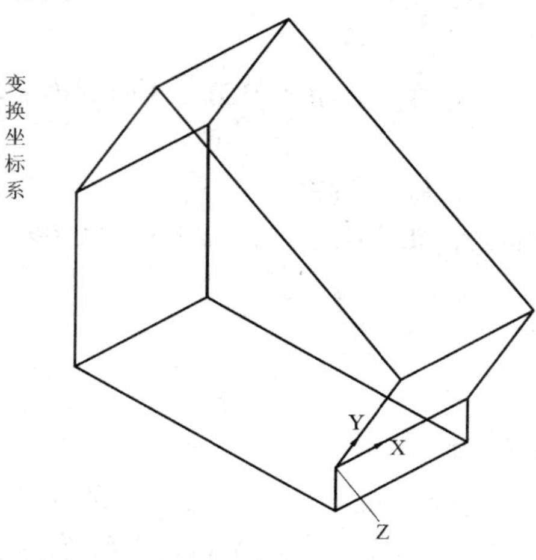

图 6.46

生成平面视图

Y

X

图 6.47

常见错误 

(1) 视图不对导致立体图不符合实体的实际情况。(注意学习主视图的选择原则以及特征视图的分析。)

(2) 着色中的二维线框和消隐都不是真正的基本视图表达方式，可能会出现线型不对和漏线等错误。

该你练了

请运用学到的知识，试用三维动态观察器和透视图的方法观察图 6.48，分析其结构。

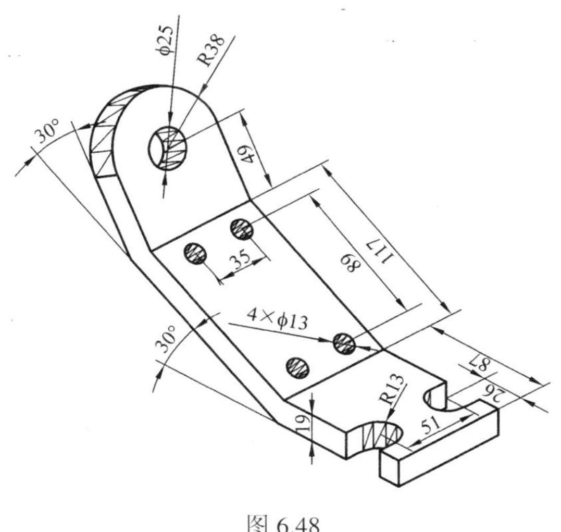

图 6.48

6.4 三维图形的渲染

本节主要介绍有关光源、材质、背景和配景等方面的知识，学习如何对三维实体进行渲染。AutoCAD 提供很强的渲染功能，用户可以在模型中添加多种类型的光源，包括模拟太阳的平行光源、模拟电灯泡的点光源和模拟探照灯的聚光灯光源；也可以为三维模型附着材质特性，如金属、塑料、玻璃等；还可以为渲染的对象加入背景和各种配景，并采用雾化效果加以渲染，以得到更加真实的效果。

6.4.1　三维图形的渲染工具栏

三维图形的渲染工具栏如图 6.49 所示。

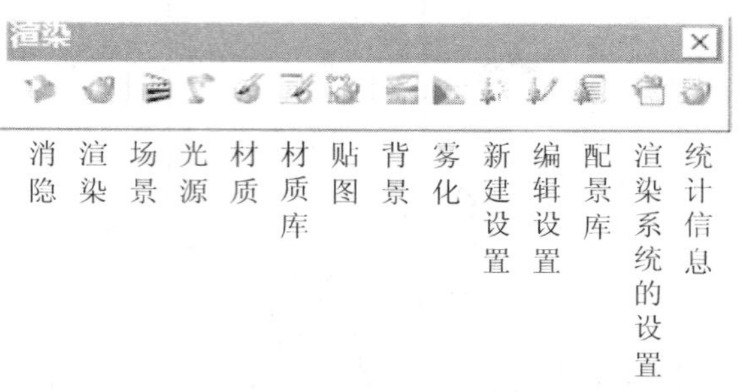

图 6.49

6.4.2　三维图形的渲染

在一个三维项目中，渲染花费的时间通常是最多的。渲染一般包括以下步骤：

(1) 准备模型，包括一些特有的绘图技术、消除隐藏面、构造平滑着色的网格和设置视图的分辨率。

(2) 照明，包括创建和放置光源以及创建阴影。

(3) 添加颜色，包括定义材质的反射质量和将材质与可见表面相关联。

(4) 加入背景和配景。

【例 6.23】　对如图 6.50 所示的三维图形进行渲染。

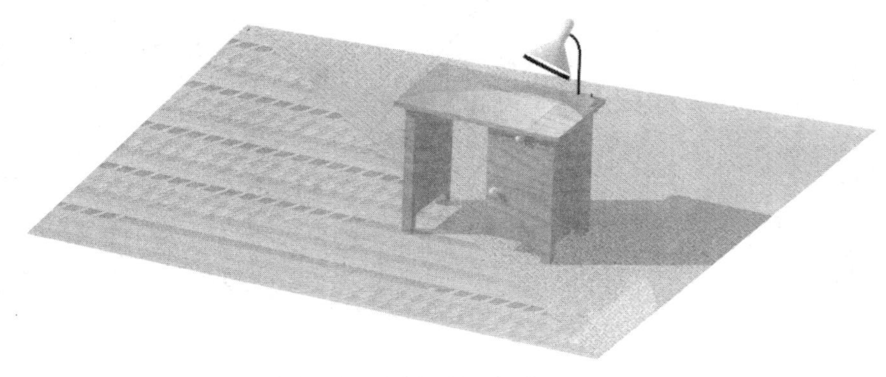

图 6.50

(1) 绘制图形，如图 6.51 所示(尺寸略)。

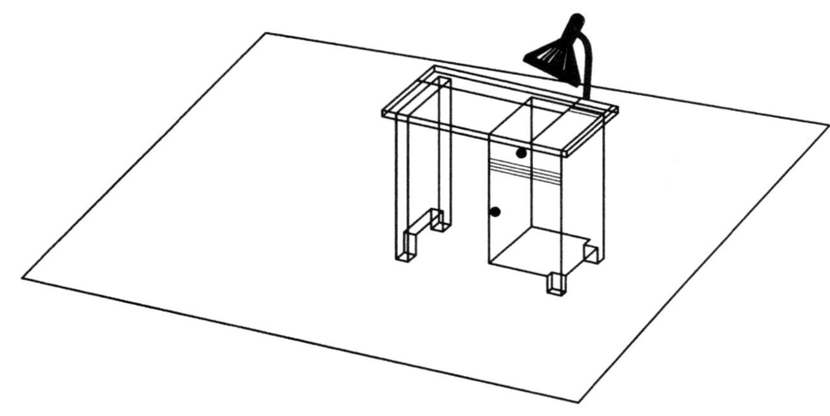

图 6.51

(2) 设置光源。

① 点击渲染工具栏中的“光源”按钮，弹出如图 6.52 所示的“光源”对话框。

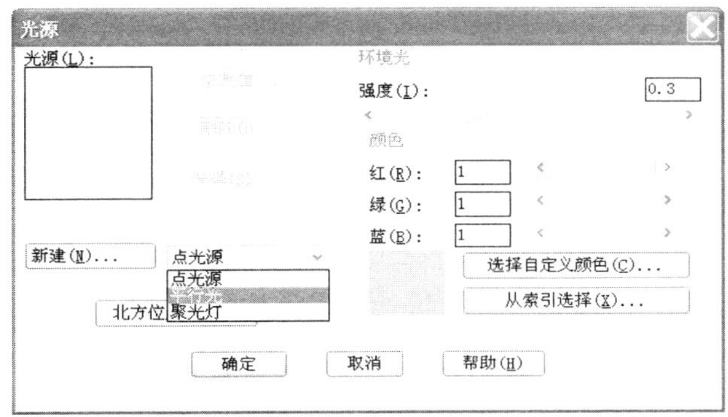

图 6.52

② 选择“平行光”，再点击“新建”按钮，在弹出的“新建平行光”对话框中设置参数，如图 6.53 所示。

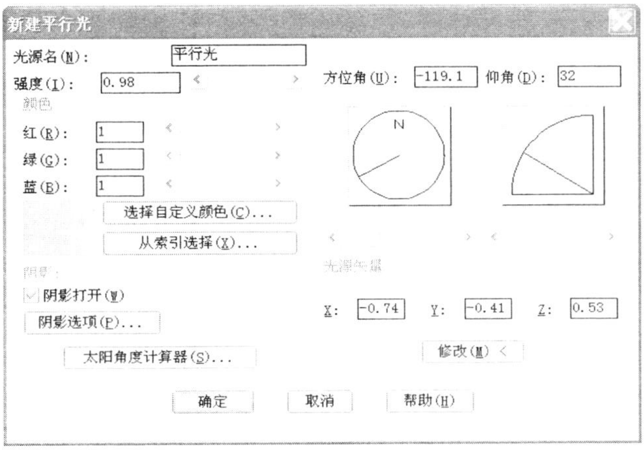

图 6.53

③ 点击图 6.53 所示对话框中的“太阳角度计算器”按钮，在弹出的“太阳角度计算器”对话框中设置参数，如图 6.54 所示。

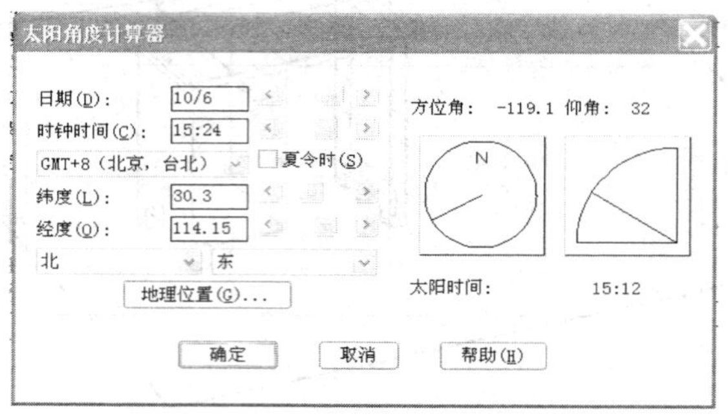

图 6.54

④ 单击“确定”按钮，返回“新建平行光”对话框，再点击“阴影”按钮，在弹出的对话框中设置参数，如图 6.55 所示。

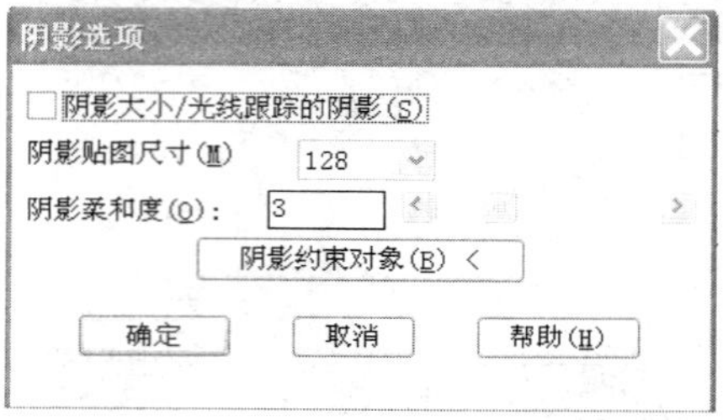

图 6.55

⑤ 单击“确定”按钮，返回“光源”对话框，选择“点光源”，再点击“新建”按钮，在弹出的“新建点光源”对话框中设置参数，如图 6.56 所示。

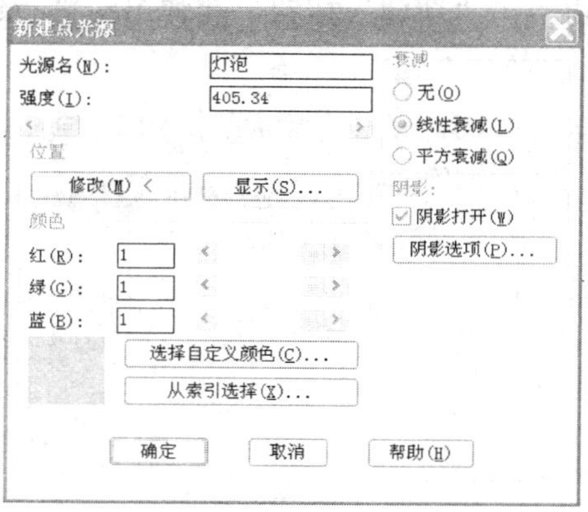

图 6.56

(3) 设置材质。点击渲染工具栏中的“材质”按钮，在弹出的“材质”对话框中设置参数，如图 6.57 所示。

(4) 渲染。在渲染工具栏中点击“渲染”按钮，即可完成渲染操作。

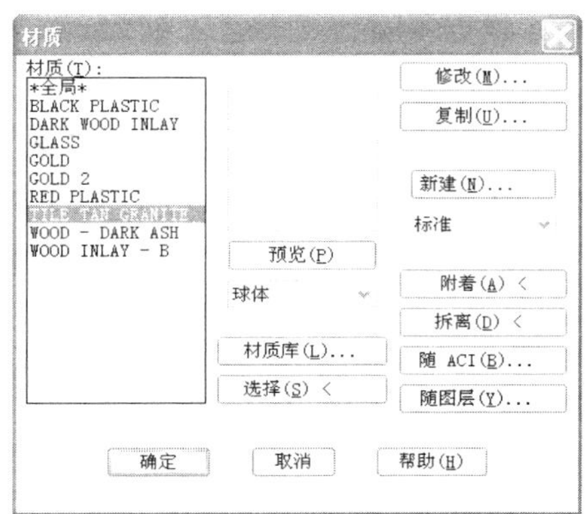

图 6.57

(5) 如果还想加上背景，可进行以下操作：

① 点击渲染工具栏中的“背景”按钮，在弹出的“背景”对话框中选择“图像”，再点击“查找文件”按钮，指定背景图案的路径并单击“确定”，如图 6.58 所示。

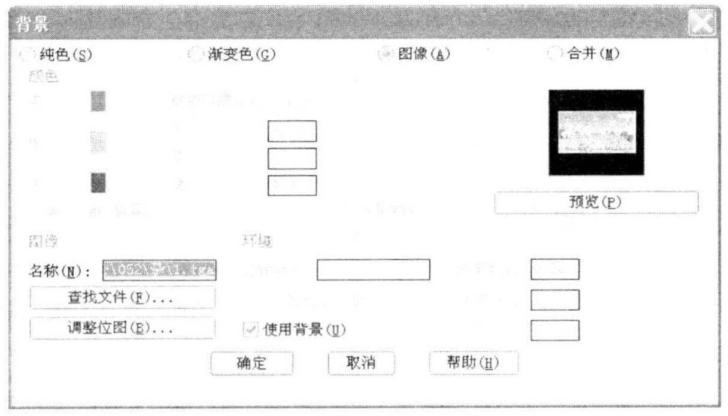

图 6.58

② 退出“背景”对话框后按步骤(4)进行渲染操作，可得渲染效果如图 6.59 所示。

图 6.59

常见错误

(1) 由于材质是英文提示，容易混淆。(可查阅英汉对照表。)

(2) 光线与阴影调节不好会让人感觉不和谐。(可从生活中多观察对照，使渲染更具有真实感。)

该你练了

请运用学到的知识渲染一个零件的三维立方体图，并配上一个背景图案。

6.5 用户坐标

在 AutoCAD 中，有两种坐标系：一种是被称为世界坐标(World Coordinate System，WCS)的固定坐标系；另一种是被称为用户坐标系(User Coordinate System，UCS)的可移动坐标系。世界坐标系由 X 轴、Y 轴和 Z 轴构成，水平方向为 X 轴，垂直方向为 Y 轴，与屏幕垂直至眼睛的方向为 Z 轴，这种空间直角坐标系是确定空间位置的通用坐标系。用户坐标系是用户根据绘图的需要自己定义作图和编辑平面的坐标系，其坐标原点可定在用户需要的地方。当用户坐标系建立后，在用户坐标系中作图时就像在世界坐标系中作图时一样，这给绘制倾斜的二维图形及三维图形带来了方便。

注意：不同情况下的用户坐标系也将显示不同的坐标系坐标，如图标底部出现+号，表示此位置为 UCS 的原点；出现 W 号，表示当前 UCS 与 WCS 相同，但图标位置不在原点上。

6.5.1 UCS 工具栏

UCS 工具栏如图 6.60 所示。

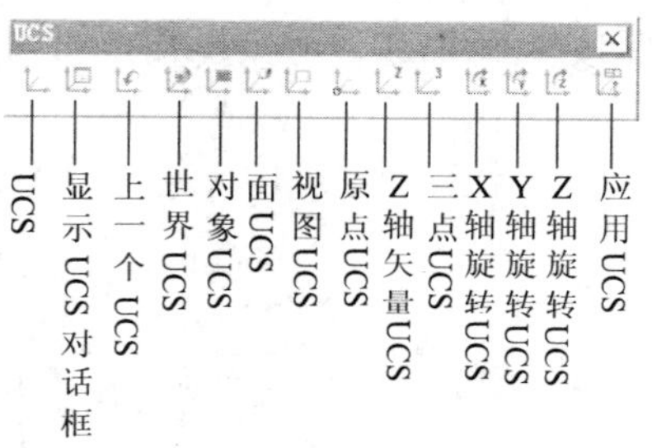

图 6.60

6.5.2 世界坐标

图 6.61 所示是 WCS 的二维和三维图标，其中“X”、“Y”分别代表坐标系的 X 轴和 Y 轴正方向，Z 轴由右手螺旋法则确定。

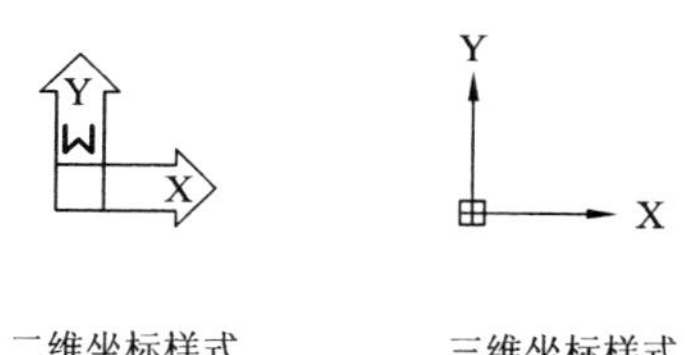

图 6.61

二维和三维视图可通过以下方法相互转换：

(1) 打开 UCS 特性对话框，如图 6.62 所示。

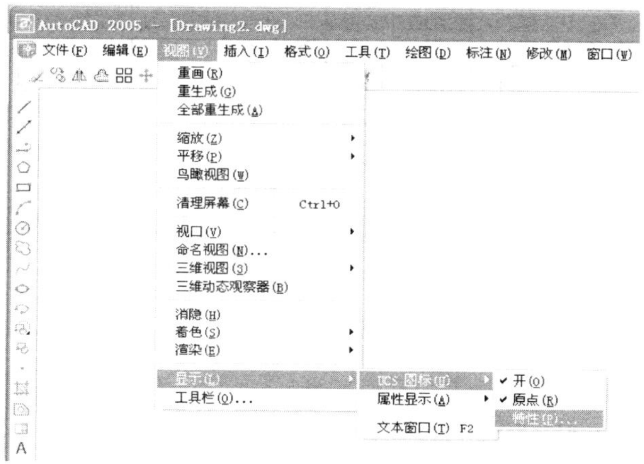

图 6.62

(2) 在打开的“UCS 图标”对话框中选择“二维”或“三维”选项，如图 6.63 所示。

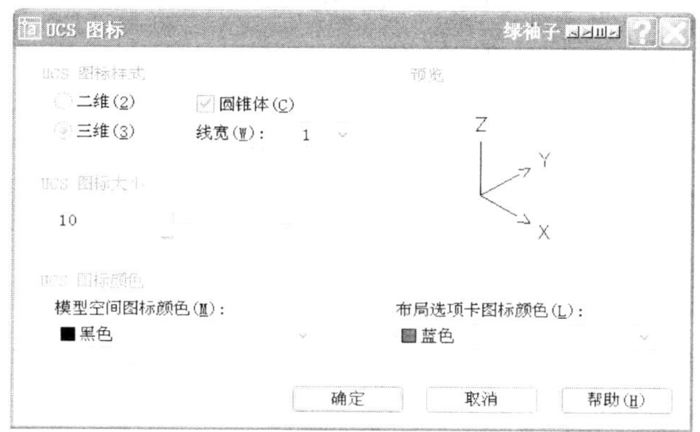

图 6.63

6.5.3　用户坐标的应用

在三维绘图中，用户常常要在三维空间的某一平面上绘图或标注，然而许多操作只能在当前坐标系的 XY 平面内进行，这就给用户带来一个难题。变换 UCS 可以使处理图形的特定部分变得更加容易，变换后，“捕捉”、“栅格”和“正交”模式也将随之变化以适应新坐标系下的绘图平面。

建立用户坐标系有三种方法：

(1) 命令行输入：UCS。

(2 选择下拉菜单：工具→新建 UCS。

(3) 使用 UCS 工具栏。

【例 6.24】 绘制如图 6.64 所示的长方体，并完成标注。

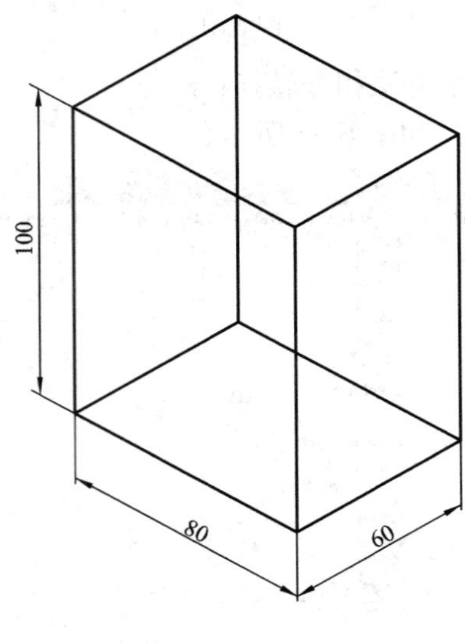

图 6.64

(1) 绘制长方体。

命令：_box

指定长方体的角点或[中心点(CE)]<0，0，0>:

指定角点或[立方体(C)/长度(L)]：@60，80，100

命令：_-view 输入选项

[?/分类(C)/图层状态(A)/正交(O)/删除(D)/恢复(R)/保存(S)/UCS(U)/窗口(W)]：_swiso

正在重生成模型。

(2) 变换用户坐标，进行尺寸的标注。

命令：ucs

当前 UCS 名称：*主视*

输入选项[新建(N)/移动(M)/正交(G)/上一个(P)/恢复(R)/保存(S)/删除(D)/应用(A)/?/世界(W)]<世界>：n

指定新 UCS 的原点或[Z 轴(ZA)/三点(3)/对象(OB)/面(F)/视图(V)/X/Y/Z]<0，0，0>：3

指定新原点<0，0，0>:

在正 X 轴范围上指定点<-156.6296，-84.1521，100.0000>:

在 UCS XY 平面的正 Y 轴范围上指定点<-156.6296，-83.1521，100.0000>:

命令：_dimlinear

指定第一条尺寸界线原点或<选择对象>:

指定第二条尺寸界线原点:

指定尺寸线位置或[多行文字(M)/文字(T)/角度(A)/水平(H)/垂直(V)/旋转(R)]：t
输入标注文字<60>:
指定尺寸线位置或
[多行文字(M)/文字(T)/角度(A)/水平(H)/垂直(V)/旋转(R)]:
标注文字 ＝60
结果如图 6.65 所示。

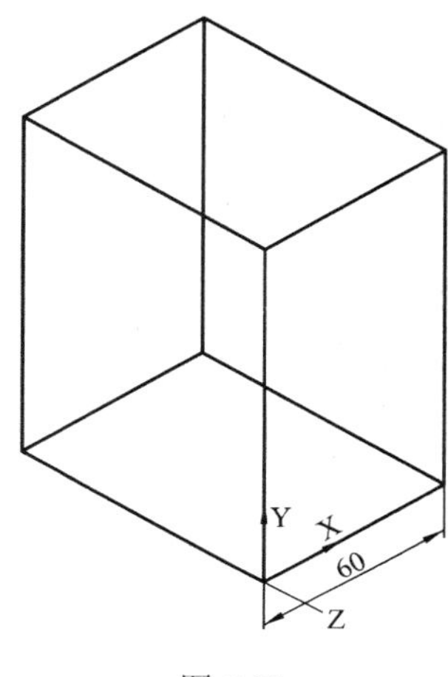

图 6.65

命令：ucs
当前 UCS 名称：*没有名称*
输入选项[新建(N)/移动(M)/正交(G)/上一个(P)/恢复(R)/保存(S)/删除(D)/应用(A)/?/世界(W)]<世界>：n
指定新 UCS 的原点或[Z 轴(ZA)/三点(3)/对象(OB)/面(F)/视图(V)/X/Y/Z]<0，0，0>：3
指定新原点<0，0，0>:
在正 X 轴范围上指定点<1.0000，0.0000，-100.0000>:
在 UCS XY 平面的正 Y 轴范围上指定点<0.0000，1.0000，-100.0000>:
命令：_dimlinear
指定第一条尺寸界线原点或<选择对象>:
指定第二条尺寸界线原点:
指定尺寸线位置或
[多行文字(M)/文字(T)/角度(A)/水平(H)/垂直(V)/旋转(R)]：t
输入标注文字<100>:
指定尺寸线位置或[多行文字(M)/文字(T)/角度(A)/水平(H)/垂直(V)/旋转(R)]:
标注文字 ＝100
命令：_dimlinear
指定第一条尺寸界线原点或<选择对象>:
指定第二条尺寸界线原点:
指定尺寸线位置或[多行文字(M)/文字(T)/角度(A)/水平(H)/垂直(V)/旋转(R)]：t

输入标注文字<0>:
指定尺寸线位置或[多行文字(M)/文字(T)/角度(A)/水平(H)/垂直(V)/旋转(R)]:
标注文字 =80
结果如图 6.66 所示。

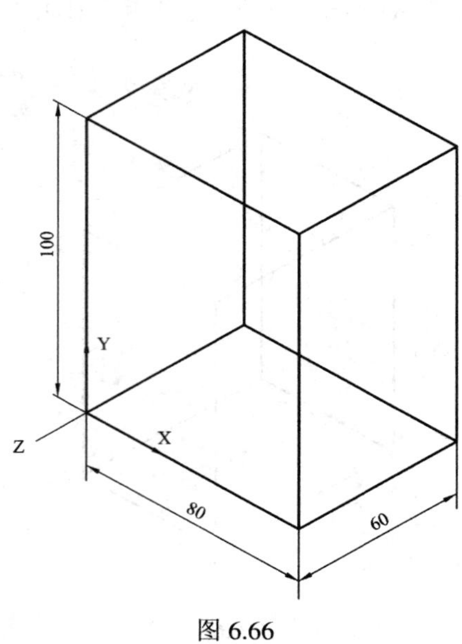

图 6.66

常见错误 

(1) 由于没有选对 UCS 坐标定位的选项而使坐标定位不准确。(认真看清楚选项功能提示，按步骤完成 UCS 的定位。)

(2) 三维标注是难点，需要选择正确的视图和 UCS 坐标定位才能准确标注实体的尺寸。

该你练了

请运用所学知识完成图 6.67～图 6.78，并标注尺寸。

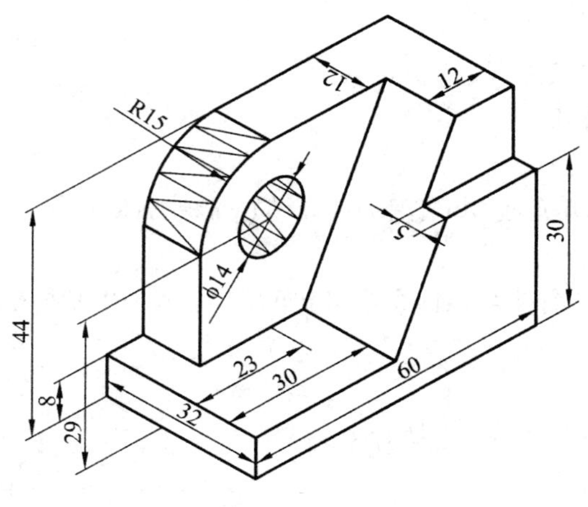

图 6.67

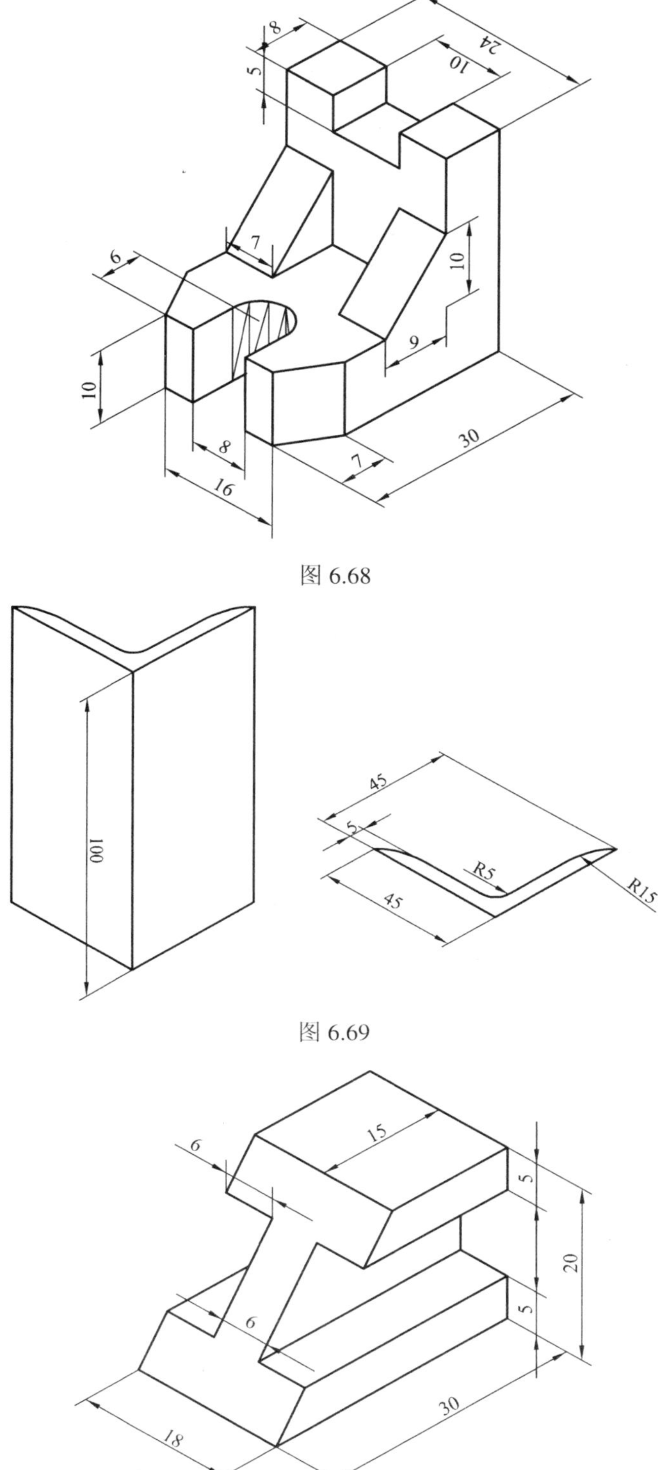

图 6.68

图 6.69

图 6.70

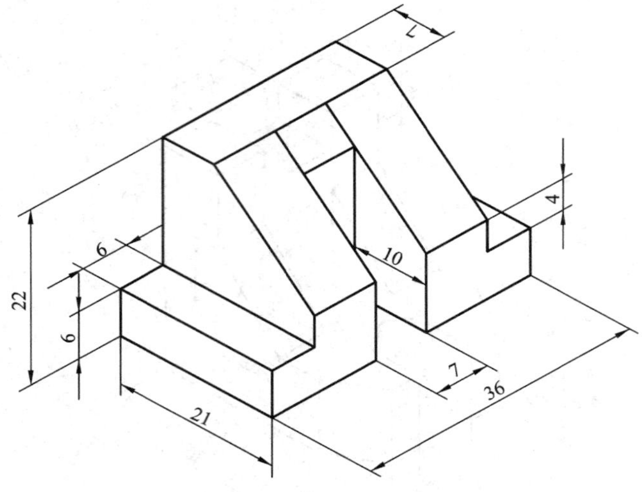

图 6.71

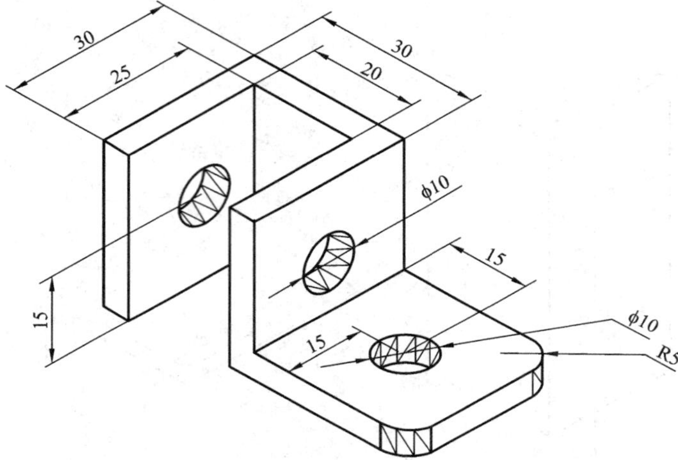

图 6.72

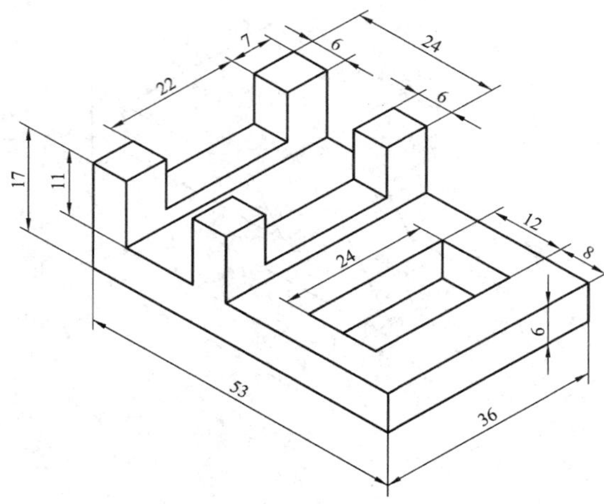

图 6.73

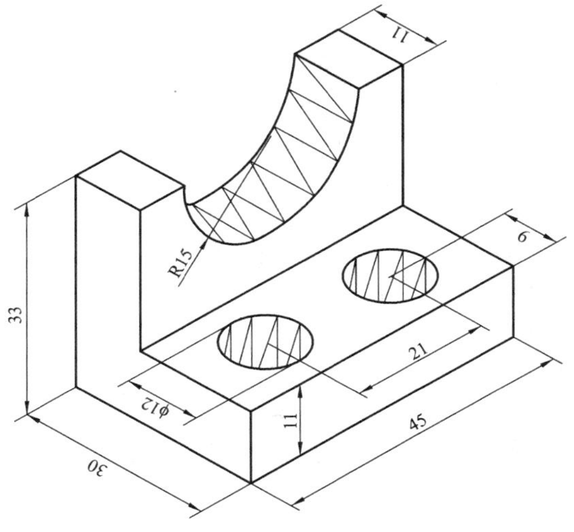

图 6.74

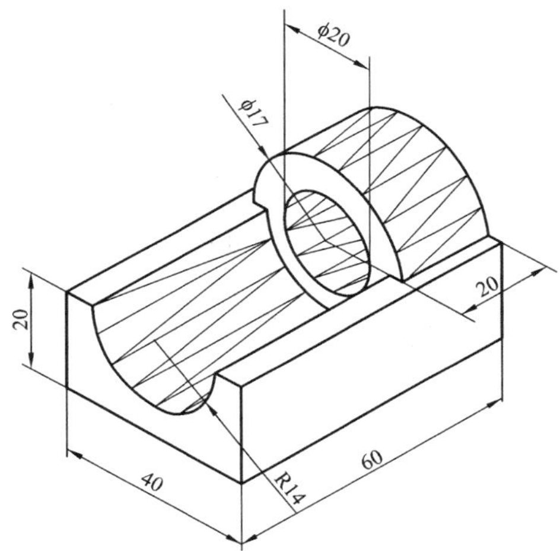

图 6.75

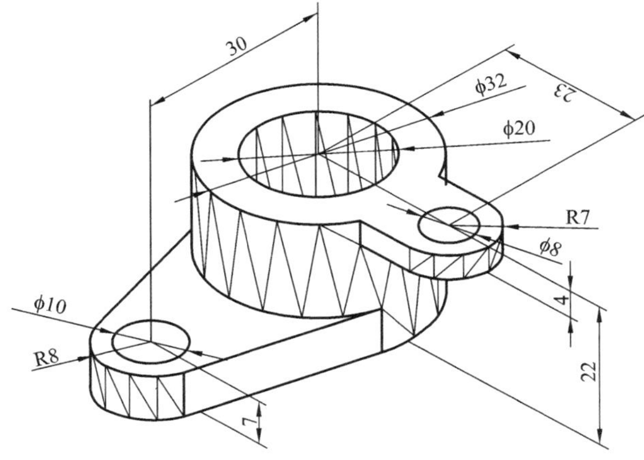

图 6.76

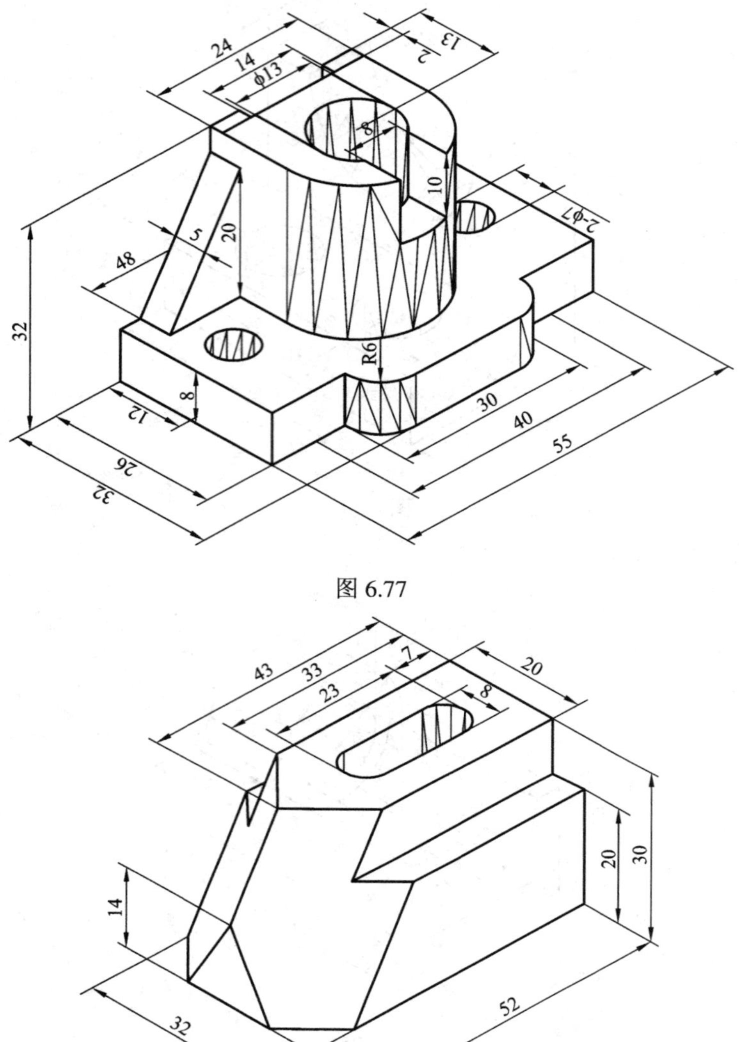
24
14
ϕ13
13
2
8
10
2-ϕ7
5
20
48
32
R6
8
12
26
32
30
40
55
43
33
23
7
20
8
14
20
30
32
52

图 6.77

图 6.78

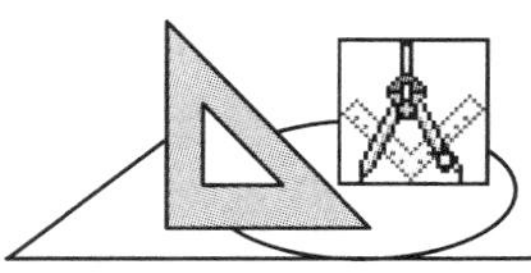

第 7 章　三维图形与三视图的转换

本章主要介绍如何将三维图形直接转换为三视图。虽然创建三维模型比创建二维视图更困难、更费时间，但三维建模技术有诸多优势。利用三维模型，用户可以：从任何有利位置查看模型；自动生成可靠的标准或辅助二维视图；创建二维轮廓(SOLPROF)；消除隐藏线并进行真实感着色；进行干涉检验等。

7.1　三维对象概述

AutoCAD 支持三种模型的三维建模类型：线框模型、曲面模型和实体模型。每种模型都有自己的创建方法和编辑技术。

线框模型描绘三维对象的骨架。线框模型中没有面，只有描绘对象边界的点、直线和曲线。由于构成线框模型的每个对象都必须单独绘制和单独定位，因此，这种建模方式比较耗时。

曲面建模比线框建模更为复杂，它不仅要定义三维对象的边而且要定义面。AutoCAD 曲面模型使用多边形网格定义镶嵌面。由于网格面本身是二维平面，因此网格只能近似于曲面。一般使用 Mechanical Desktop 就可以创建真正的曲面。

实体模型是三种三维建模模型中最容易使用的。建模时，有三种方式可以选择：

(1) 直接利用 AutoCAD 实体模型。

(2) 通过创建下列基本几何体来创建三维对象，如长方体、圆锥体、圆柱体、球体、楔形体和圆环等实体。先对目标实体进行分析，得出组成实体所需的基本几何体，然后找出目标实体能并集(叠加)、差集(删减)或交集(重叠)的部分，采用相应的组合方法结合起来生成更为复杂的目标实体。

(3) 将二维对象沿路径延伸或绕轴旋转来创建实体。

注意：由于各种建模方式采用了不同的方法来构造三维模型，并且各种编辑方法对不同类型的模型产生的效果也不同，因此建议一般不要混合使用建模方法。不同类型的模型之间只能进行有限的转换，可以从实体到曲面或从曲面到线框，但不能从线框转换到曲面或从曲面转换到实体。

7.2　创建三维实体的轮廓图

1．命令调用

- “实体”工具栏：。
- “绘图”菜单：实体→设置→轮廓。

● 命令行键入：solprof。

2．具体操作方法

(1) 单击图标或输入命令 solprof。

提示：选择对象？(说明：使用对象选择方法，然后回车)

提示：是否在单独的图层中显示隐藏的轮廓线？[是(Y)/否(N)] <是>:

其中：① [是(Y)] 表示仅生成两个块，一个用于整个选择集的可见线，另一个用于隐藏线。生成隐藏线时，实体可以部分或完全隐藏其他实体。绘制可见轮廓块时使用的线型为 BYLAYER，绘制隐藏轮廓块时使用的线型为 HIDDEN(如果已经加载)。可见线和隐藏线的块放在按如下命名规则命名的图层上：

PV-视口句柄用于可见的轮廓图层；

PH-视口句柄用于隐藏的轮廓图层。

例如，若在句柄为 4B 的视口中创建轮廓图，包含可见线的块将插入到图层 PV-4B 中，包含隐藏线(如果需要的话)的块将插入到图层 PH-4B 中。如果这些图层不存在，该命令将创建它们；如果这些图层已经存在，块将添加到图层上已经存在的信息中。

注意：要确定视口句柄，请在图纸空间中选择该视口并使用 LIST 命令。选择一个布局选项卡以便从模型空间转移到图纸空间。如果只是需要观察刚创建的轮廓图，请关闭包含原实体的图层(通常为当前层)。

② [否(N)]表示把所有轮廓线当作可见线，并且为每个选定实体的轮廓线创建一个块。不管是否被另一实体全部或部分遮挡，都将创建选择集中每一实体的所有轮廓线。用与原实体同样的线型绘制可见的轮廓块，并且放在一个按“是”选项中描述的命名规则唯一命名的图层上。

图 7.1 所示为显示隐藏线和不显示隐藏线的两个三维实体。

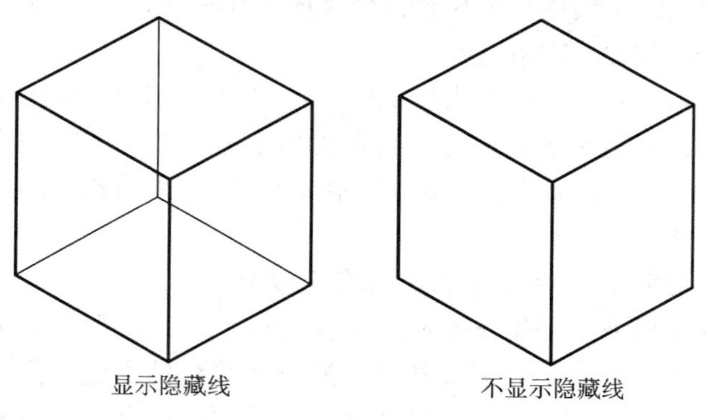

图 7.1

注意：如果要删除隐藏线，则相互重叠的实体(共用某些公用部分)将会产生悬垂边。这是因为，必须在边进入另一实体的点处将这些边断开，以便能把它们区分为可见和隐藏。在生成轮廓之前对重叠的实体进行合并运算(使用 UNION 命令)可以消除悬垂边。

(2) 输入 Y 或 N，回车。

提示：是否将轮廓线投影到平面？[是(Y)/否(N)] <Y>:

(3) 输入 Y，回车。

说明：AutoCAD 将用二维对象创建轮廓线。三维轮廓被投射到一个与视图方向垂直并且通过用户坐标系原点的平面上。通过消除平行于视图方向的线，以及由转换圆弧和圆观察到的轮廓素线，AutoCAD 可以清理二维投影。

若输入 N，则表示 AutoCAD 将用三维对象创建轮廓线。

(4) 输入 Y 或 N，回车。

提示：是否删除相切的边？[是(Y)/否(N)] <Y>:

说明：该提示表示确定是否显示相切边。相切边是指两个相切面之间的分界边，它只是一个假想的两面相交并且相切的边。例如，如果要将方框的边做成圆角，将在圆柱面与方块平面结合的地方创建相切边。大多数图形应用程序都不显示相切边。

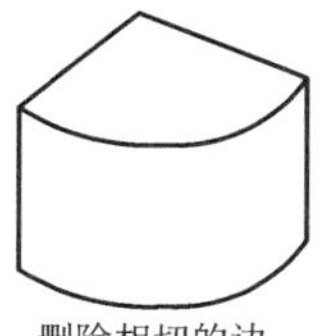

删除相切的边

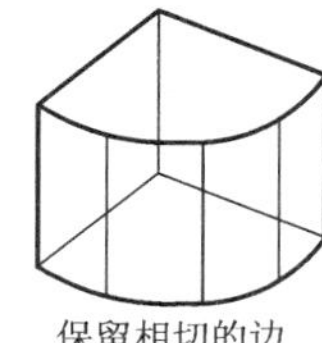

保留相切的边

图 7.2

图 7.2 所示为删除相切的边和保留相切的边的两个三维实体。

7.3　方块螺母三维实体的轮廓图创建

在 AutoCAD 中将三维视图转换成二维视图(三维实体的轮廓图)主要是利用“SOLPROF”命令来完成的。此命令会对当前模型进行投影并自动生成两个图层，分别存放投影后的可见和不可见边线。然后可以任意设置这两个层的线宽、颜色、线型等参数。当然，关闭不可见边线所在的层，就看不到这些边线了。为了看到投影图，请关闭模型所在图层，否则看到的将是模型的边线。另外，可能需要用“REGEN”命令来刷新图纸。

注意：“SOLPROF”命令只能在布局内使用，下面以一个具体实例来讲解如何将 AutoCAD 的三维视图转换为二维视图，以及转换后如何标注尺寸。

(1) 调入实体文件(在此之前已经做好了实体模型，如“方块螺母.dwg”)，打开文件“方块螺母.dwg”。应该注意的是，要转化为二维的物体应该是实体(solid)，而不是网格物体或面物体。按照习惯，应该是用实际比例画在模型空间中。该实体消隐前后的图形如图 7.3 所示。

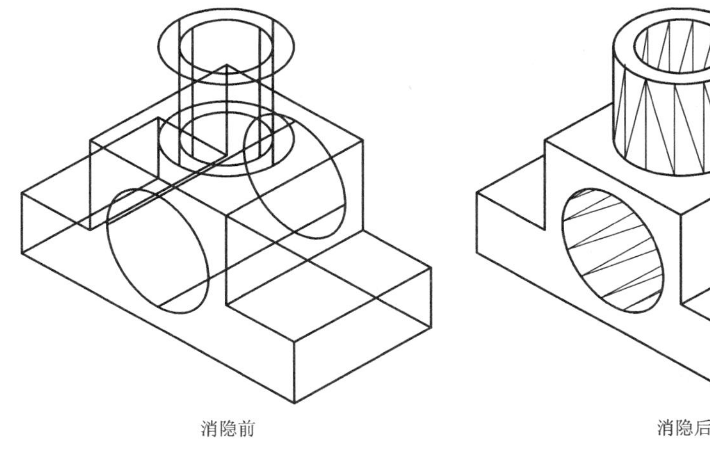

消隐前　　消隐后

图 7.3

(2) 转到布局中，删除系统自动生成的视口，如图 7.4 所示。

图 7.4

(3) 布局自己的视口。

① 新建一个层，命名为“视口”，将其设置为不可打印，并设置为当前层。

② 新建自己的视口。运行“视图”→“视口”→“四个视口”命令，如图 7.5 所示。

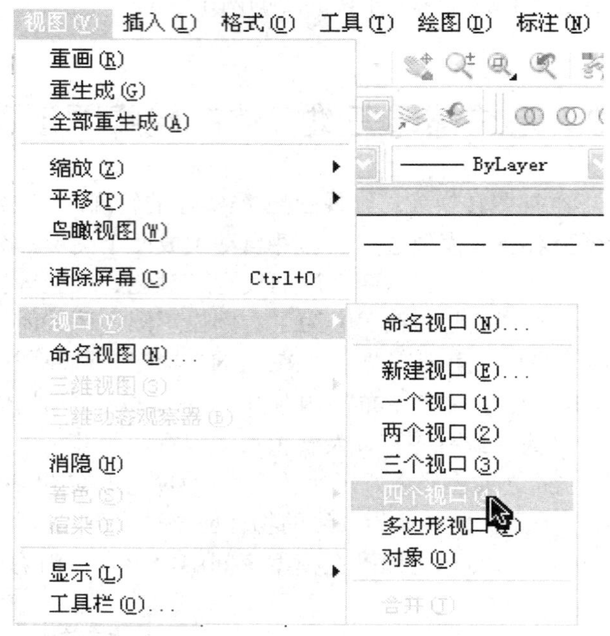

图 7.5

提示：指定视口的角点或 [开(ON)/关(OFF)/布满(F)/消隐出图(H)/锁定(L)/对象(O)/多边形(P)/恢复(R)/2/3/4] <布满>：4

指定第一个角点或 [布满(F)] <布满>：在这个地方按回车正在重生成模型。

或者在命令行输入：vports

(4) 进入浮动模型空间，在状态栏“图纸”上单击，它将变为“模型”，当前活动视口边框将加粗，如图 7.6 所示(图中轴测图为当前活动视口)。

(5) 设置各视图。利用“视图”→“三维视图”菜单命令将三视图调整为其正交状态。如果图上没其它东西，将显示成类似于图 7.7 所示的样子。

(6) 返回图纸空间。

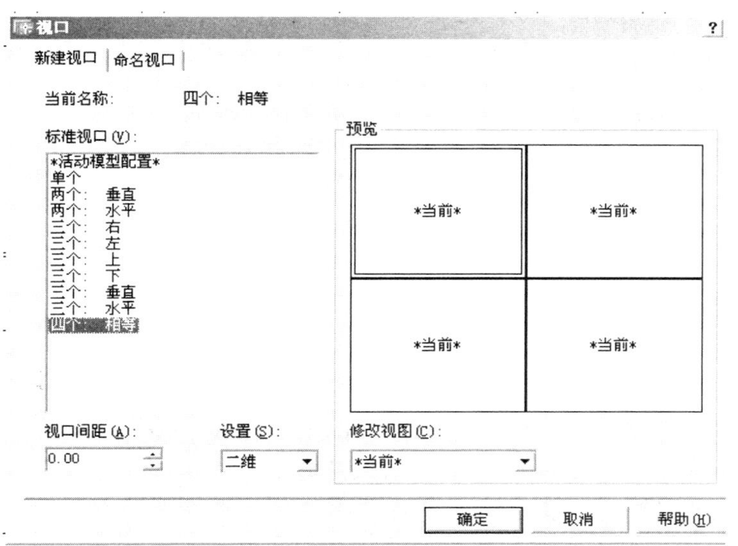

图 7.6

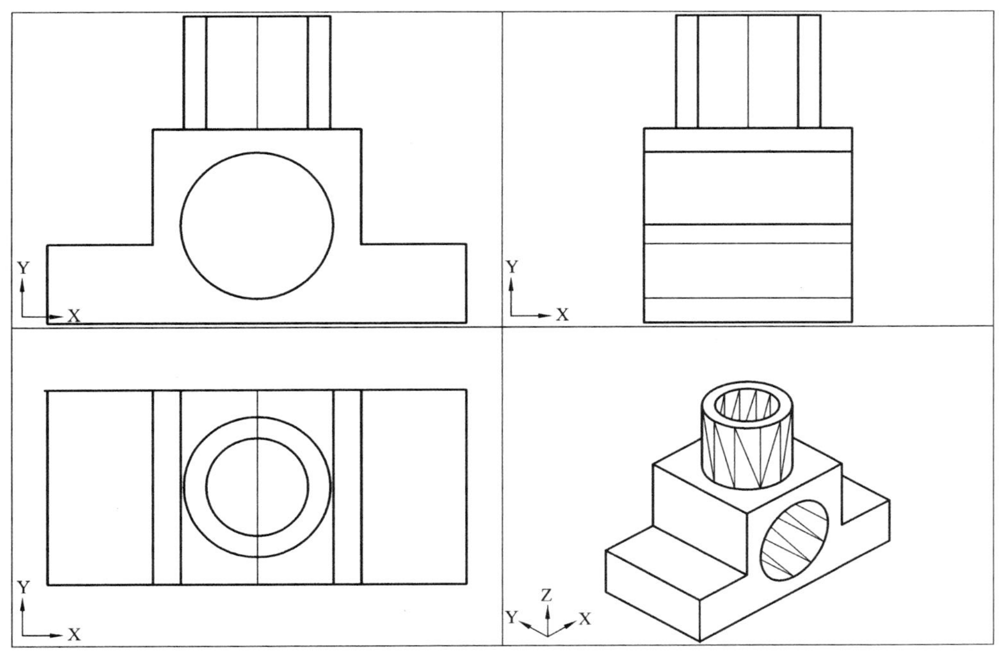

图 7.7

(7) 设置各视图的比例，锁定视口显示。

选中三视图的视口，运行“修改→对象特性”命令，选择所需的比例，如果各视图没有对齐，可使用 mvsetup 命令来使之对齐，具体用法请参见帮助。

各视图设置完后把“显示锁定”选择为“是”，以锁定显示，以免不小心缩放和移动了视口中的图形。

(8) 加载 HIDDEN 线型。运行“格式→线型→加载”命令，选择 HIDDEN 线型，单击

“确定”以把此线型加载到内存中。这是系统所默认的虚线线型。

(9) 进入浮动模型空间，激活第一个视口，运行 solprof 命令或点击图标(见图 7.8)。

图 7.8

命令：solprof

选择对象：　　　　　　　　　　　　　　　　//在这里选择所需实体

找到 1 个

选择对象：　　　　　　　　　　　　　　　　//按回车

是否在单独的图层中显示隐藏的剖面线？ [是(Y)/否(N)] <是>：　//一直回车

是否将剖面线投影到平面？[是(Y)/否(N)] <是>：

是否删除相切的边？[是(Y)/否(N)] <是>：

已选定一个实体。

观察图层，会发现有以“PH-***”和“PV-***”格式命名的两个图层，如图 7.9 所示。其中 PH 开头的是以 HIDDEN 线型为图层线型，这是不可见线条所在的图层；PV 开头的是可见线条即轮廓线所在的图层。

名称	开	在所...	锁...	颜色	线型	线宽	打印样式	打...
0				白色	Continuous	—— 默认	Color_7	
PH-36				白色	HIDDEN	—— 默认	Color_7	
PH-38				白色	HIDDEN	—— 默认	Color_7	
PH-3A				白色	HIDDEN	—— 默认	Color_7	
PH-3C				白色	HIDDEN	—— 默认	Color_7	
PV-36				白色	Continuous	—— 默认	Color_7	
PV-38				白色	Continuous	—— 默认	Color_7	
PV-3A				白色	Continuous	—— 默认	Color_7	
PV-3C				白色	Continuous	—— 默认	Color_7	
方块螺母				蓝色	Continuous	—— 默认	Color_5	
视口				白色	Continuous	—— 默认	Color_7	

图 7.9

如果没有加载 HIDDEN 线型，也可以在以后将 PH 开头的图层线型自己设为 HIDDEN 或其它的虚线。

(10) 对第二和第三个视口进行同样的操作。

(11) 选择第四个视口(轴侧图)，把 UCS 变为与当前视图平行。

命令：ucs

当前 UCS 名称：*世界*

输入选项

[新建(N)/移动(M)/正交(G)/上一个(P)/恢复(R)/保存(S)/删除(D)/应用(A)/?/世界(W)]

<世界>：n　　　　　　　　　　　　　　　//在这里输入 n 后回车

指定新 UCS 的原点或 [Z 轴(ZA)/三点(3)/对象(OB)/面(F)/视图(V)/X/Y/Z] <0,0,0>：v

　　　　　　　　　　　　　　　　　　　　　//在这里输入 v 后回车

运行 solprof

(12) 关闭实体所在的图层，这时所显示出来的图形就是所需的二维图形，但还不完整。

(13) 运行 ltscale 命令调整线型比例，进行必要的图形编辑(有时可能要把图形分解，即炸开，此时可以对虚线、中心线进行编辑，修改)，加入中心线等。注意画到不同图层上。

注意：上述操作完成之后，可分别对三个视图进行编辑和修改，主要是对图形的分解，把实线部分改为虚线等，如图 7.10 所示。

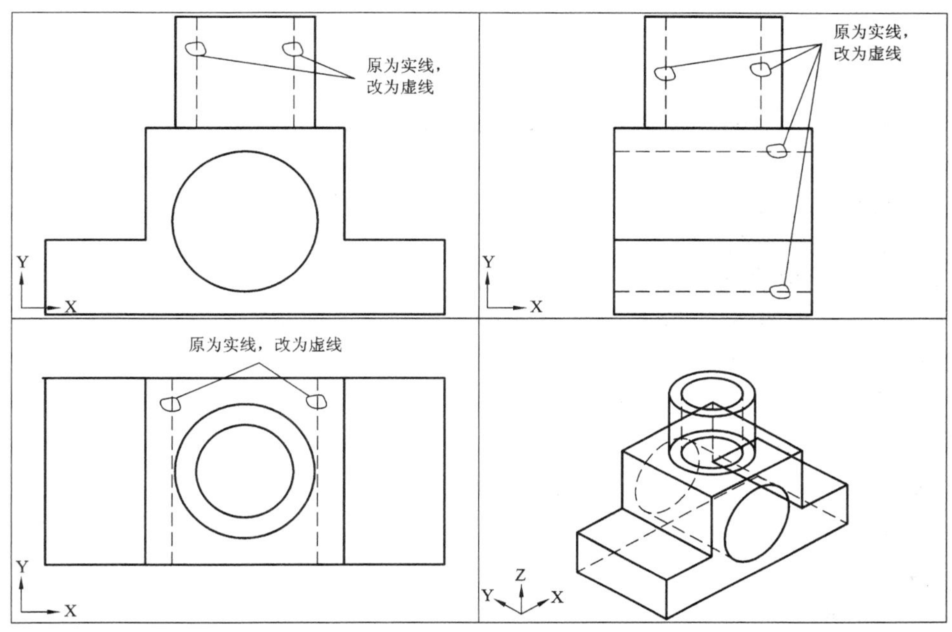

图 7.10

(14) 增加“标注-主视图”、“标注-左视图”和“标注-俯视图”三个图层。

(15) 激活正视图，进入图层设置面板，图层设置如图 7.11 所示。

名称	开	在所...	锁	颜色	线型	线宽	打印样式	打.	当前...	冻...
0				白色	Continuous	—— 默认	Color_7			
PH-36				白色	HIDDEN	—— 默认	Color_7			
PH-38				白色	HIDDEN	—— 默认	Color_7			
PH-3A				白色	HIDDEN	—— 默认	Color_7			
PH-3C				白色	HIDDEN	—— 默认	Color_7			
PV-36				白色	Continuous	—— 默认	Color_7			
PV-38				白色	Continuous	—— 默认	Color_7			
PV-3A				白色	Continuous	—— 默认	Color_7			
PV-3C				白色	Continuous	—— 默认	Color_7			
标注-俯视图				蓝色	Continuous	—— 默认	Color_5			
标注-正视图				白色	Continuous	—— 默认	Color_7			
标注-左视图				白色	Continuous	—— 默认	Color_7			
方块螺母				白色	Continuous	—— 默认	Color_7			
视口				白色	Continuous	—— 默认	Color_7			

图 7.11

(16) 分别激活其余三个视图，设置图层如图 7.12～图 7.14 所示。

标注-俯视图				蓝色	Continuous	—— 默认	Color_5			
标注-正视图				白色	Continuous	—— 默认	Color_7			
标注-左视图				白色	Continuous	—— 默认	Color_7			
方块螺母				白色	Continuous	—— 默认	Color_7			
视口				白色	Continuous	—— 默认	Color_7			

图 7.12

标注-俯视图	蓝色	Continuous	—— 默认	Color_5
标注-正视图	白色	Continuous	—— 默认	Color_7
标注-左视图	白色	Continuous	—— 默认	Color_7

图 7.13

标注-俯视图	蓝色	Continuous	—— 默认	Color_5
标注-正视图	白色	Continuous	—— 默认	Color_7
标注-左视图	白色	Continuous	—— 默认	Color_7

图 7.14

其中，图 7.12 为正视图激活状态，图 7.13 为俯视图激活状态，图 7.14 为左视图激活状态。

(17) 进行标注，首先是主视图，设定“标注-主视图”为当前图层，进行相应的标注。

(18) 对其余几个视图进行类似的操作。

(19) 设置 PV 开始的图层的线宽为 0.6 mm。

以上是一个大致的操作过程，至于加图框等就不一一介绍了。

这是俯视图为激活时：

常见错误 

(1) 对机械制图的相关国际标准不熟悉，没有规范三视图的布局。

(2) 图层设置不对，线型不正确。

该你练了

(1) 根据三维实体模型尺寸，构建三维实体模型，然后再由三维模型转换成如图 7.15 所示的三维视图。

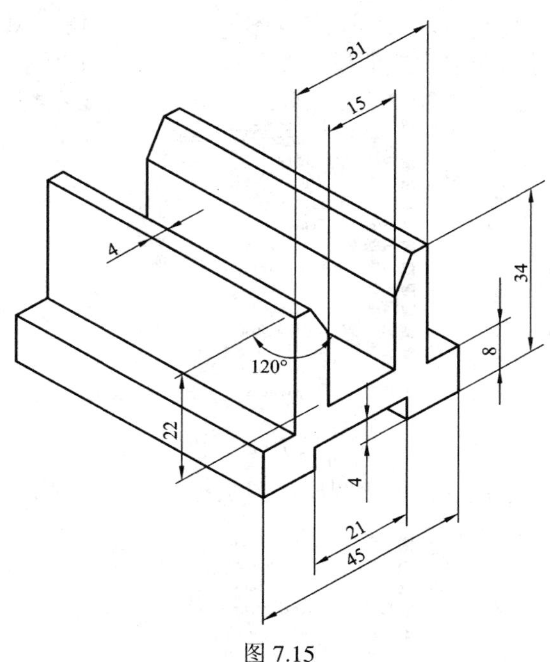

图 7.15

(2) 根据如图 7.16 所示连杆的三维实体模型尺寸构建连杆的三维实体模型，然后再由连杆的三维模型转换成二维三视图。

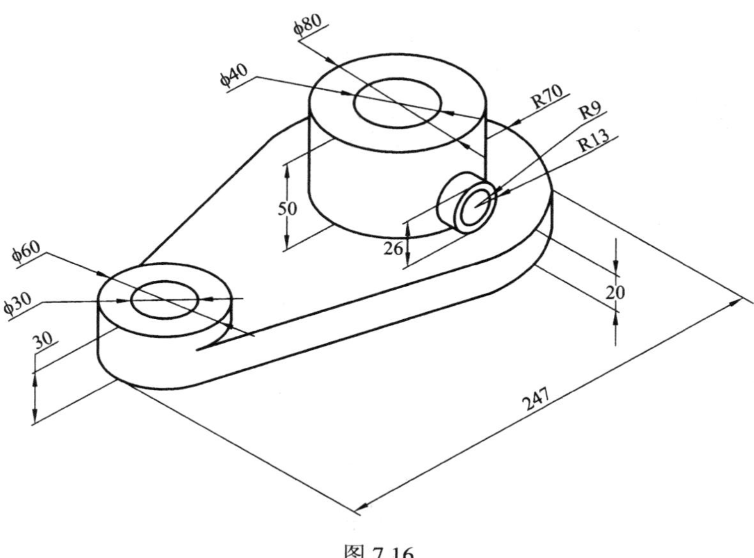

图 7.16

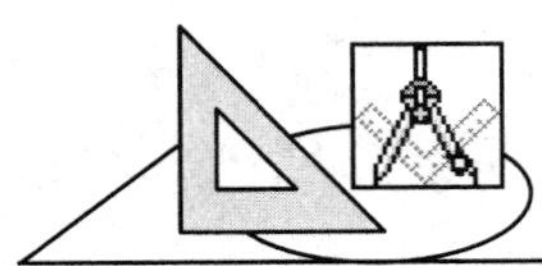

第 8 章　实战技巧——AutoCAD 绘图实例

实例 1　绘 制 酒 瓶

绘制如图 8.1 所示的酒瓶。

图 8.1

【设计说明】

首先绘制多段线，并绘制旋转轴线，其次利用旋转曲面命令完成酒瓶曲面绘制，最后通过特性对话框修改颜色并执行着色编辑。本例中主要使用多段线、直线、from、surftab1、旋转曲面、删除、西南等轴测视图、三维动态观察器、视图缩放、特性、平面着色等命令。

【操作步骤】

(1) 单击“绘图”工具栏上的“多段线”按钮，打开正交模式，绘制一条多段线。命令行提示如下：

命令：_pline

指定起点：<正交 开>

当前线宽为 0.0000

指定下一点或[圆弧(A)/半宽(H)/长度(L)/放弃(U)/宽度(W)]：15

指定下一点或[圆弧(A)/半宽(H)/长度(L)/放弃(U)/宽度(W)]：@50<105

指定下一点或[圆弧(A)/闭合(C)/半宽(H)/长度(L)/放弃(U)/宽度(W)]：140

指定下一点或[圆弧(A)/闭合(C)/半宽(H)/长度(L)/放弃(U)/宽度(W)]：

(2) 在命令行输入 l，结合 from 命令，绘制旋转轴。命令行提示如下：

命令：_line

指定第一点：from

基点：<偏移>：@24,0

指定下一点或[放弃(U)]:

(3) 在命令行输入 surftab1，定义新值 50。

(4) 单击“曲面”工具栏上的“旋转曲面”按钮，选择多段线为要旋转的对象，选择直线为旋转轴。

(5) 单击“视图”工具栏上的“西南等轴测视图”按钮，切换视点。

(6) 在命令行输入 e，框选直线和多段线，执行删除操作。

(7) 单击“视图”菜单下的“三维动态观察器”命令，拖动鼠标旋转视图的观察角度，并缩放视图窗口。

(8) 单击“标准”工具栏上的“特性”按钮，打开“特性”对话框，选中图形，单击“颜色”选项，在其下拉列表框中选择所需颜色，关闭“特性”对话框，按取消键结束对象特性的编辑。

(9) 单击“视图”菜单下的“平面着色”命令，对酒瓶曲面进行着色编辑。

实例 2　绘制电视机

绘制如图 8.2 所示的电视机。

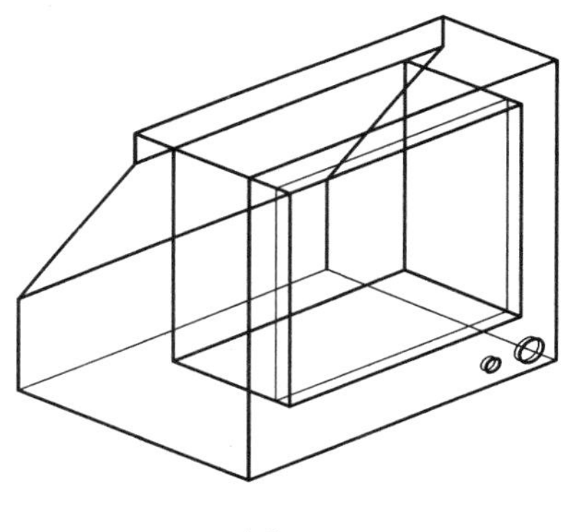

图 8.2

【设计说明】

首先利用长方体命令绘制电视机外壳及屏幕，其次对外壳的组成部分进行布尔运算，并绘制开关按钮，最后对其执行渲染编辑。本例中主要使用西南等轴测视图、长方体、左视图、主视图、多段线、拉伸、并集、差集、圆柱体、圆角、实时缩放、平移、材质、渲染等命令。

【操作步骤】

(1) 单击“视图”工具栏上的“西南等轴测视图”按钮，切换视点。

(2) 单击“实体”工具栏上的“长方体”按钮，以(0，0，0)为角点，回车，在命令行输入 l，回车，创建长度为 800、宽度为 300、高度为 1000 的长方体。

(3) 重复长方体命令，以(100，0，200)为角点，回车，在命令行输入 l，回车，创建长度为 600、宽度为 300、高度为 700 的长方体。

(4) 重复长方体命令，捕捉端点，在命令行输入 l，回车，创建长度为 800、宽度为 300、高度为 700 的长方体。

(5) 重复长方体命令，捕捉端点，在命令行输入 l，回车，创建长度为 800、宽度为 300、高度为 300 的长方体。

(6) 单击“视图”工具栏上的“左视图”按钮，切换视点。

(7) 单击“绘图”工具栏上的“多段线”按钮，捕捉端点，绘制一条多段线。

(8) 单击“实体”工具栏上的“拉伸”按钮，选择多段线，输入拉伸高度−800。

(9) 单击“视图”工具栏上的“西南等轴测视图”按钮，切换视点。

(10) 单击“实体”工具栏上的“差集”按钮，对两个长方体进行差集运算。

(11) 单击“实体”工具栏上的“并集”按钮，对上述运算实体、长方体及拉伸实体进行并集运算。

(12) 单击“视图”工具栏上的“主视图”按钮，切换视点。

(13) 单击“实体”工具栏上的“圆柱体”按钮，结合 from 命令，绘制底面半径为 35、高度为 15 的圆柱体。

(14) 重复圆柱体命令，捕捉圆心，结合 from 命令，绘制底面半径为 20、高度为 15 的圆柱体。

(15) 单击“视图”工具栏上的“西南等轴测视图”按钮，切换视点。

(16) 单击“修改”工具栏上的“圆角”按钮，输入圆角半径 5，给电视机轮廓棱边倒圆角。

(17) 重复圆角命令，放大视窗，给两个圆柱体倒圆角，并缩放视窗。

(18) 单击“视图”菜单下的“渲染”命令，选择材质 WHITE PLASTIC 2S 并将其附着给电视机外壳，再选择适当的材质附着给电视机屏幕。

(19) 单击“视图”菜单下的“渲染”命令，弹出“渲染”对话框，单击“渲染”按钮，生成渲染图。

实例3　绘制沙发

绘制如图 8.3 所示的沙发。

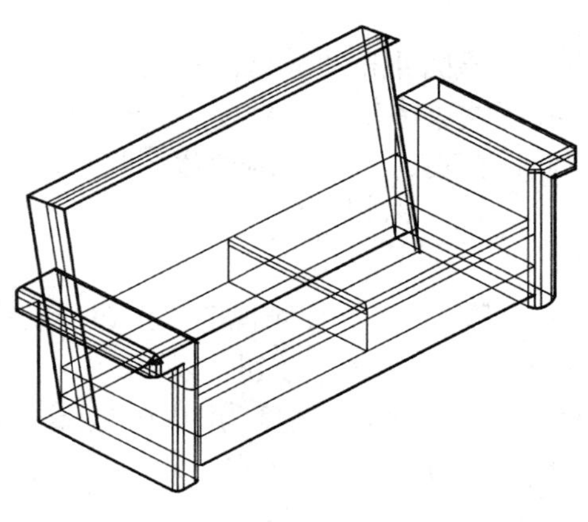

图 8.3

【设计说明】

首先绘制沙发底座及坐垫，其次绘制沙发扶手轮廓线，并进行实体拉伸，再镜像出沙发另一端扶手及坐垫，最后绘制沙发靠背，对沙发各部分进行圆角编辑，并渲染图形。本例中主要使用西南等轴测视图、长方体、主视图、多段线、拉伸、镜像、三维旋转、移动、实时缩放、平移、消隐、圆角、材质、渲染等命令。

【操作步骤】

(1) 单击“视图”工具栏上的“西南等轴测视图”按钮，切换视点。

(2) 单击“实体”工具栏上的“长方体”按钮，以(0，0，0)为角点，回车，在命令行输入 l，回车，创建长度为 1200、宽度为 500、高度为 100 的长方体。

(3) 重复长方体命令，以(0，0，100)为角点，回车，在命令行输入 l，回车，创建长度为 600、宽度为 500、高度为 150 的长方体。

(4) 单击“视图”工具栏上的“主视图”按钮，切换视点，并缩小视图窗口。

(5) 单击“绘图”工具栏上的“多段线”按钮，打开正交，绘制一条多段线。命令行提示如下：

命令：_pline
指定起点：from
基点：<偏移>：@0，-50
当前线宽为 0.0000
指定下一点或[圆弧(A)/半宽(H)/长度(L)/放弃(U)/宽度(W)]：<正交 开>80
指定下一点或[圆弧(A)/闭合(C)/半宽(H)/长度(L)/放弃(U)/宽度(W)]：420
指定下一点或[圆弧(A)/闭合(C)/半宽(H)/长度(L)/放弃(U)/宽度(W)]：80
指定下一点或[圆弧(A)/闭合(C)/半宽(H)/长度(L)/放弃(U)/宽度(W)]：80
指定下一点或[圆弧(A)/闭合(C)/半宽(H)/长度(L)/放弃(U)/宽度(W)]：160
指定下一点或[圆弧(A)/闭合(C)/半宽(H)/长度(L)/放弃(U)/宽度(W)]：c

(6) 单击“实体”工具栏上的“拉伸”按钮，选择上述多段线，输入拉伸高度-500，绘制沙发扶手。

(7) 单击“修改”工具栏上的“镜像”按钮，框选沙发扶手和坐垫，捕捉中点，绘制沙发另一半图形。

(8) 单击“视图”工具栏上的“西南等轴测视图”按钮，切换视点。

(9) 单击“实体”工具栏上的“长方体”按钮，捕捉端点，在命令行输入 l，回车，创建长度为 1200、宽度为 700、高度为-100 的长方体。

(10) 单击“修改”菜单下的“三维操作”项，选择“三维旋转”命令，选择沙发背，输入 x，捕捉 X 轴向上一点，输入旋转角度-10，倾斜沙发靠背。

(11) 在命令行输入 m，选择沙发靠背，捕捉左下角点，移动沙发靠背到适当位置。

(12) 滚动鼠标滚轮，并结合平移命令，调整视图窗口。

(13) 单击“视图”菜单下的“消隐”命令，对图形进行消隐操作。

(14) 单击“修改”工具栏上的“圆角”按钮，输入圆角半径 20，对沙发扶手进行圆角编辑。

(15) 重复圆角命令，输入圆角半径 30，对坐垫进行圆角编辑。

(16) 重复圆角命令，输入圆角半径 30，对沙发靠背进行圆角编辑。

(17) 单击“视图”菜单下的“渲染”命令，选择材质 ORANGE PLASTIC 并将其附着给沙发。

(18) 单击“视图”菜单下的“渲染”命令，弹出“渲染”对话框，单击“渲染”按钮，生成渲染图。

实例 4　绘 制 圆 桌

绘制如图 8.4 所示的圆桌。

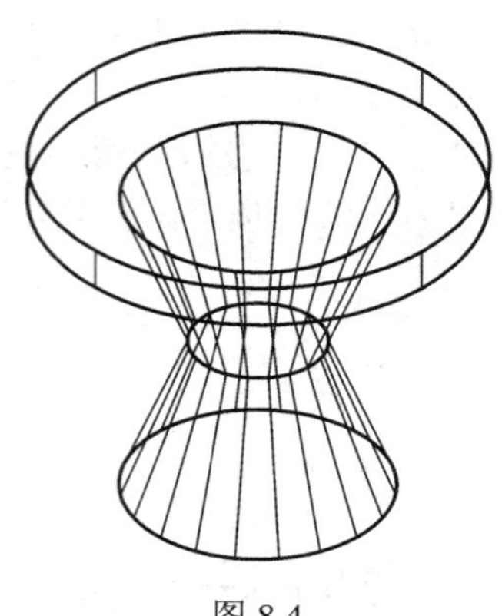

图 8.4

【设计说明】

首先利用圆锥面命令绘制桌腿，其次利用圆柱体命令绘制桌面，最后对其执行消隐和渲染编辑。本例中主要使用西南等轴测视图、圆锥面、圆柱体、平移、实时缩放、消隐、材质、渲染等命令。

【操作步骤】

(1) 单击“视图”工具栏上的“西南等轴测视图”按钮，切换视点。

(2) 单击“曲面”工具栏上的“圆锥面”按钮，绘制圆台表面。命令行提示如下：

命令：_ai_cone

正在初始化... 已加载三维对象

指定圆锥面底面的中心点：0，0，0

指定圆锥面底面的半径或[直径(D)]：30

指定圆锥面顶面的半径或[直径(D)]<0>：15

指定圆锥面的高度：40

输入圆锥面曲面的线段数目<16>：20

(3) 重复圆锥面命令，绘制圆桌腿上部。命令行提示如下：

命令：_ai_cone

指定圆锥面底面的中心点：0，0，40

指定圆锥面底面的半径或[直径(D)]：15

指定圆锥面顶面的半径或[直径(D)] <0>：30

指定圆锥面的高度：40

输入圆锥面曲面的线段数目<16>：20

(4) 单击“实体”工具栏上的“圆柱体”按钮，指定圆柱体中心点坐标(0，0，80)，绘制底面半径为 50、高度为 10 的圆柱体。

(5) 单击“标准”工具栏上的“平移”按钮，滚动鼠标滚轮，调整视图窗口。

(6) 单击“视图”菜单下的“消隐”命令，对图形进行消隐操作。

(7) 单击“视图”菜单下的“渲染”命令，选择材质 MOTTLED MARBLE 并将其附着给圆桌。

(8) 单击“视图”菜单下的“渲染”命令，弹出“渲染”对话框，单击“渲染”按钮，生成渲染图。

实例 5　绘制客厅平面图

绘制如图 8.5 所示的住宅客厅平面图。

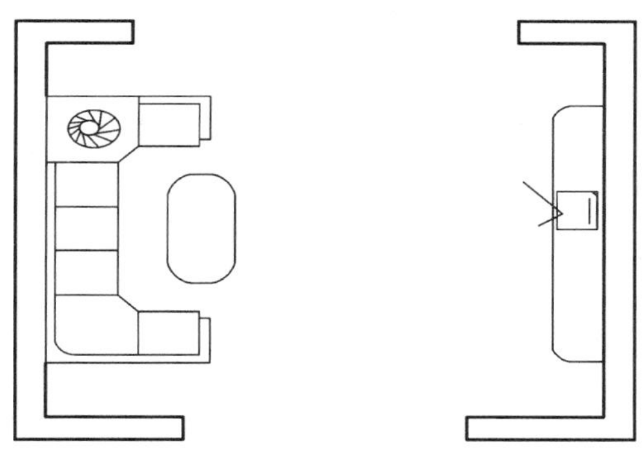

图 8.5

【设计说明】

首先利用构造线绘制客厅轴线，并利用多线命令绘制墙线，其次插入沙发、电视机柜和茶几块，并缩放图形后移动到适当位置，最后隐藏轴线层。本例中主要使用多线样式、构造线、偏移、平移、实时缩放、多线、插入块、缩放、移动、from、关闭线层等命令。

【操作步骤】

(1) 单击“格式”菜单下的“多线样式”命令，弹出“多线样式”对话框。

(2) 在“名称”框中输入“墙线”，单击“元素特性”按钮，弹出“元素特性”对话框，在“元素特性”对话框中将偏移设为“120”和“-120”，单击“确定”按钮，返回“多线样式”对话框。

(3) 单击“多线特性”按钮，弹出“多线特性”对话框，单击直线右侧的“起点”和“端点”复选框，单击“确定”按钮，返回“多线样式”对话框，再依次单击“添加”按钮和“确定”按钮，完成对墙线的设置。

(4) 单击“绘图”工具栏上的“构造线”按钮，在命令行输入 h，绘制水平构造线。

(5) 重复构造线命令，在命令行输入 v，偏移上述构造线，绘制垂直构造线。

(6) 在命令行输入 o，偏移水平构造线，偏移距离为 4300。

(7) 重复偏移命令，偏移垂直构造线，偏移距离为 4600。

(8) 滚动鼠标滚轮，并结合平移命令，调整视图窗口。

(9) 单击“绘图”菜单下的“多线”命令，绘制墙线。命令行提示如下：

命令：__mline

当前设置：对正=无，比例=1.00，样式=墙线

指定起点或[对正(J)/比例(S)/样式(ST)]：from

基点：<偏移>：@-800，0

指定下一点：

指定下一点或[放弃(U)]：

指定下一点[闭合(C)/放弃(U)]：1200

指定下一点[闭合(C)/放弃(U)]：

(10) 重复执行多线命令，用与上述相同的方法绘制左墙线。

(11) 单击“绘图”工具栏上的“插入块”按钮，打开“插入”对话框。

(12) 单击“浏览”按钮，打开选择图形文件对话框并选择沙发文件，单击“打开”按钮，返回“插入”对话框，单击“确定”按钮，完成沙发块的插入。

(13) 重复执行插入块命令，依次插入电视机柜和茶几块文件。

(14) 单击“修改”工具栏上的“缩放”按钮，框选沙发、电视机柜和茶几块，在命令行输入比例因子 0.8，对图形进行缩小。

(15) 在命令行输入 M，结合 from 命令，移动沙发到适当位置。命令行提示如下：

命令：_move

选择对象：找到 1 个

选择对象：

指定基点或位移：指定位移的第二点或<用第一点作位移>：from

基点：<偏移>：@0，590

(16) 重复执行移动命令，结合 from 命令，移动电视机柜到适当位置。命令行提示如下：

命令：_move

选择对象：找到 1 个

选择对象：

指定基点或位移：指定位移的第二点或<用第一点作位移>：from

基点：<偏移>：@0，590

(17) 重复执行移动命令，结合 from 命令，移动茶几到适当位置。命令行提示如下：

命令：_move

选择对象：找到 1 个

选择对象：

指定基点或位移：指定位移的第二点或<用第一点作位移>：from

基点：<偏移>：@0，280

(18) 将轴线设置到轴线层，并隐藏轴线层。

实例 6　绘制罗马柱

绘制如图 8.6 所示的罗马柱。

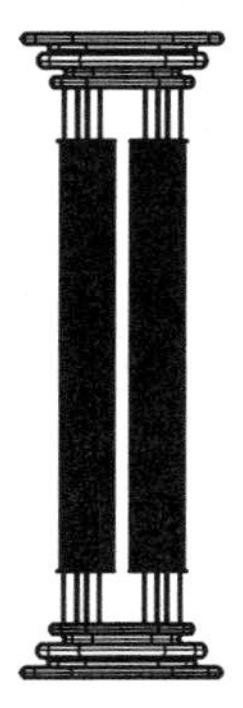

图 8.6

【设计说明】

首先绘制柱体，其次绘制柱的顶部，并镜像复制出柱的下部，最后渲染图形。本例中主要使用西南等轴测视图、圆柱体、球体、并集、主视图、平移、实时缩放、多段线、倒圆角、旋转、移动、材质、渲染等命令。

【操作步骤】

(1) 单击“视图”工具栏上的“西南等轴测视图”按钮，切换视点。

(2) 单击“实体”工具栏上的“圆柱体”按钮，以(0，0，0)为圆柱体底面中心，绘制一个半径为 40、高为 500 的圆柱体。

(3) 重复圆柱体命令，以(40，0，50)为圆柱体底面中心，绘制一个半径为 10、高为 400 的圆柱体。

(4) 单击“实体”工具栏上的“球体”按钮，捕捉圆柱体上底面中心，绘制半径为 10 的球体。

(5) 重复球体命令，捕捉圆柱体下底面中心，绘制半径为 10 的球体。

(6) 单击“实体编辑”工具栏上的“并集”按钮，选择圆柱体和两端球体，执行合并操作。

(7) 单击“修改”菜单下的“三维操作”项，选择“三维阵列”命令，对合并体进行环形阵列。命令行提示如下：

命令：_3darray

选择对象：指定对角点：找到 1 个

选择对象：

输入阵列类型[矩形(R)/环行(P)]<矩形>：p

输入阵列中的项目数目：6

指定要填充的角度(+=逆时针，-=顺时针)<360>：

旋转阵列对象？[是(Y)/否(N)] <Y>：

指定阵列的中心点:

指定旋转轴上的第二点: <正交 开>

(8) 单击“实体编辑”工具栏上的“差集”按钮，从大圆柱体中减去阵列实体。

(9) 单击“视图”工具栏上的“主视图”按钮，切换视点。

(10) 单击“绘图”工具栏上的“多段线”按钮，绘制多段线。命令行提示如下：

命令: _pline

指定起点: <正交 开>

当前线宽为 0.0000

指定下一点或[圆弧(A)/半宽(H)/长度(L)/放弃(U)/宽度(W)]: 50

指定下一点或[圆弧(A)/闭合(C)/半宽(H)/长度(L)/放弃(U)/宽度(W)]: 10

指定下一点或[圆弧(A)/闭合(C)/半宽(H)/长度(L)/放弃(U)/宽度(W)]: 10

指定下一点或[圆弧(A)/闭合(C)/半宽(H)/长度(L)/放弃(U)/宽度(W)]: 10

指定下一点或[圆弧(A)/闭合(C)/半宽(H)/长度(L)/放弃(U)/宽度(W)]: 20

指定下一点或[圆弧(A)/闭合(C)/半宽(H)/长度(L)/放弃(U)/宽度(W)]: 10

指定下一点或[圆弧(A)/闭合(C)/半宽(H)/长度(L)/放弃(U)/宽度(W)]: 10

指定下一点或[圆弧(A)/闭合(C)/半宽(H)/长度(L)/放弃(U)/宽度(W)]: 10

指定下一点或[圆弧(A)/闭合(C)/半宽(H)/长度(L)/放弃(U)/宽度(W)]: 20

指定下一点或[圆弧(A)/闭合(C)/半宽(H)/长度(L)/放弃(U)/宽度(W)]: 10

指定下一点或[圆弧(A)/闭合(C)/半宽(H)/长度(L)/放弃(U)/宽度(W)]: 70

指定下一点或[圆弧(A)/闭合(C)/半宽(H)/长度(L)/放弃(U)/宽度(W)]: c

(11) 单击“修改”工具栏上的“圆角”按钮，对多段线倒圆角。命令行提示如下：

命令: _fillet

当前设置: 模式=修剪，半径=0.0000

选择第一个对象或[多段线(P)/半径(R)/修剪(T)/多个(U)]: r

指定圆角半径<0.0000>: 5

选择第一个对象或[多段线(P)/半径(R)/修剪(T)/多个(U)]: p

选择二维多段线: 12 条直线已被圆角

(12) 单击“实体”工具栏中的“旋转”按钮，选择多段线，捕捉端点和垂直线上一点作为旋转轴，回车。

(13) 滚动鼠标滚轮，调整视图窗口。

(14) 在命令行输入 m，回车，捕捉切点和圆心，移动顶部到柱子上端。

(15) 在命令行输入 mi，回车，捕捉中点和水平线上一点，镜像复制出柱子下面的旋转体。

(16) 单击“视图”菜单下的“渲染”命令，选择材质 WHITE PLASTIC 并将其附着给罗马柱。

(17) 单击“视图”菜单下的“渲染”命令，弹出“渲染”对话框，单击“渲染”按钮，生成渲染图。

附录一　历年 AutoCAD 操作员考证试题

计算机辅助设计绘图员(中级)技能鉴定试题(机械类)

题号：M_cad_mid_01

考试说明：

1. 本试卷共 6 题；
2. 考生须在“D：\”根目录下建立一个以自己准考证号码后 8 位命名的文件夹；
3. 考生浏览“D：\”根目录，查找“中级绘图员试卷.exe”文件，并双击此文件，根据考场主考官提供的密码解压到考生已建立的文件夹中；
4. 然后依次打开相应的 6 个图形文件，按题目要求在其上作图，完成后仍然以原来图形文件名保存作图结果，确保文件保存在考生已建立的文件夹中；
5. 考试时间为 180 分钟。

一、基本设置。(8 分)

打开图形文件 A1.dwg，在其中完成下列工作：

1. 按以下规定设置图层及线型，并设定线型比例；绘图时不考虑图线宽度。

图层名称	颜色	(颜色号)	线型
01	绿	(3)	实线 Continuous (粗实线用)
02	白	(7)	实线 Continuous(细实线、尺寸标注及文字用)
04	黄	(2)	虚线 ACAD_ISO02W100
05	红	(1)	点画线 ACAD_ISO04W100
07	粉红	(6)	双点画线 ACAD_ISO05W100

2. 按 1∶1 比例设置 A3 图幅(横装)一张，留装订边，画出图框线(纸边界线已画出)。
3. 按国家标准规定设置有关的文字样式，然后画出并填写如附图 01.1(图号为编者所加，后同)所示的标题栏，不标注尺寸。

(列宽：30、55、25、30；行高：4×8=32)

考生姓名		题号	A1
性别		比例	1∶1
身份证号码			
准考证号码			

附图 01.1

4．完成以上各项后，仍然以原文件名保存。

二、用 1∶1 比例作出附图 01.2，不标注尺寸。(10 分)

绘图前先打开图形文件 A2.dwg，该图已作了必要的设置，可直接在其上作图，作图结果以原文件名保存。

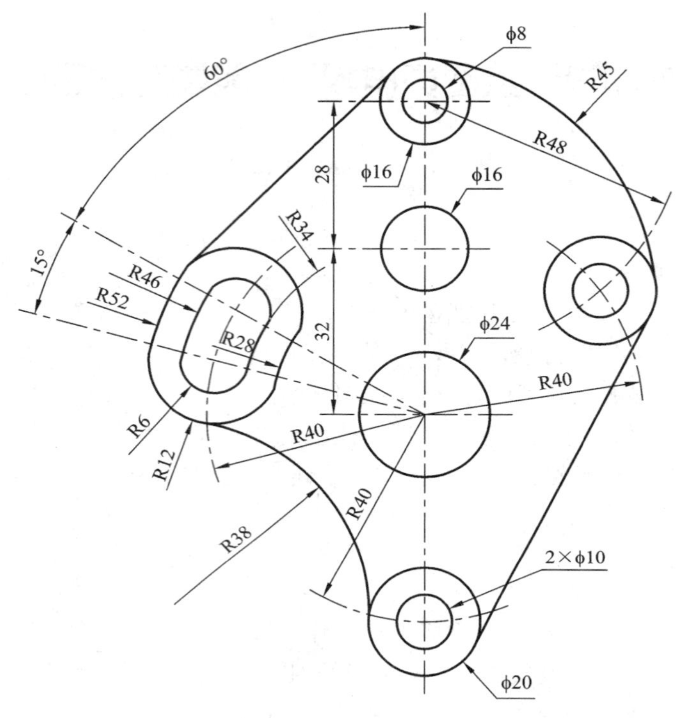

附图 01.2

三、根据立体已知的 2 个投影(见附图 01.3)作出它的第 3 个投影。(10 分)

绘图前先打开图形文件 A3.dwg，该图已作了必要的设置，可直接在其上作图，作图结果以原文件名保存。

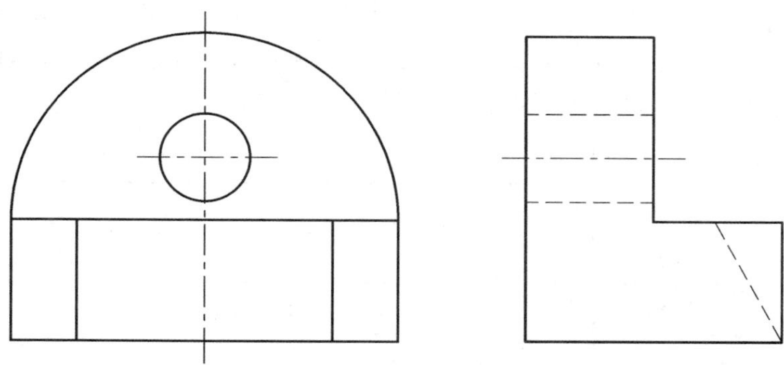

附图 01.3

四、把附图 01.4 所示立体的主视图画成全剖视图，左视图画成半剖视图。(10 分)

绘图前先打开图形文件 A4.dwg，该图已作了必要的设置，可直接在其上作图，左视图的右半部分取剖视。作图结果以原文件名保存。

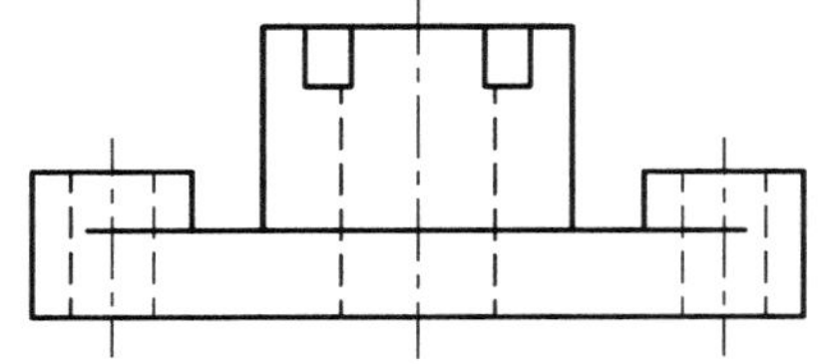

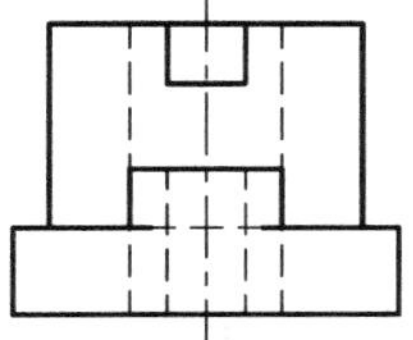

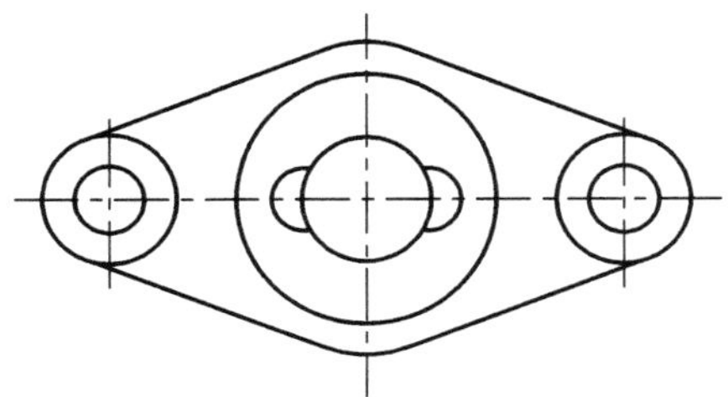

附图 01.4

五、抄画零件图(附图 01.5)。(50 分)

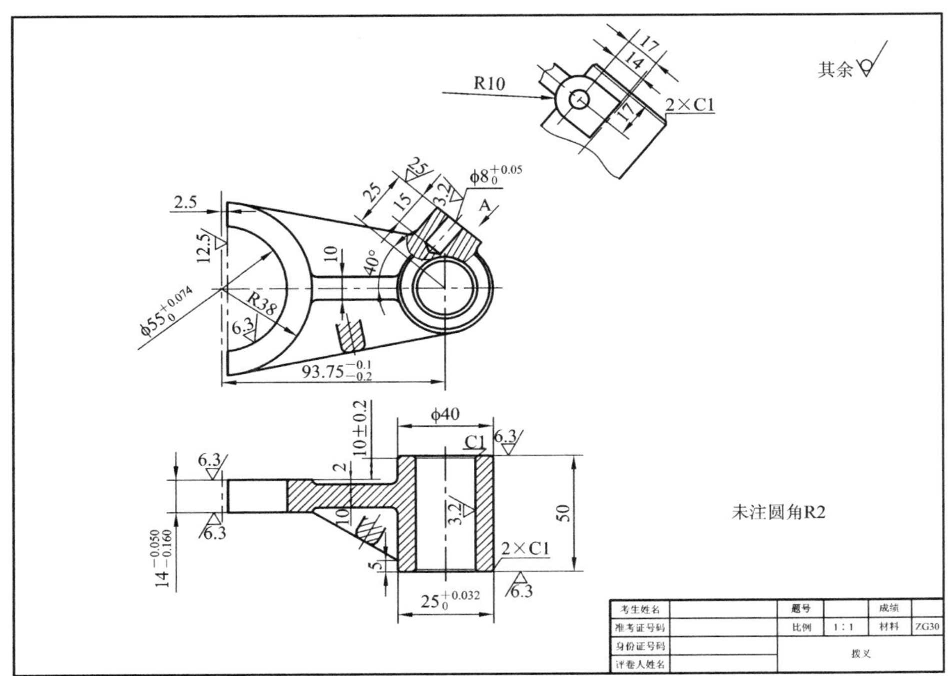

附图 01.5

具体要求：

1．抄画拨叉的主视图和俯视图。绘图前先打开图形文件 A5.dwg，该图已作了必要的设置，可直接在其上作图；

2．按国家标准有关规定，设置机械图尺寸标注样式；

3．标注主视图的尺寸与粗糙度代号(粗糙度代号要使用带属性的块的方法标注)；

4．不画图框及标题栏，不用标注右上角的粗糙度代号及“未注圆角…”等字样；

5．作图结果以原文件名保存。

六、根据给出的装配图(附图 01.6)拆画零件 1(螺杆)零件图。(12 分)

具体要求：

1．绘图前先打开图形文件 A6.dwg，该图已作了必要的设置，可直接在该装配图上进行编辑以形成零件图，也可以全部删除重新作图；

2．选取合适的视图；

3．标注尺寸，包括已给出的公差代号(不标注表面粗糙度代号和形位公差代号，也不填写技术要求)。

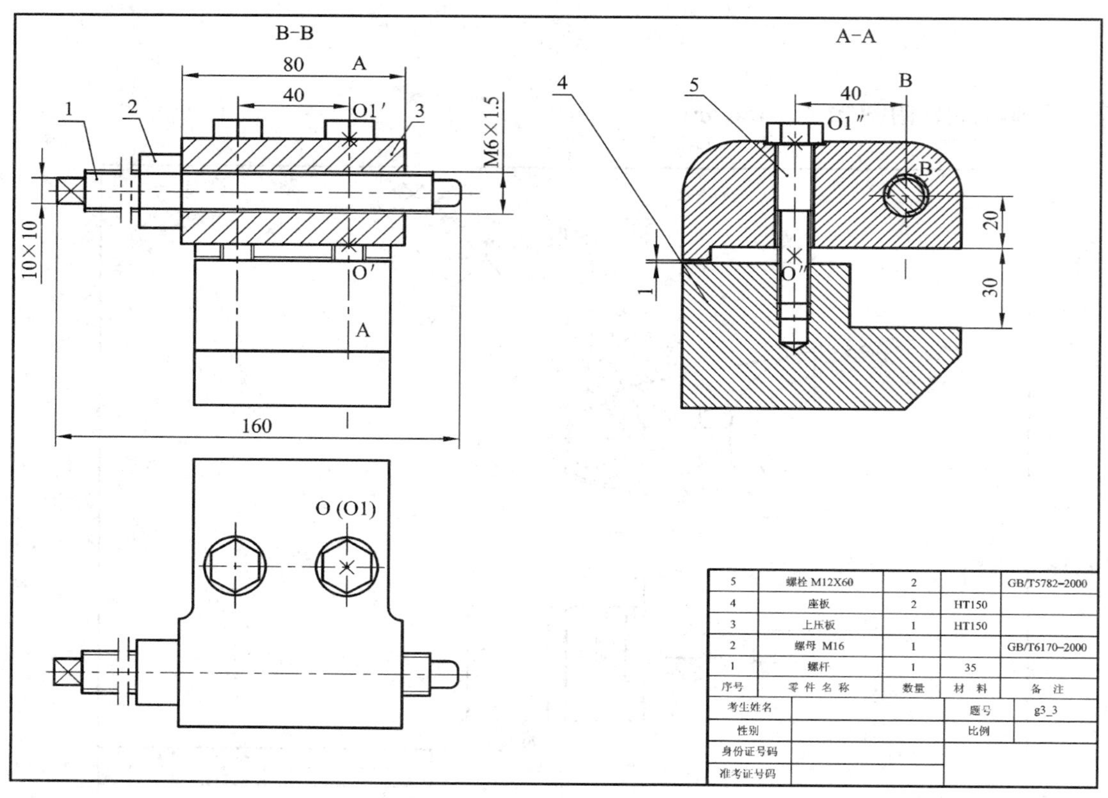

5	螺栓 M12X60	2		GB/T5782-2000
4	座板	2	HT150	
3	上压板	1	HT150	
2	螺母 M16	1		GB/T6170-2000
1	螺杆	1	35	
序号	零 件 名 称	数量	材 料	备 注

考生姓名		题号	g3_3
性别		比例	
身份证号码			
准考证号码			

附图 01.6

计算机辅助设计绘图员(中级)技能鉴定试题(新)(机械类)

题号：M_cad_mid_02

考试说明：

1. 本试卷共 6 题；
2. 考生须在“D：\”根目录下建立一个以自己准考证号码后 8 位命名的文件夹；
3. 考生浏览“D：\”根目录，查找“中级绘图员试卷.exe”文件，并双击此文件，根据考场主考官提供的密码解压到考生已建立的文件夹中；
4. 然后依次打开相应的 6 个图形文件，按题目要求在其上作图，完成后仍然以原来图形文件名保存作图结果，确保文件保存在考生已建立的文件夹中；
5. 考试时间为 180 分钟。

一、基本设置。(8 分)

打开图形文件 B1.dwg，在其中完成下列工作：

1. 按以下规定设置图层及线型，并设定线型比例；绘图时不考虑图线宽度。

图层名称	颜色	(颜色号)	线型
01	绿	(3)	实线 Continuous (粗实线用)
02	白	(7)	实线 Continuous(细实线、尺寸标注及文字用)
04	黄	(2)	虚线 ACAD_ISO02W100
05	红	(1)	点画线 ACAD_ISO04W100
07	粉红	(6)	双点画线 ACAD_ISO05W100

2. 按 1∶1 比例设置 A3 图幅(横装)一张，留装订边，画出图框线(纸边界线已画出)。
3. 按国家标准规定设置文字样式，然后画出并填写如附图 02.1 所示的标题栏，不标注尺寸。
4. 完成以上各项后，仍然以原文件名存盘。

考生姓名		题号	B1
性别		比例	1∶1
身份证号码			
准考证号码			

(尺寸：30、55、25、30；4×8=32)

附图 02.1

二、用比例 1∶1 作出附图 02.2，不标注尺寸。(10 分)

绘图前先打开图形文件 B2.dwg，该图已作了必要的设置，可直接在其上作图，作图结果以原文件名保存。

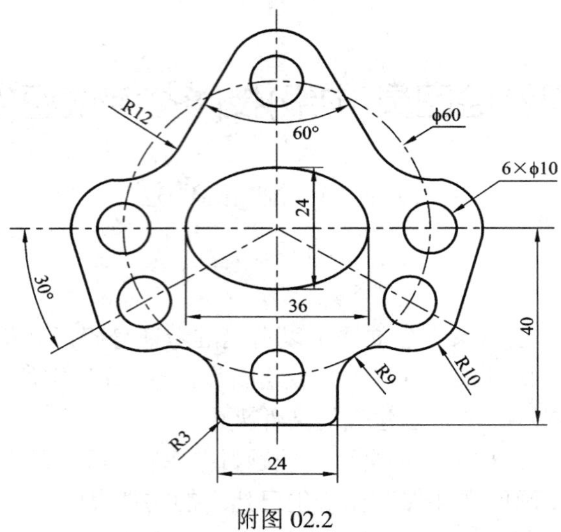

附图 02.2

三、根据立体已知的 2 个投影(见附图 02.3)作出它的第 3 个投影。(10 分)

绘图前先打开图形文件 B3.dwg，该图已作了必要的设置，可直接在其上作图，作图结果以原文件名保存。

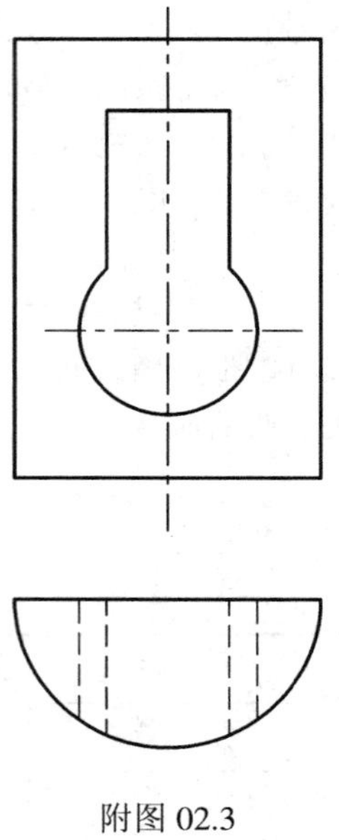

附图 02.3

四、把附图 02.4 所示立体的主视图、左视图作成全部视图。(10 分)

绘图前先打开图形文件 B4.dwg，该图已作了必要的设置，可直接在其上作图。作图结果以原文件名保存。

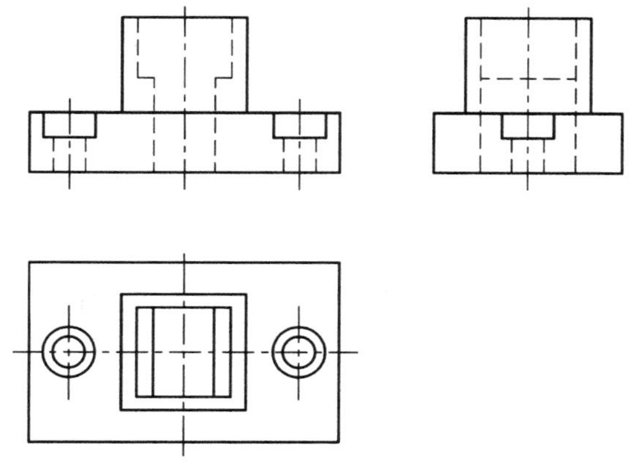

附图 02.4

五、画零件图(附图 02.5)。(50 分)

具体要求：

1. 抄画套筒的主视图和 A 向视图。绘图前先打开图形文件 B5.dwg，该图已作了必要的设置，可直接在其上作图；

2. 按国家标准有关规定，设置机械制图尺寸标注样式；

3. 标注主视图的尺寸与粗糙度代号(粗糙度代号要使用带属性的块的方法标注)；

4. 不画图框及标题栏，不用标注右上角的粗糙度代号及“未注圆角…”等字样；

5. 作图结果以原文件名保存。

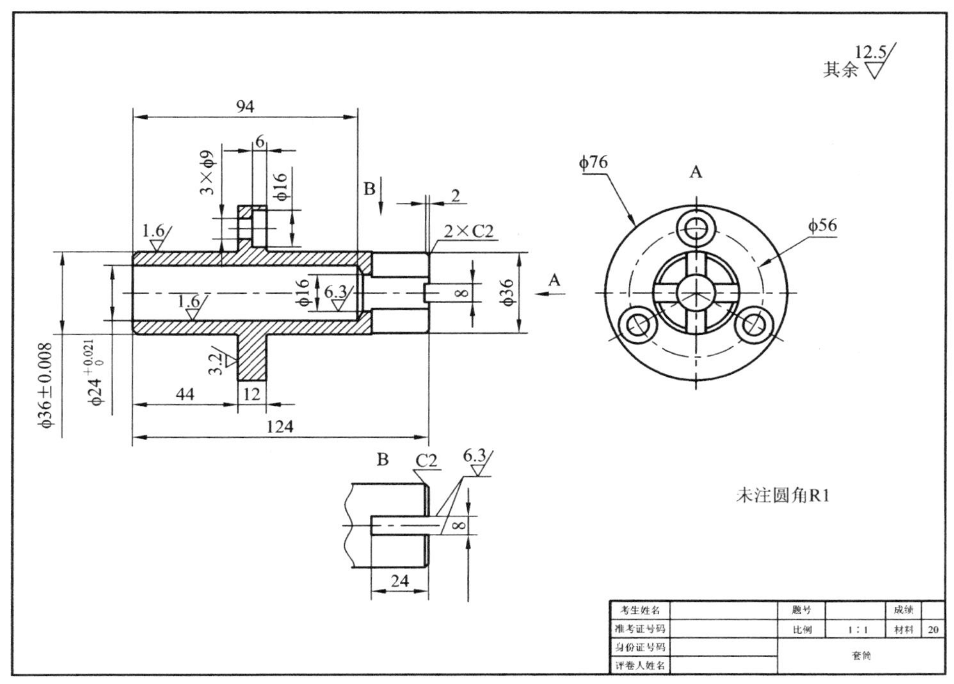

附图 02.5

六、根据给出的合页部件装配图(附图 02.6)拆画零件 1(外页)零件图。(12 分)

具体要求：

1．绘图前先打开图形文件 B6.dwg，该图已作了必要的设置，可直接在该装配图上进行编辑以形成零件图，也可以全部删除重新作图；

2．选取合适的视图；

3．标注尺寸，包括已给出的公差代号(不标注表面粗糙度代号和形位公差代号，也不填写技术要求)。

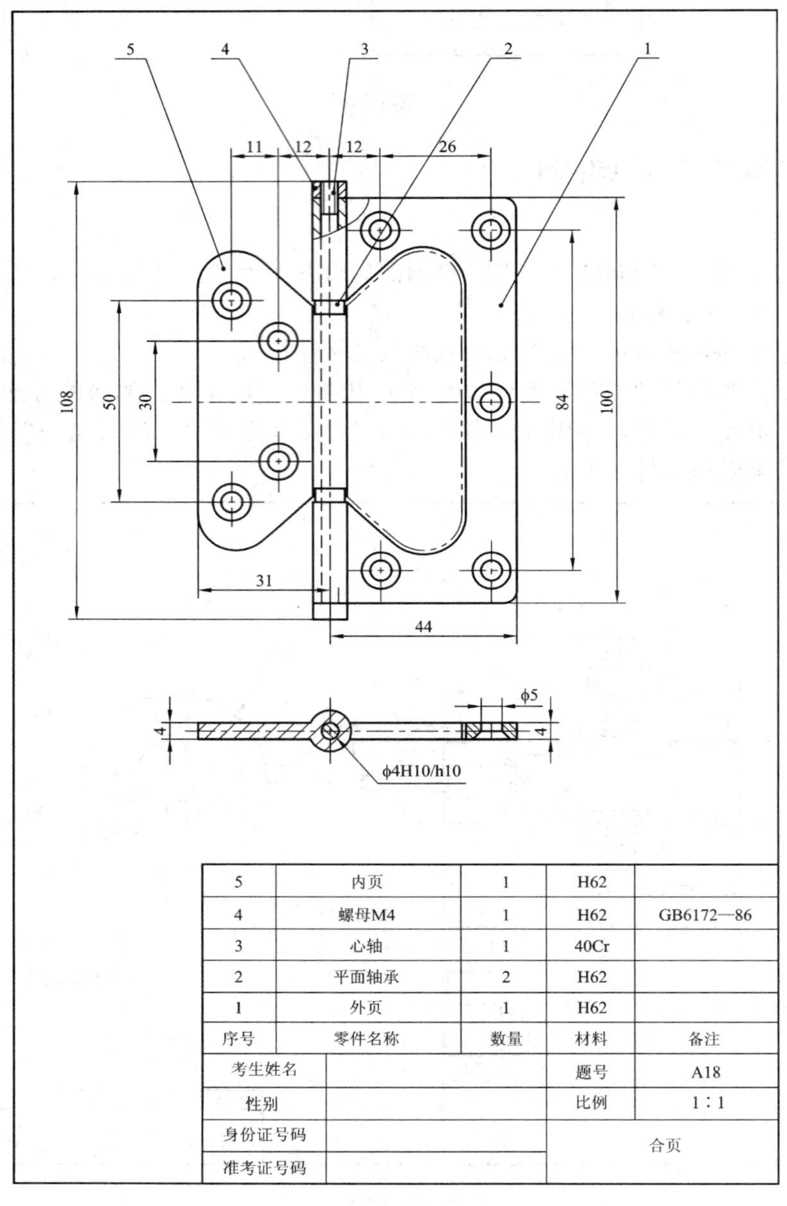

5	内页	1	H62	
4	螺母M4	1	H62	GB6172—86
3	心轴	1	40Cr	
2	平面轴承	2	H62	
1	外页	1	H62	
序号	零件名称	数量	材料	备注
考生姓名			题号	A18
性别			比例	1∶1
身份证号码			合页	
准考证号码				

附图 02.6

计算机辅助设计中级绘图员(机械类)技能鉴定试题

题号：M_cad_mid_03

考试说明：

1．本试卷共 6 题；

2．考生须在“D：\”根目录下建立一个以自己准考证号码后 8 位命名的文件夹；

3. 考生浏览“D：\”根目录，查找“中级绘图员试卷.exe”文件，并双击此文件，根据考场主考官提供的密码解压到考生已建立的文件夹中；

4．然后依次打开相应的 6 个图形文件，按题目要求在其上作图，完成后仍然以原来图形文件名保存作图结果，确保文件保存在考生已建立的文件夹中；

5．考试时间为 180 分钟。

一、基本设置(8 分)

打开图形文件 B1.dwg，在其中完成下列工作：

1. 按以下规定设置图层及线型，并设定线型比例。绘图时不考虑图线宽度。

图层名称	颜色	(颜色号)	线型
01	绿	(3)	实线 Continuous (粗实线用)
02	白	(7)	实线 Continuous(细实线、尺寸标注及文字用)
04	黄	(2)	虚线 ACAD_ISO02W100
05	红	(1)	点画线 ACAD_ISO04W100
07	粉红	(6)	双点画线 ACAD_ISO05W100

2. 按 1∶1 比例设置 A3 图幅(横装)一张，留装订边，画出图框线(纸边界线已画出)；

3. 画出如附图 03.1 所示的标题栏(不注尺寸)。

30	55	25	30
考生姓名		题号	M_basic01
性别		比例	1∶1
身份证号码			
准考证号码			

（高度 4×8=32）

附图 03.1

4．按国家标准规定设置有关的文字样式，然后填写标题栏。

5．完成以上各项后，仍然以原文件名字“B1.dwg”为文件名存盘。

二、用 1∶1 比例作出附图 03.2(图中 O 点为定位点)，不注尺寸。(10 分)

绘图前先打开图形文件 B2.dwg。该图已作了必要的设置，可直接在其上按所给的定位点 O 作图(定位点的位置不能变动)。作图结果以原文件名保存。

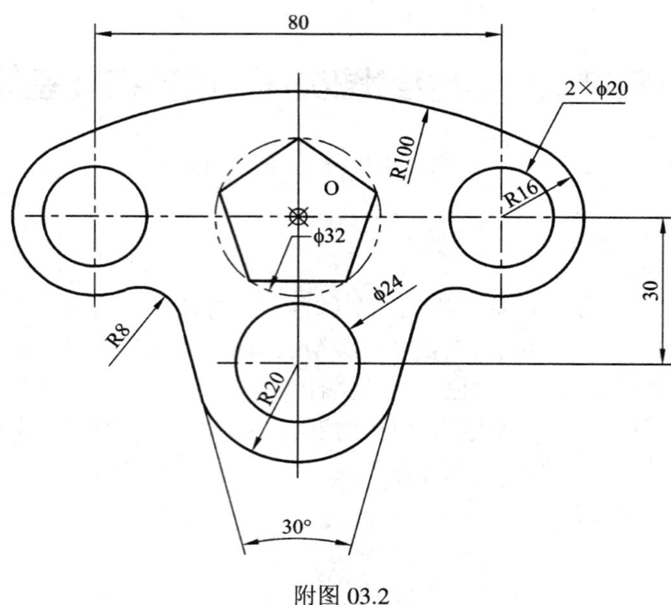

附图 03.2

三、根据立体已知的 2 个投影(见附图 03.3)作出它的第 3 个投影。(10 分)

绘图前先打开图形文件 B3.dwg，该图已作了必要的设置，可直接在其上按所给的定位点 O 作图(定位点的位置不能变动)。

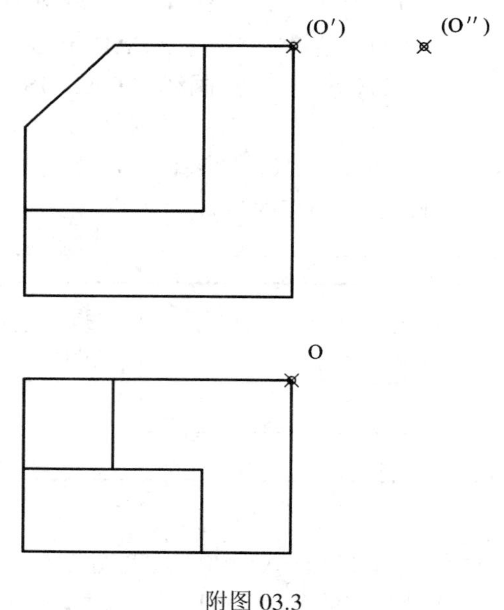

附图 03.3

四、把附图 03.4 所示立体的主视图作成全剖视图，并求出作成半剖视的俯视图。(10 分)

绘图前先打开图形文件 B4.dwg，该图已作了必要的设置，可直接在其上按所给的定位点 O 作图(定位点的位置不能变动)，俯视图的前半部分取剖视。作图结果以原文件名保存。

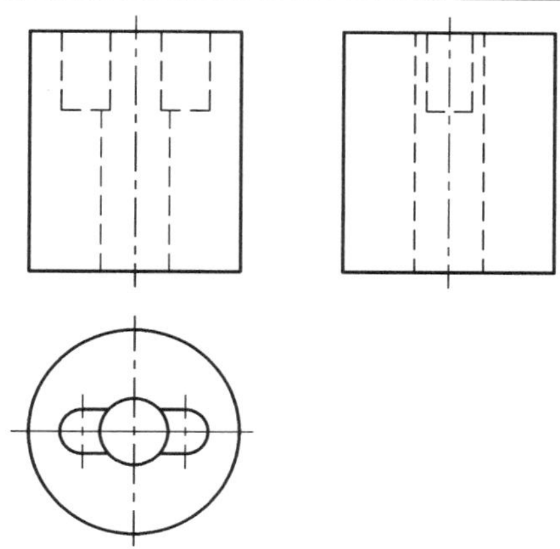

附图 03.4

五、抄画零件图的三个视图(附图 03.5)。(50 分)

具体要求：

1. 绘图前先打开图形文件 B5.dwg，该图已作了必要的设置，可直接在其上按所给的定位点 O 作图(定位点的位置不能变动)；
2. 按国家标准有关规定，设置机械图尺寸标注样式；
3. 标注主视图的尺寸与粗糙度代号(粗糙度代号要使用带属性的块的方法标注)；
4. 不画图框及标题栏，不用注写右上角的粗糙度代号及“未注圆角…”等字样；
5. 作图结果以原文件名保存。

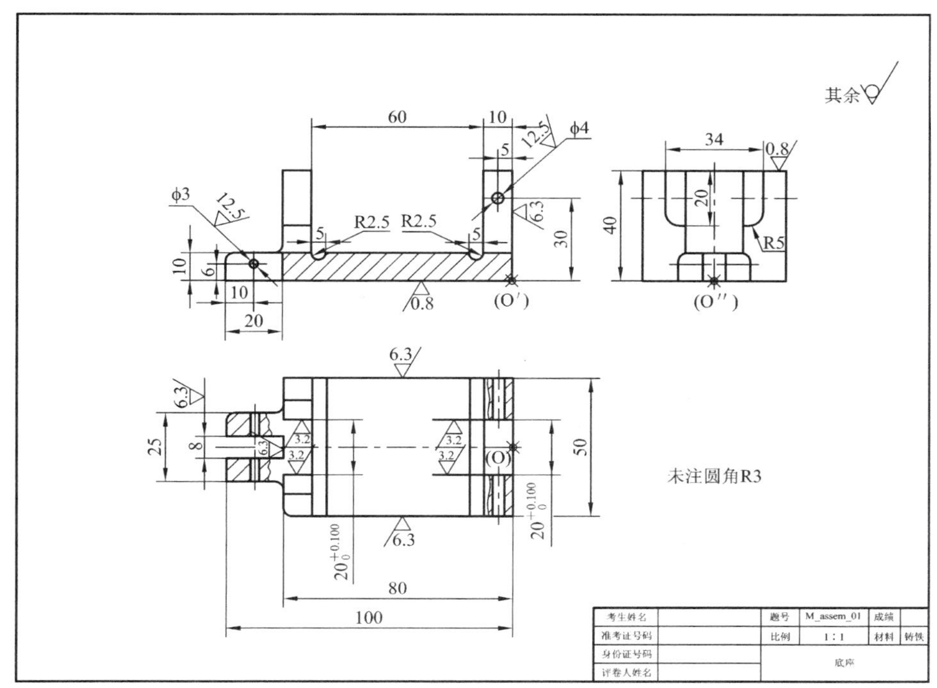

附图 03.5

六、由给出的扶杆支座装配图(附图 03.6)拆画零件 2(中支座)的零件图。(12 分)

具体要求：

1．绘图前先打开图形文件 B6.dwg，该图已作了必要的设置，可直接在该装配图上进行删改或增添以形成零件图，也可以全部删除重新作图，但所给的定位点 O 的位置都不能变动；

2．选取合适的视图；

3．标注尺寸，包括已给出的公差代号(不标注表面粗糙度代号和形位公差代号，也不填写技术要求)；

4. 不画图框、标题栏；

5. 技术要求只填写未注圆角；

6. 作图结果以原文件名保存。

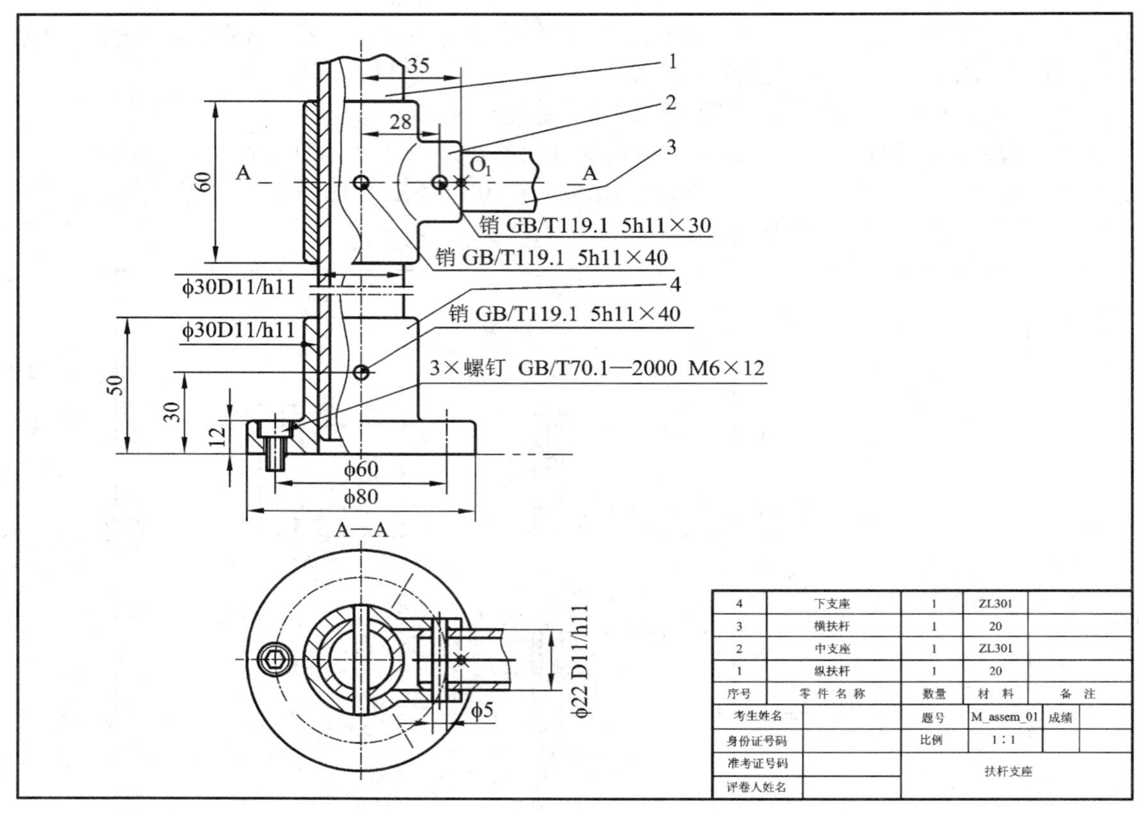

附图 03.6

计算机辅助设计绘图员技能鉴定试题(机械类)

题号：M_cad_mid_04

考试说明：

1. 本试卷共 6 题；
2. 考生在考评员指定的硬盘驱动器下建立一个以自己准考证号码后 8 位命名的文件夹；
3. 考生在考评员指定的目录下查找“绘图员考试资源 A”文件，并据考场主考官提供的密码解压到考生已建立的文件夹中；
4. 然后依次打开相应的 6 个图形文件，按题目要求在其上作图，完成后仍然以原来图形文件名保存作图结果，确保文件保存在考生已建立的文件夹中；
5. 考试时间为 180 分钟。

一、基本设置。(8 分)

打开图形文件 A1.dwg，在其中完成下列工作：

1. 按以下规定设置图层及线型，并设定线型比例。绘图时不考虑图线宽度。

图层名称	颜色	(颜色号)	线型
01	绿	(3)	实线 Continuous (粗实线用)
02	白	(7)	实线 Continuous(细实线、尺寸标注及文字用)
04	黄	(2)	虚线 ACAD_ISO02W100
05	红	(1)	点画线 ACAD_ISO04W100
07	粉红	(6)	双点画线 ACAD_ISO05W100

2. 按 1∶1 比例设置 A3 图幅(横装)一张，留装订边，画出图框线(纸边界线已画出)。
3. 按国家标准的有关规定设置文字样式，然后画出并填写如附图 04.1 所示的标题栏，不标注尺寸。
4. 完成以上各项后，仍然以原文件名保存。

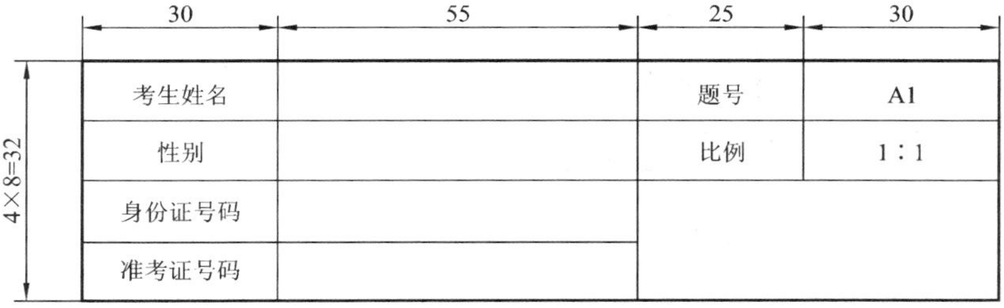

(尺寸：30　55　25　30；4×8=32)

考生姓名		题号	A1
性别		比例	1∶1
身份证号码			
准考证号码			

附图 04.1

二、用 1∶1 比例作出附图 04.2，不标注尺寸。(10 分)

绘图前先打开图形文件 A2.dwg，该图已作了必要的设置，可直接在其上作图，作图结果以原文件名保存。

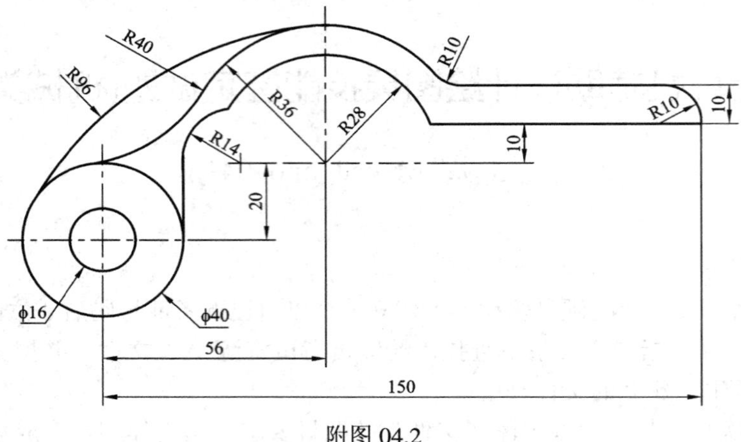

附图 04.2

三、根据立体已知的 2 个投影(见附图 04.3)作出它的第 3 个投影。(10 分)

绘图前先打开图形文件 A3.dwg，该图已作了必要的设置，可直接在其上作图，作图结果以原文件名保存。

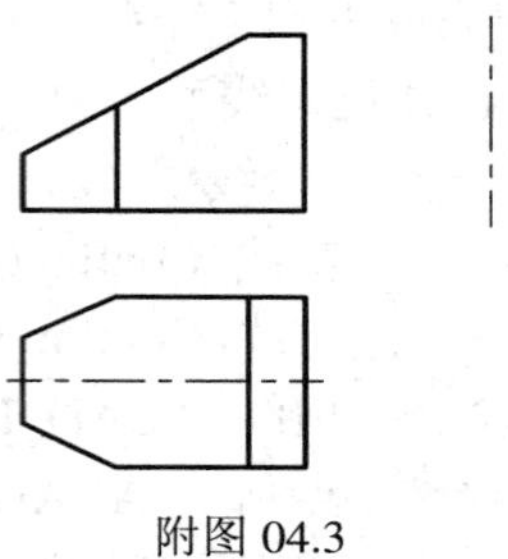

附图 04.3

四、把附图 04.4 所示立体的主视图画成半剖视图，左视图画成全剖视图。(10 分)

绘图前先打开图形文件 A4.dwg，该图已作了必要的设置，可直接在其上作图，主视图的右半部分取剖视。作图结果以原文件名保存。

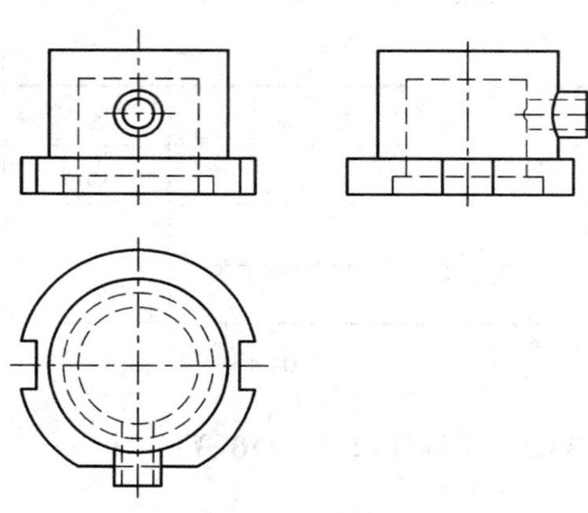

附图 04.4

五、画零件图(附图 04.5)(50 分)

具体要求：

1. 画 2 个视图。绘图前先打开图形文件 A5.dwg，该图已作了必要的设置；
2. 按国家标准有关规定，设置机械图尺寸标注样式；
3. 标注 A—A 剖视图的尺寸与粗糙度代号(粗糙度代号要使用带属性的块的方法标注)；
4. 不画图框及标题栏，不用注写右上角的粗糙度代号及“未注圆角…”等字样；
5. 作图结果以原文件名保存。

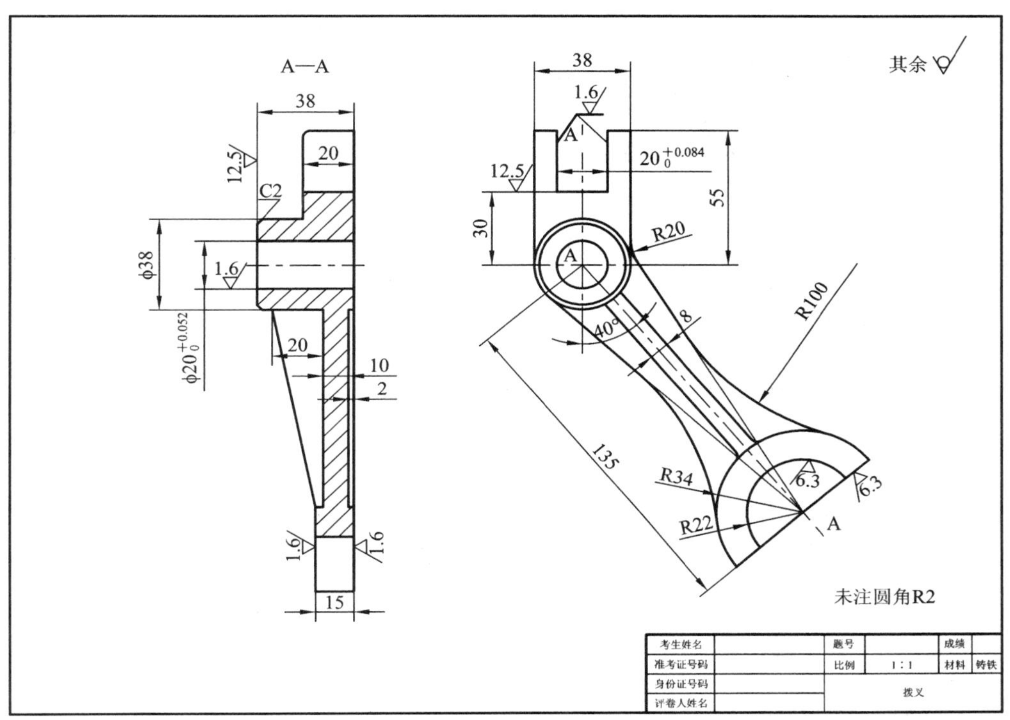

附图 04.5

六、由给出的结构齿轮组件装配图(附图 04.6)拆画零件 1(轴套)的零件图。(12 分)

具体要求：

1．绘图前先打开图形文件 A6.dwg，该图已作了必要的设置，可直接在该装配图上进行编辑以形成零件图，也可以全部删除重新作图；

2．选取合适的视图；

3．标注尺寸。如装配图标注有某尺寸的公差代号，则零件图上该尺寸也要标注上相应的代号。不标注表面粗糙度符号和形位公差符号，也不填写技术要求。

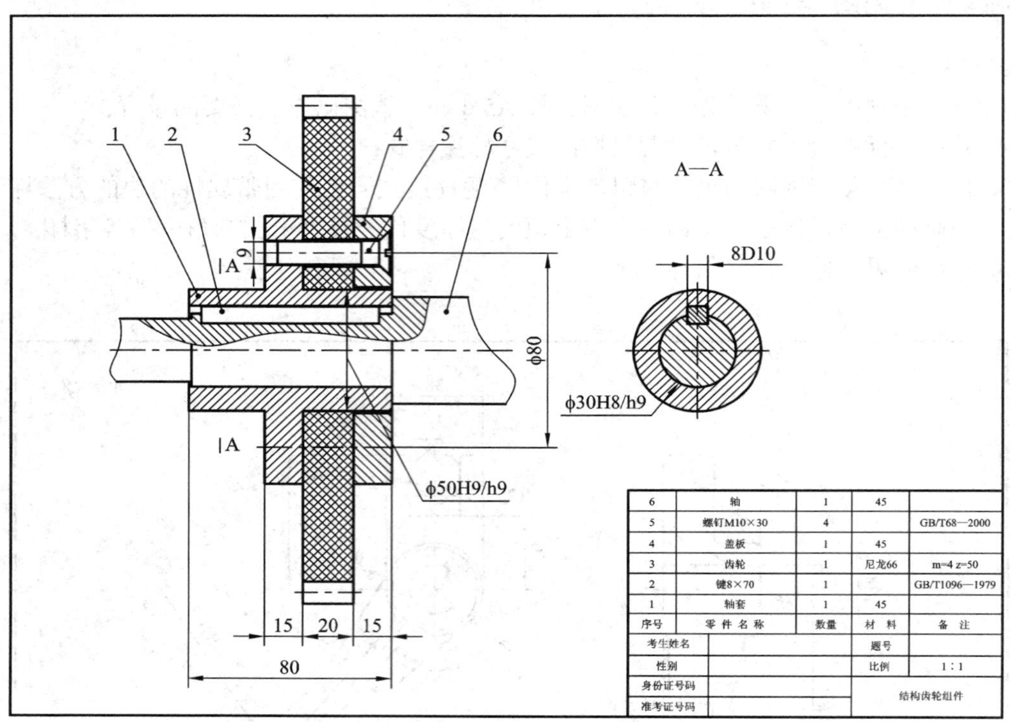
1
2
3
4
5
6
A—A
9
|A
8D10
φ80
φ30H8/h9
|A
φ50H9/h9
15
20
15
80
6 轴 1 45
5 螺钉M10×30 4 GB/T68—2000
4 盖板 1 45
3 齿轮 1 尼龙66 m=4 z=50
2 键8×70 1 GB/T1096—1979
1 轴套 1 45
序号 零件名称 数量 材料 备注
考生姓名
题号
性别
比例 1∶1
身份证号码
准考证号码
结构齿轮组件

附图 04.6

计算机辅助设计绘图员(中级)技能鉴定试题(新)(机械类)

题号：M_cad_mid_05

考试说明：

1. 本试卷共 6 题；
2. 考生须在“D：\”根目录下建立一个以自己准考证号码后 8 位命名的文件夹；
3. 考生浏览“D：\”根目录，查找“中级绘图员试卷.exe”文件，并双击此文件，根据考场主考官提供的密码解压到考生已建立的文件夹中；
4. 然后依次打开相应的 6 个图形文件，按题目要求在其上作图，完成后仍然以原来图形文件名保存作图结果，确保文件保存在考生已建立的文件夹中；
5. 考试时间为 180 分钟。

一、基本设置。(8 分)

打开图形文件 B1.dwg，在其中完成下列工作：

1. 按以下规定设置图层及线型，并设定线型比例；绘图时不考虑图线宽度。

图层名称	颜色	(颜色号)	线型
01	绿	(3)	实线 Continuous (粗实线用)
02	白	(7)	实线 Continuous(细实线、尺寸标注及文字用)
04	黄	(2)	虚线 ACAD_ISO02W100
05	红	(1)	点画线 ACAD_ISO04W100
07	粉红	(6)	双点画线 ACAD_ISO05W100

2. 按 1∶1 比例设置 A3 图幅(横装)一张，留装订边，画出图框线(纸边界线已画出)。
3. 按国家标准规定设置文字样式，然后画出并填写如附图 05.1 所示的标题栏，不标注尺寸。

30	55	25	30
考生姓名		题号	B1
性别		比例	1∶1
身份证号码			
准考证号码			

(高度：4×8=32)

附图 05.1

4. 完成以上各项后，仍然以原文件名存盘。

二、用 1∶1 比例作出附图 05.2，不标注尺寸。(10 分)

绘图前先打开图形文件 B2.dwg，该图已作了必要的设置，可直接在其上作图，作图结果以原文件名保存。

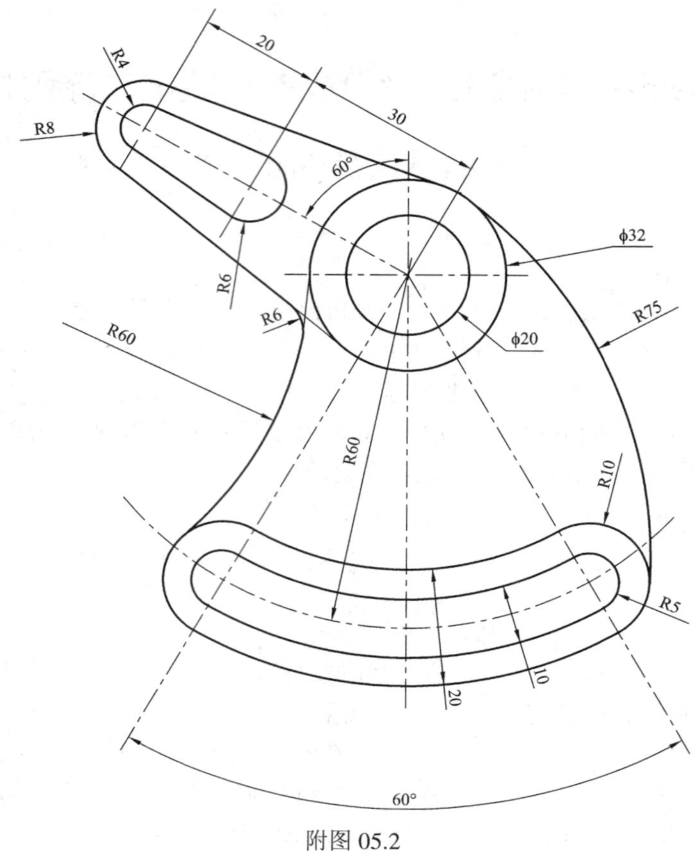

附图 05.2

三、根据立体已知的 2 个投影(见附图 05.3)作出它的第 3 个投影。(10 分)

绘图前先打开图形文件 B3.dwg，该图已作了必要的设置，可直接在其上作图，作图结果以原文件名保存。

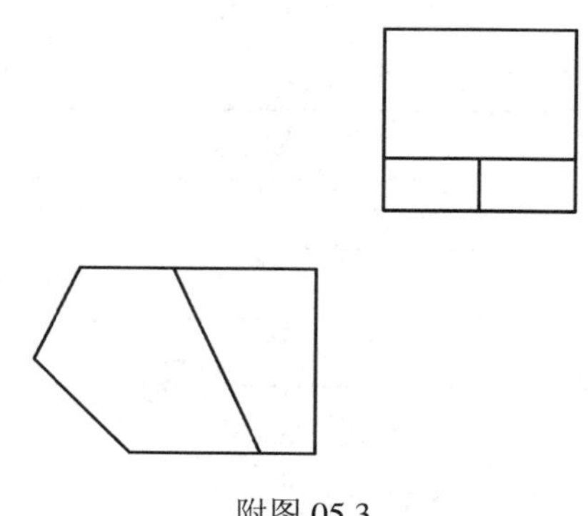
附图 05.3

四、把附图 05.4 所示立体的主视图画成全剖视图，左视图画成半剖视图。(10 分)

绘图前先打开图形文件 B4.dwg，该图已作了必要的设置，可直接在其上作图，左视图的右半部分取剖视。作图结果以原文件名保存。

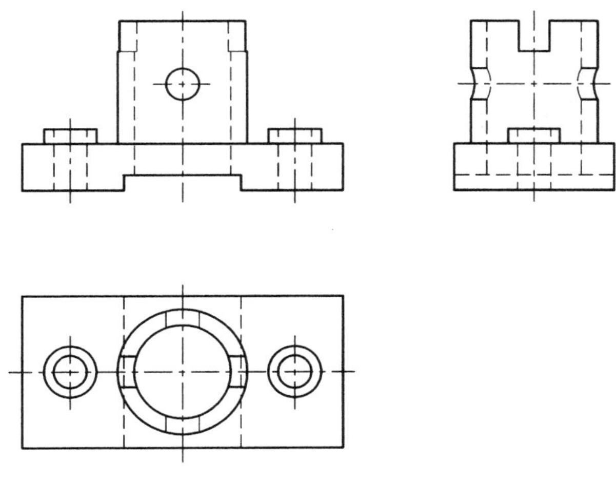

附图 05.4

五、画零件图(附图 05.5)。(50 分)

具体要求：

1. 抄画底座零件的主视图和俯视图。绘图前先打开图形文件 B5.dwg，该图已作了必要的设置，可直接在其上作图；

2. 按国家标准有关规定，设置机械制图尺寸标注样式；

3. 标注主视图的尺寸与粗糙度代号(粗糙度代号要使用带属性的块的方法标注)。

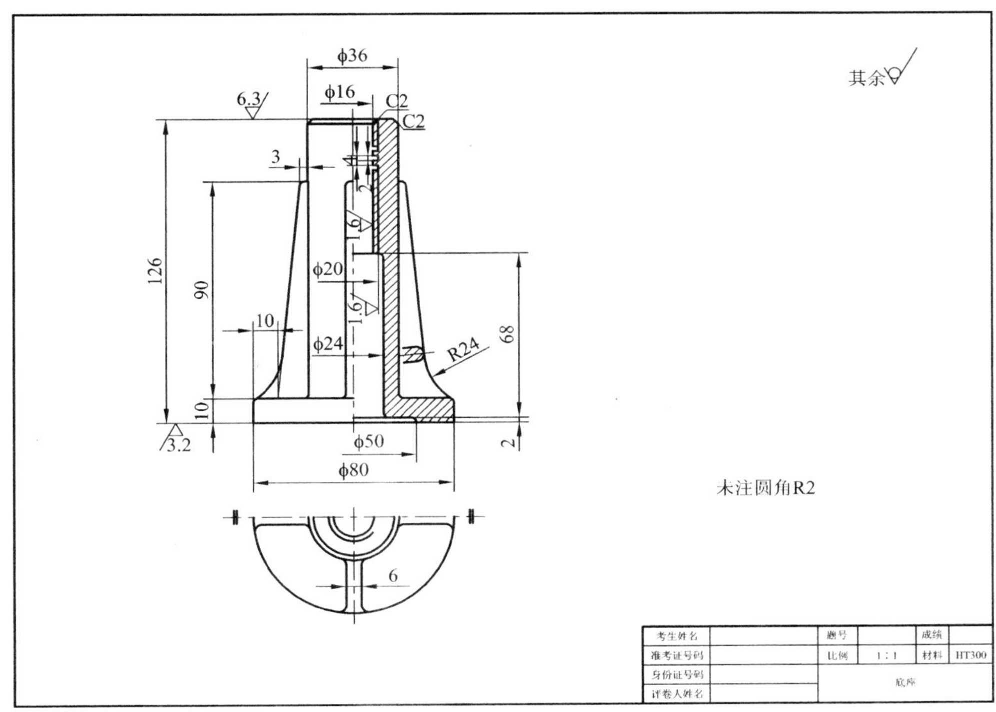

附图 05.5

4. 不画图框及标题栏，不用标注右上角的粗糙度代号及“未注圆角…”等字样)。

5. 作图结果以原文件名保存。

六、根据给出的油杯部件装配图(附图 05.6)拆画零件 1(油杯体)零件图。(12 分)

具体要求：

1. 绘图前先打开图形文件 B6.dwg，该图已作了必要的设置，可直接在该装配图上进行编辑以形成零件图，也可以全部删除重新作图；

2. 选取合适的视图；

3. 标注尺寸，包括已给出的公差代号(不标注表面粗糙度代号和形位公差代号，也不填写技术要求)。

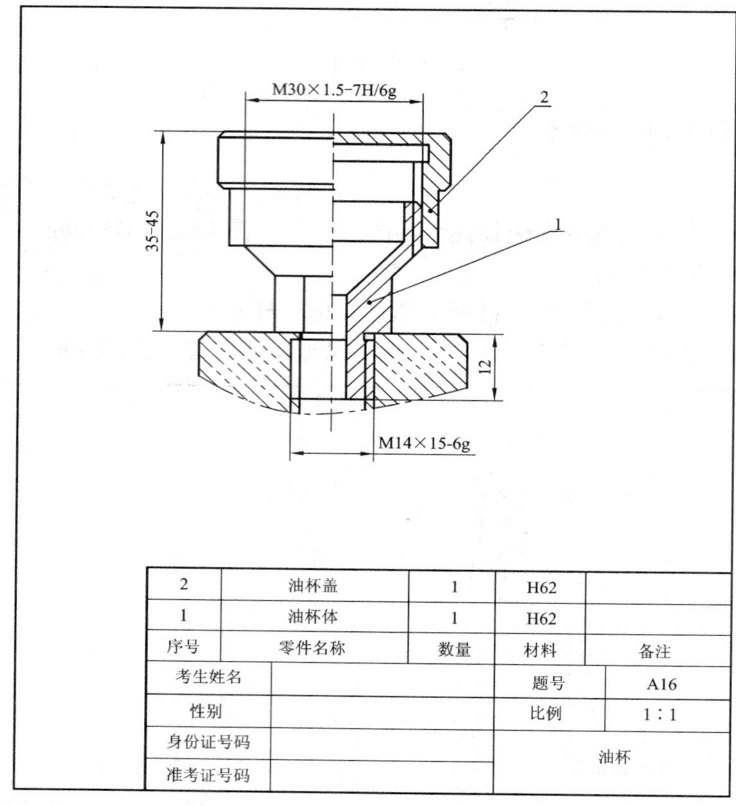

2	油杯盖	1	H62	
1	油杯体	1	H62	
序号	零件名称	数量	材料	备注
考生姓名			题号	A16
性别			比例	1∶1
身份证号码			油杯	
准考证号码				

附图 05.6

计算机辅助设计绘图员(中级)技能鉴定试题(新)(机械类)

题号：M_cad_mid_06

考试说明：

1. 本试卷共 6 题；
2. 考生须在“D：\”根目录下建立一个以自己准考证号码后 8 位命名的文件夹；
3. 考生浏览“D：\”根目录，查找“中级绘图员试卷.exe”文件，并双击此文件，根据考场主考官提供的密码解压到考生已建立的文件夹中；
4. 然后依次打开相应的 6 个图形文件，按题目要求在其上作图，完成后仍然以原来图形文件名保存作图结果，确保文件保存在考生已建立的文件夹中；
5. 考试时间为 180 分钟。

一、基本设置。(8 分)

打开图形文件 A1.dwg，在其中完成下列工作：

1. 按以下规定设置图层及线型，并设定线型比例；绘图时不考虑图线宽度。

图层名称	颜色	(颜色号)	线型
01	绿	(3)	实线 Continuous (粗实线用)
02	白	(7)	实线 Continuous(细实线、尺寸标注及文字用)
04	黄	(2)	虚线 ACAD_ISO02W100
05	红	(1)	点画线 ACAD_ISO04W100
07	粉红	(6)	双点画线 ACAD_ISO05W100

2. 按 1∶1 比例设置 A3 图幅(横装)一张，留装订边，画出图框线(纸边界线已画出)。
3. 按国家标准规定设置有关的文字样式，然后画出并填写如附图 06.1 所示的标题栏，不标注尺寸。
4. 完成以上各项后，仍然以原文件名保存。

考生姓名 (30)	(55)	题号 (25)	A1 (30)
性别		比例	1∶1
身份证号码			
准考证号码			

(总高 4×8=32)

附图 06.1

二、用 1∶1 比例作出附图 06.2，不标注尺寸。(10 分)

绘图前先打开图形文件 A2.dwg，该图已作了必要的设置，可直接在其上作图，作图结果以原文件名保存。

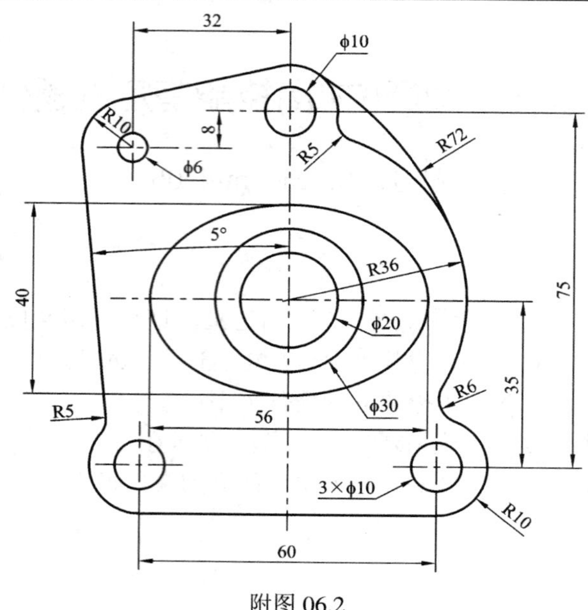

附图 06.2

三、根据立体已知的 2 个投影(见附图 06.3)作出它的第 3 个投影。(10 分)

绘图前先打开图形文件 A3.dwg，该图已作了必要的设置，可直接在其上作图，作图结果以原文件名保存。

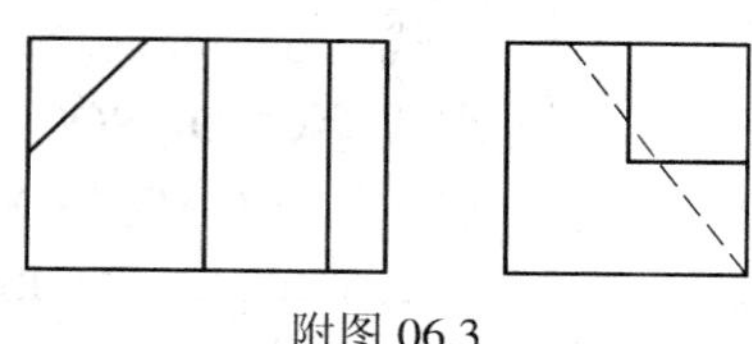

附图 06.3

四、把附图 06.4 所示立体的主视图画成全剖视图，左视图画成半剖视图。(10 分)

绘图前先打开图形文件 A4.dwg，该图已作了必要的设置，可直接在其上作图，左视图的右半部分取剖视。作图结果以原文件名保存。

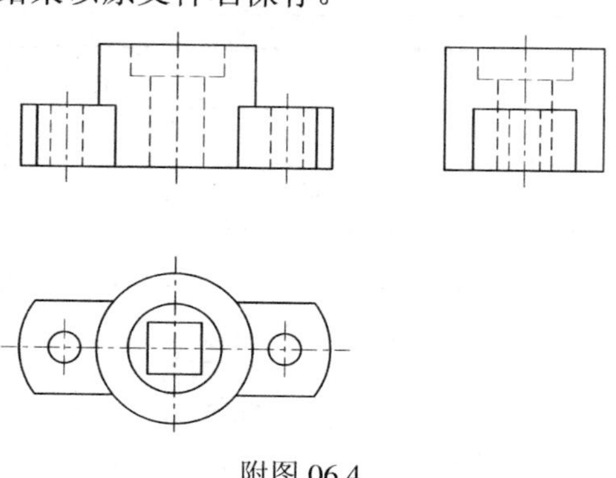

附图 06.4

五、抄画零件图(附图 06.5)。(50 分)

具体要求：

1．抄画支座的主视图和右视图。绘图前先打开图形文件 A5.dwg，该图已作了必要的设置，可直接在其上作图；

2．按国家标准有关规定，设置机械图尺寸标注样式；

3．标注主视图的尺寸与粗糙度代号(粗糙度代号要使用带属性的块的方法标注)；

4．不画图框及标题栏，不用标注右上角的粗糙度代号及“未注圆角…”等字样；

5．作图结果以原文件名保存。

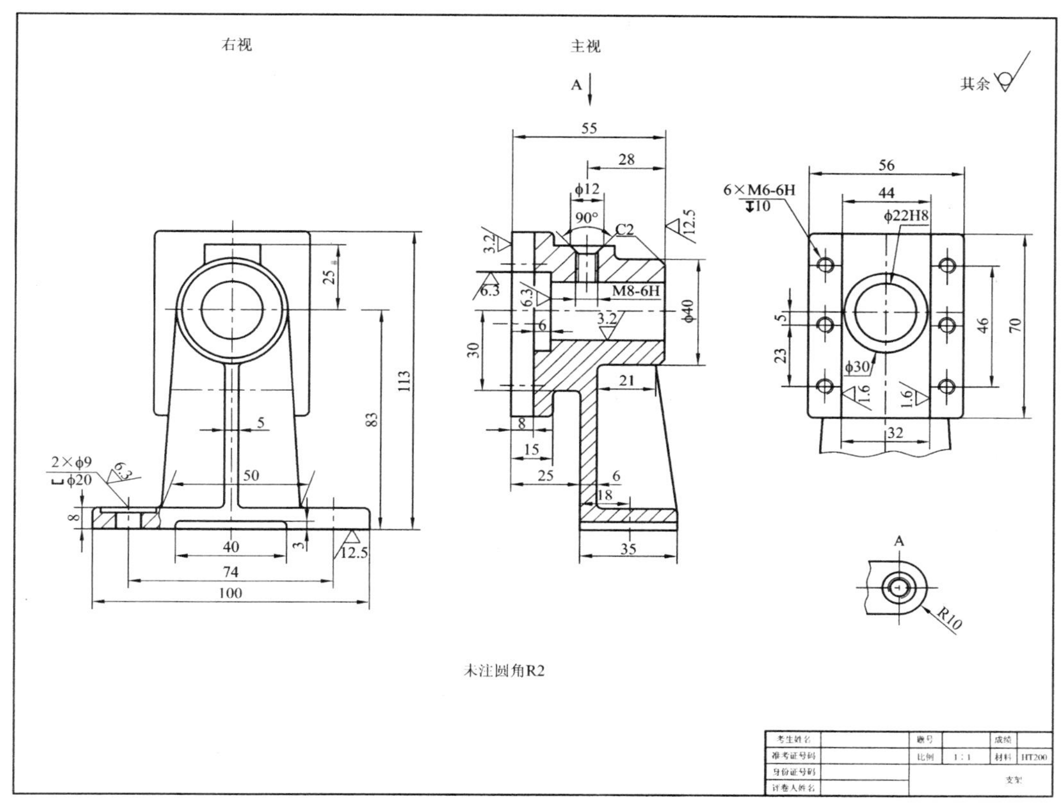

附图 06.5

六、根据给出的千斤顶装配图(附图 06.6)拆画零件 1(座体)零件图。(12 分)

具体要求：

1．绘图前先打开图形文件 A6.dwg，该图已作了必要的设置，可直接在该装配图上进行编辑以形成零件图，也可以全部删除重新作图；

2．选取合适的视图；

3．标注尺寸，包括已给出的公差代号(不标注表面粗糙度代号和形位公差代号，也不填写技术要求)。

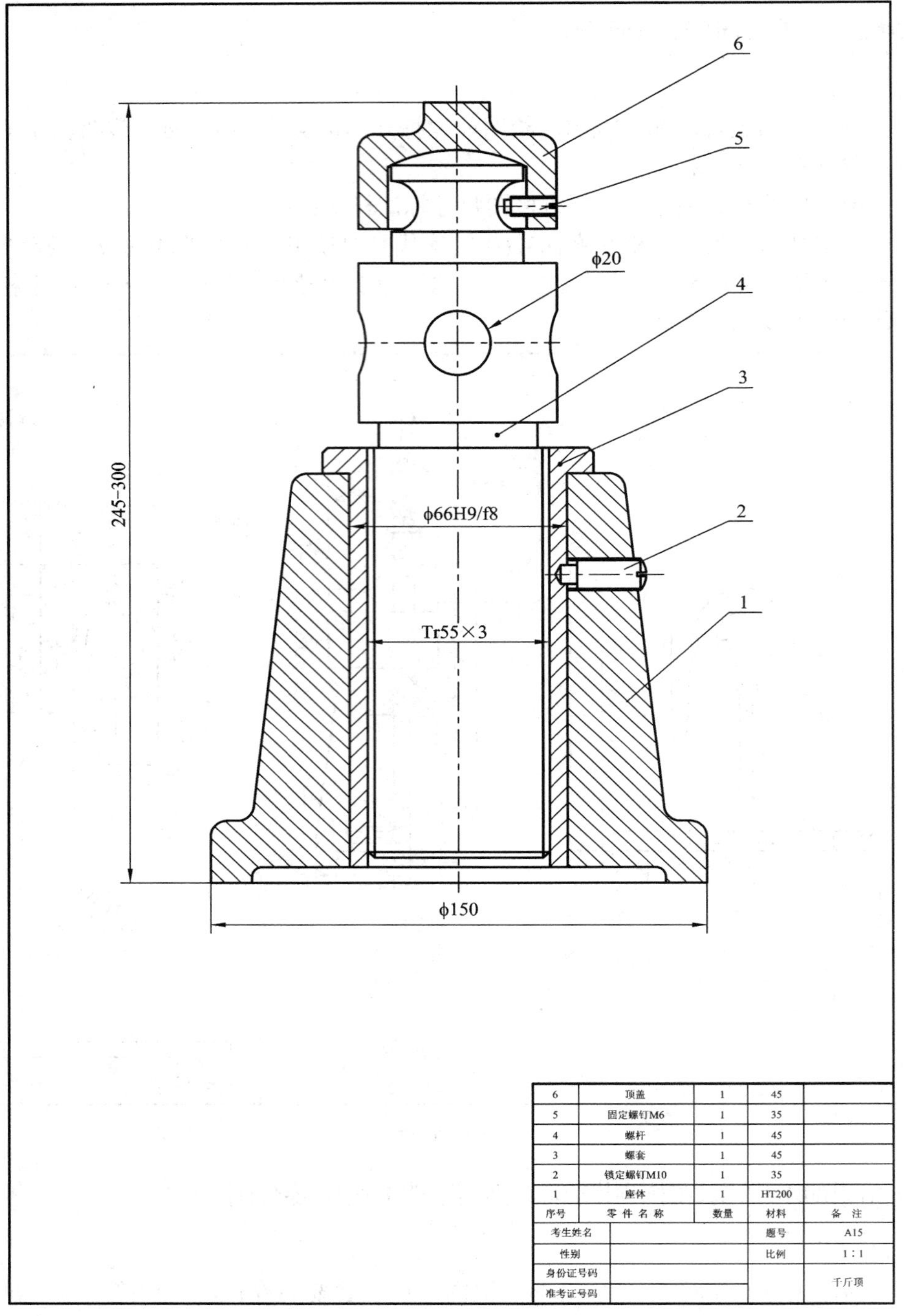

6	顶盖	1	45	
5	固定螺钉M6	1	35	
4	螺杆	1	45	
3	螺套	1	45	
2	锁定螺钉M10	1	35	
1	座体	1	HT200	
序号	零 件 名 称	数量	材料	备　注
考生姓名			题号	A15
性别			比例	1∶1
身份证号码				千斤顶
准考证号码				

附图 06.6

计算机辅助设计绘图员(中级)技能鉴定样题(机械类)

题号：M_cad_mid_07

考试说明：

1．本试卷共 6 题；

2．考生须在“D：\”根目录下建立一个以自己准考证号码后 8 位命名的文件夹；

3．考生浏览“D：\”根目录，查找“中级绘图员试卷.exe”文件，并双击此文件，根据考场主考官提供的密码解压到考生已建立的文件夹中；

4．然后依次打开相应的 6 个图形文件，按题目要求在其上作图，完成后仍然以原来图形文件名保存作图结果，确保文件保存在考生已建立的文件夹中；

5．考试时间为 180 分钟。

一、基本设置。(8 分)

打开图形文件 B1.dwg，在其中完成下列工作：

1. 按以下规定设置图层及线型，并设定线型比例；绘图时不考虑图线宽度。

图层名称	颜色	(颜色号)	线型
01	绿	(3)	实线 Continuous (粗实线用)
02	白	(7)	实线 Continuous(细实线、尺寸标注及文字用)
04	黄	(2)	虚线 ACAD_ISO02W100
05	红	(1)	点画线 ACAD_ISO04W100
07	粉红	(6)	双点画线 ACAD_ISO05W100
11	红	(1)	实线 Continuous(定位点用，已设置，不能删除)

2. 按 1∶1 比例设置 A3 图幅(横装)一张，留装订边，画出图框线(纸边界线已画出)。

3. 画出如附图 07.1 所示的标题栏(不注尺寸)。

考生姓名		题号	M_basic02s
性别		比例	1∶1
身份证号码			
准考证号码			

(列宽：30、55、25、30；行高：4×8=32)

附图 07.1

4．按国家标准规定设置有关的文字样式，然后填写标题栏。

5．完成以上各项后，仍然以原文件名保存。

二、按 1∶1 比例作出附图 07.2(图中 O 点为定位点)，不注尺寸。(10 分)

绘图前先打开图形文件 B2.dwg。该图形文件已作了必要的设置，可直接在其上按所给的定位点 O 作图(定位点的位置不能变动)。作图结果以原文件名保存。

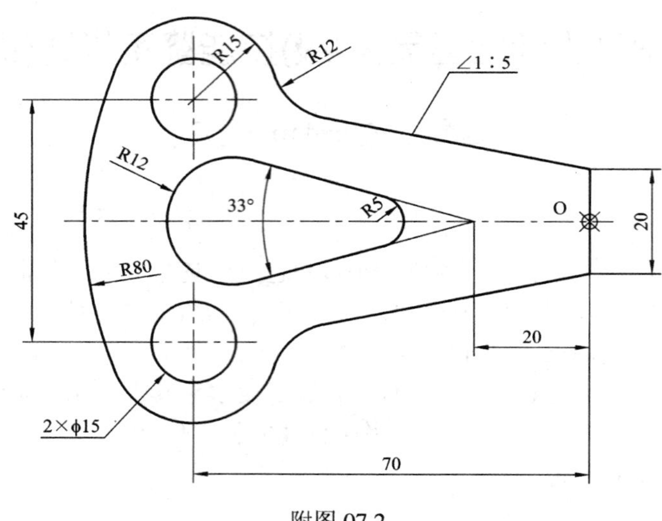

附图 07.2

三、根据立体已知的 2 个投影(见附图 07.3)作出它的第 3 个投影。(10 分)

绘图前先打开图形文件 B3.dwg，该图形文件已作了必要的设置，可直接在其上按所给的定位点 O 作图(定位点的位置不能变动)。作图结果以原文件名保存。

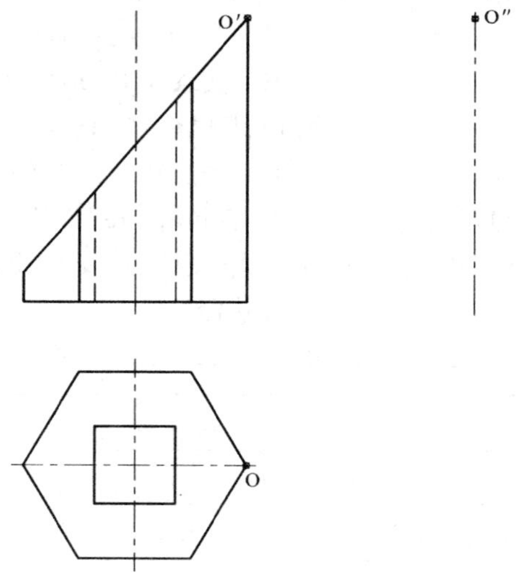

附图 07.3

四、把附图 07.4 所示立体的主视图作成全剖视图，并求出作成半剖视图的左视图。(10 分)

绘图前先打开图形文件 B4.dwg，该图形文件已作了必要的设置，可直接在其上按所给的定位点 O 作图(定位点的位置不能变动)，左视图的右半部分取剖视。作图结果以原文件名保存。

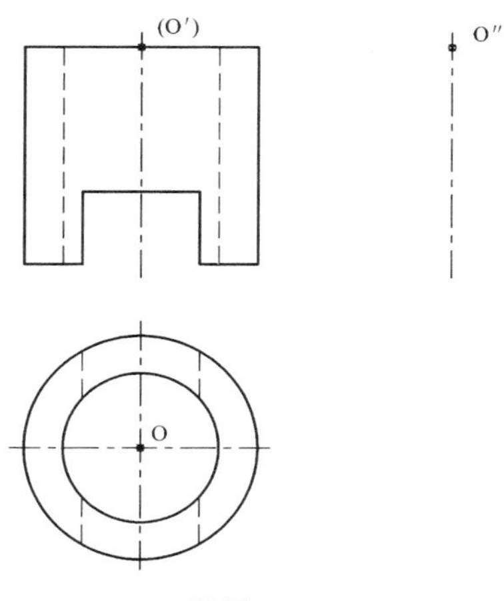

附图 07.4

五、抄画零件图(附图 07.5)(50 分)

具体要求：

1. 抄画 3 个视图。绘图前先打开图形文件 B5.dwg，该图形文件已作了必要的设置，可直接在其上按所给的定位点 O 作图(定位点的位置不能变动)；
2. 按国家标准有关规定，设置机械图尺寸标注样式；
3. 注写主视图的尺寸与粗糙度代号(粗糙度代号要使用带属性的块的方法标注)；
4. 不用画图框及标题栏，不用注写右上角的粗糙度代号及“未注圆角…”等字样；
5. 作图结果以原文件名保存。

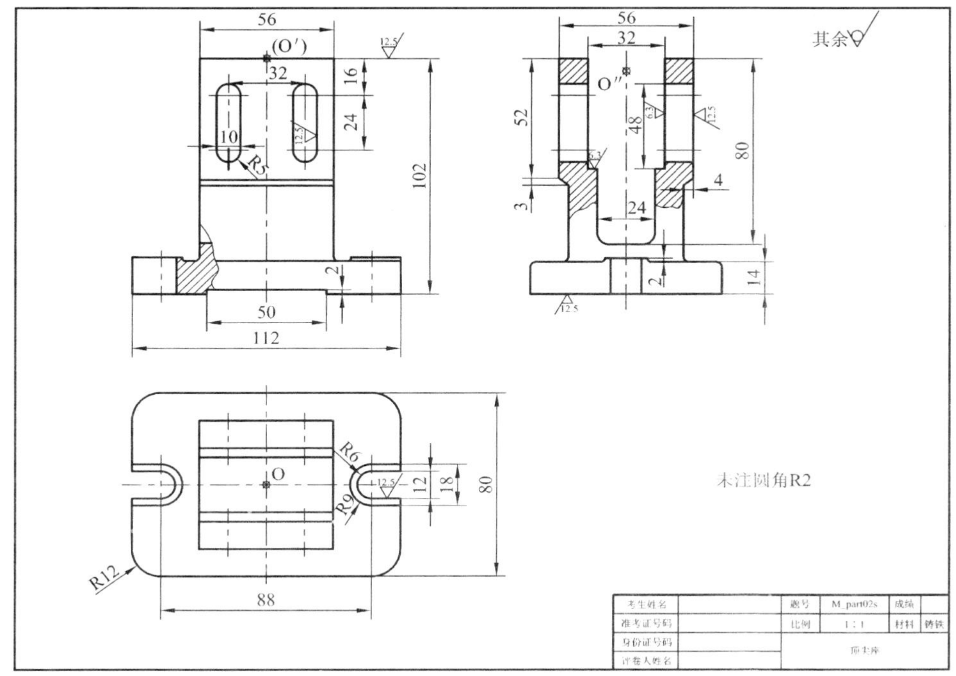

附图 07.5

六、由给出的扶手轴承装配图拆画轴承座零件图(附图 07.6)。(12 分)

具体要求：

1．绘图前先打开图形文件 B6.dwg，该图形文件已作了必要的设置，可直接在该装配图上进行删改以形成零件图，也可以全部删除重新作图，但所给的定位点 O 的位置都不能变动；

2．选取合适的视图；

3．标注尺寸(如装配图注有公差配合代号，则零件图应填上相应的的公差代号)，不注表面粗糙度代号和形位公差代号，也不填写技术要求；

4．不画图框和标题栏；

5．作图结果以原文件名保存。

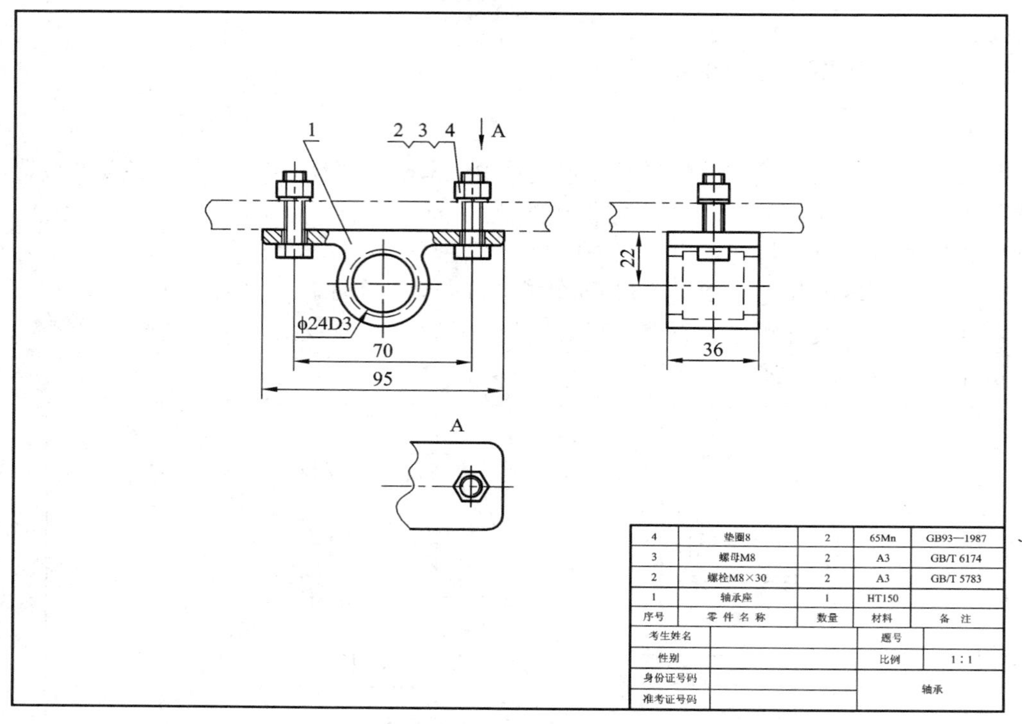

4	垫圈8	2	65Mn	GB93—1987
3	螺母M8	2	A3	GB/T 6174
2	螺栓M8×30	2	A3	GB/T 5783
1	轴承座	1	HT150	
序号	零 件 名 称	数量	材料	备 注

考生姓名		题号	
性别		比例	1∶1
身份证号码		轴承	
准考证号码			

附图 07.6

附录二　AutoCAD 常用快捷键

快捷键	执 行 命 令	命 令 说 明
A	ARC	弧
ADC	ADCENTER	AutoCAD 设计中心
AA	AREA	面积
AR	ARRAY	阵列
AV	DSVIEWER	鸟瞰视图
B	BLOCK	对话框式图块建立
-B	-BLOCKa	命令式图块建立
BH/H	BHATCH	对话框式绘制填充图案
BO	BOUNDARY	对话框式封闭边界建立
-BO	-BOUNDARY	命令式封闭边界建立
BR	BREAK	截断
C	CIRCLE	圆
CH	PROPERTIES	对话框式对象特性修改
-CH	CHANGE	命令式特性修改
CHA	CHAMFER	倒角
CO/CP	COPY	复制
COL	COLOR	对话框式颜色设置
D/DST	DIMSTYLE	尺寸样式设置
DAL/DIMALI	DIMALIGNED	对齐式线性标注
DAN/DIMANG	DIMANGULAR	角度标注
DBA/DIMBASE	DIMBASELINE	基线式标注
DCE	DIMCENTER	中心标记
DCO/DIMCONT	DIMCONTINUE	连续式尺寸标注
DDI/DIMDIA	DIMDIAMETER	直径标注
DED	DIMEDIT	编辑尺寸
DI	DIST	求两点间距离
DIMED	DIMEDIT	尺寸修改
DIMLIN/DLI	DIMLINEAR	线性标注

续表

快捷键	执行命令	命令说明
DIMORD/DOR	DIMORDINATE	坐标式标注
DIMOVER	DIMOVERRIDE	更新标注变量
DIMRAD/DRA	DIMRADIUS	半径标注
DIMSTY	DIMSTYLE	尺寸型式设置
DIMTED	DIMTEDIT	尺寸文字对齐控制
DIV	DIVIDE	等分布点
DO	DONUT	环(圆环)
DOV	DIMOVERRIDE	更新标注变量
DR	DRAWORDER	显示顺序
DS	DSETTINGS	绘图设置
DT	DTEXT	写入文字
E	ERASE	删除对象
ED	DDEDIT	单行文字修改
EL	ELLIPSE	椭圆
EX	EXTEND	延伸
EXP	EXPORT	输出数据
F	FILLET	倒圆角
FI	FILTER	过滤器
G	GROUP	对话框式选择集设置
-G	-GROUP	命令式选择集设置
GR	DDGRIPS	节点控制设置
-H	HATCH	命令式绘制填充图案
HE	HATCHEDIT	修改填充图案
I	INSERT	对话框式插入图块
-I	-INSERT	命令式插入图块
IAD	IMAGEADJUST	图像调整
IAT	IMAGEATTACH	附着图像
ICL	IMAGECLIP	剪裁图像
IM	IMAGE	对话框式图像管理
-IM	-IMAGE	管理图像
IMP	IMPORT	输入数据
L	LINE	画线
LA	LAYER	对话框式图层控制
-LA	-LAYER	命令式图层控制
LE/LEAD	LEADER	引导线标注

续表

快捷键	执 行 命 令	命 令 说 明
LEN	LENGTHEN	长度调整
LI/LS	LIST	查询对象资料
LO	-LAYOUT	布局设置
LT/LTYPE	LINETYPE	对话框式加载线型
-LTYPE	-LINETYPE	命令式加载线型
LW	LWEIGHT	线宽设置
M	MOVE	移动对象
MA	MATCHPROP	对象特性复制
ME	MEASURE	量测等距布点
MI	MIRROR	镜像对象
ML	MLINE	绘制多线
MO	PROPERTIES	控制现有对象的特性
MT	MTEXT	多行文字写入
MV	MVIEW	浮动视口
O	OFFSET	偏移复制
OP	OPTIONS	优化设置
OS	OSNAP	对话框式对象捕捉设置
-OS	-OSNAP	命令式对象捕捉
P	PAN	实时平移
-P	-PAN	两点式平移控制
PA	PASTESPEC	选择性粘贴
PE	PEDIT	编辑多段线
PL	PLINE	绘制多段线
PO	POINT	绘制点
POL	POLYGON	绘制正多边型
PR	OPTIONS	优化设置
PRCLOSE	PROPERTIESCLOSE	关闭像素性质修改对话框
PROPS	PROPERTIES	像素性质修改
PRE	PREVIEW	打印预览
PRINT	PLOT	绘图输出
PS	PSPACE	图纸空间
PU	PURGE	清除无用的对象
R	REDRAW	重绘
RA	REDRAWALL	重绘所有视口
RE	REGEN	重新生成图形刷新当前视口

续表

快捷键	执 行 命 令	命 令 说 明
REA	REGENALL	重新生成图形刷新所有当前视口
REC	RECTANGLE	绘制矩形
REG	REGION	2D 面域
REN	RENAME	对话框式更名
-REN	-RENAME	命令式更名
RM	DDRMODES	绘图辅助设置
RO	ROTATE	旋转
S	STRETCH	拉伸
SC	SCALE	比例缩放
SCR	SCRIPT	调入剧本文件
SE	DSETTINGS	绘图设置
SET	SETVAR	设置变量值
SN	SNAP	捕捉控制
SO	SOLID	区域填充
SP	SPELL	拼写检查
SPE	SPLINEDIT	编辑样条曲线
SPL	SPLINE	样条曲线
ST	STYLE	字型设置
T	MTEXT	对话框式多行文字写入
-T	-MTEXT	命令式多行文字写入
TA	TABLET	数字化仪控制
TI	TILEMODE	图纸空间和模型空间设置切换
TM	TILEMODE	图纸空间和模型空间设置切换
TO	TOOLBAR	工具栏设置
TOL	TOLERANCE	公差符号标注
TR	TRIM	修剪图形
UN	UNITS	对话框式单位设置
-UN	-UNITS	命令式单位设置
V	VIEW	对话框式视图控制
-V	-VIEW	视图控制
W	WBLOCK	对话框式图块写入文件
-W	-WBLOCK	命令式图块写入文件
X	EXPLODE	分解
XA	XATTACH	附着外部引用文件

续表

快捷键	执 行 命 令	命 令 说 明
XB	XBIND	并入外部引用文件
-XB	-XBIND	文字式并入外部引用文件
XC	XCLIP	截取外部引用
XL	XLINE	参照线
XR	XREF	对话框式外部参照控制
-XR	-XREF	命令式外部参照控制
Z	ZOOM	视口缩放控制

参 考 文 献

[1] 邱志惠. AutoCAD 工程制图及三维建模实例. 西安：西安电子科技大学出版社，2006.
[2] 任江华，丁冬平. AutoCAD 2004 中文版三维造型基础教程. 北京：人民邮电出版社，2005.
[3] (美)Thomas A．stellman G．V．Krishnan. 精通中文 AutoCAD2002. 王淇，陆珣，齐锦虹，等译. 北京：机械工业出版社，2002.
[4] 史宇宏. AutoCAD 实例引导教程. 北京：人民邮电出版社，2004.
[5] 高贵生. AutoCAD 绘图及三维建模实例. 北京：人民邮电出版社，2003.
[6] 黎广生. AutoCAD2002 机械图形设计. 北京：清华大学出版社，2001.
[7] 群凯工作室. AutoCAD 2000 入门与实例应用. 北京：中国铁道出版社，2001.
[8] 李良训，余志林，俞琼，等. AutoCAD2000 二维、三维基础知识与实验. 上海：上海科学技术出版社，2001.
[9] 刘林，张瑞秋，梅泸光，等. 考试指南(广东省中级计算机辅助绘图员职业技能鉴定机械类). 北京：中国劳动社会保障出版社，2005.
[10] 孙力红，郑坚，高润泉. 计算机辅助工程制图. 北京：清华大学出版社，2005.